乡村韧性规划理论与方法
——以城市边缘区为例

THEORY AND METHOD OF RURAL RESILIENCE PLANNING
TAKE THE RURAL-URBAN FRINGE FOR EXAMPLE

田健 曾穗平 曾坚 著

中国建筑工业出版社

序

　　人类与自然的关系一直以来都是一个颇为复杂而深刻的话题。尤其在当今世界，在全球气候变化、生态危机和城乡发展不均衡等诸多挑战的背景下，这个话题尤为重要。而乡村作为人类与自然互动的重要场域，也是城乡建设与治理的薄弱地带，在城市化快速推进的背景下，其发展遭遇了诸多挑战和问题，面临社会、产业、民生、生态等多元复杂的社会—生态系统风险。如何在保护乡村独特文化和生态环境的前提下，实现乡村的可持续发展，成为摆在我们面前的一项极为重要的任务。因此，精准识别并有效治理乡村发展风险，提升乡村发展的韧性水平，对促进人与自然和谐相处、实现乡村振兴战略目标具有重要的意义和价值。

　　《乡村韧性规划理论与方法——以城市边缘区为例》这本书的问世，为我们呈现了一幅令人振奋的画卷。它不仅深入研究了乡村韧性的内涵和意义，还系统地探讨了乡村韧性规划的理论与方法。这本书的面世不仅对学术界具有重要意义，更为乡村建设者、规划师、政策制定及管理者提供了宝贵的参考和指导。

　　在乡村规划领域，韧性逐渐成为一个热门话题。韧性，作为一种面向不确定性和风险的应对能力，无疑是破解乡村发展困厄、实现乡村振兴目标的关键要素。这本书通过对韧性的多维度解读，从系统风险的"自协调—自组织—自适应—自恢复"治理角度，为我们揭示了乡村韧性的本质与核心要素。从社会、产业、民生和生态等多个方面，作者探讨了乡村韧性的内涵和测度方法，为我们提供了一种全面、系统的分析框架。

　　这本书的另一个亮点，在于其对乡村韧性规划理论与方法的深入探讨。作者基于空间规划背景，通过对不同实践案例的比较和分析，总结出一套适用于不同尺度和情境的乡村韧性规划方法。该方法遵循"宏观资源统筹—中观精准管控—微观落地实施"的原则，涵盖生产生活设施布局、生态空间管控、基础设施配置、单元治理、实施评估等多个维度，为乡村建设者、规划师和管理决策者提供了一系列切实可行的工具参考。

　　本书中的案例研究也为我们提供了宝贵的借鉴和启示。作者在大量理论研究与实践的基础上，以天津城市边缘区乡村地区为例，在国土空间规划框架下，通过对宏观、中观、微观多尺度乡村韧性规划实践示范，揭示了乡村韧性规划在实践中的重要性和应用范式。这些案例不仅展示了韧性规划在促进乡村发展中的作用，更为我们提供了一种全新的思考方式和发展策略。

该书的最大亮点在于其前瞻性的观点和思考。作者对未来乡村规划的发展趋势进行了探讨，在城乡融合、韧性发展等方面提出了许多引人深思的观点。作者鼓励我们放眼未来，思考乡村规划的长远发展与可持续性，如通过提倡自治与共治的理念，使居民参与乡村规划的决策过程，增加村民的获得感和自主性，从而提升乡村社会经济的内生发展能力；又如，书中倡导生态设计与基础设施规划相结合，以实现生态保护和资源优化利用的目标。不仅如此，本书还应用前沿的数字化分析技术，为乡村规划研究领域中的风险精准识别、资源科学配置，提供了新的智慧技术支持。

　　这本书的出版将为解决乡村发展问题提供一种全新的视角和思路。它呼吁我们重视乡村的独特性与资源优势，注重乡村发展的可持续性和韧性。通过对乡村韧性规划的深入研究，我们可以更好地了解乡村发展中存在的系统性风险，基于更加韧性、更加智慧的资源配置视角提出相应的解决方案，并将其付诸实践。

　　最后，我希望《乡村韧性规划理论与方法——以城市边缘区为例》这本书能够成为一个开放的平台，为学者、从业者和决策者们提供一个交流和分享的平台，促进我国乡村规划学术理论与实践经验的相互渗透与融合。我相信只有通过共同努力和智慧的积累，我们才能够找到真正适合乡村发展的规划理念与方法，为建设美丽乡村、实现乡村振兴与城乡融合发展做出更重要的贡献。

同济大学 党委副书记
同济大学建筑与城市规划学院 教授、博士生导师
中国城市规划学会 常务理事
中国城市规划学会小城镇规划学术委员会 主任委员

前　言

本书是由曾坚教授主持的国家社会科学基金重点项目（编号：12AZD101）、曾穗平副教授主持的国家重点研发计划项目子课题（编号：2018YFD1100300）、田健副研究员主持的中国博士后科学基金面上项目（编号：2022M722403）和天津市哲学社会科学规划项目（编号：TJGL21-013）共同资助下完成的研究成果。

准确识别并有效治理乡村风险，是实现乡村振兴战略目标的关键环节。在快速城镇化的冲击下，我国乡村面临"产业自组织水平弱化、社会自治能力下降、民生设施不足和就业不稳、生态格局破坏、要素间配置失衡"等系统风险。面向乡村振兴战略要求下系统风险精准治理的需求，研究针对"乡村复杂系统风险精准识别""乡村系统风险治理策略与演进韧性理论深度耦合""乡村系统韧性优化策略的规划转译与精准落地实施"三大科学问题，以系统风险突出的城市边缘区乡村为例，提出了基于系统风险治理的乡村韧性重构目标及韧性优化理论，建构了"风险识别—韧性评价—韧性提升—规划响应"的乡村韧性规划方法路径。研究以天津为案例，运用多源数据、系统关联、空间计量分析、人工智能等多元技术，精准识别出城市边缘区乡村系统风险格局及聚类特征，提出了化解系统风险的"产业培育—社会治理—民生发展—生态支撑"韧性优化策略和"宏观统筹＋中观精控＋微观落实"的韧性规划响应方案。研究成果从源头化解城市边缘区乡村系统风险，确保了风险的韧性治理策略与空间规划有机结合并落地实施，为我国乡村系统风险的长效治理提供理论支持及实例借鉴。

第1至3章阐述了理论建构的背景、研究基础和理论创新成果，由田健、曾穗平撰写。城镇化冲击下，我国城市边缘区乡村呈现出"强动态性、高复杂性、易破坏性"等特征，存在"产业自组织水平弱化、社会自治能力下降、民生设施不足和就业不稳、生态安全格局紧张、系统要素配置失衡"等系统风险。研究将乡村系统风险治理与韧性防控研究有机融合，建构基于系统风险治理的城市边缘区乡村韧性规划理论，包括"系统风险结构—系统韧性构成—风险韧性治理"基础理论以及"风险格局识别—韧性量化评价—韧性格局重构—韧性规划响应"的实践方法体系，形成从系统风险识别到韧性治理实施的全过程研究框架。

第4章为"风险格局识别"，由田健、曾坚撰写。以天津城市边缘区乡村为实证对象，运用多源数据获取及分析技术，精准识别边缘区乡村"产业—社会—民生—生态—要素协调"多重风险格局演化与分异特征。研究总结乡村风险"高度生态敏感型、高度城市化型、半城半乡型、乡村农业主导型、乡村工业主导型、复合发展型"聚类规律，并形成村庄精细分类成果，为系统风险的精准治理和韧性重构的因村施策提供支持。

第5章为"韧性发展评价"，由田健、曾穗平撰写。基于城市边缘区乡村系统韧性构成，建构"产业培育—社会治理—民生发展—生态支撑—生产力协调—设施协调"韧性六维度评价指标体系，包含32项影响乡村系统风险格局的有效因子类型作为具体指标。通过实证解析，发现天津西郊乡村系统韧性呈现均衡型高韧性、单一型低韧性、多元型低韧性等聚类。空间分布方面，乡村综合韧性"高—高"关联区域呈现"面状集聚＋局部散点"特征，"低—低"韧性关联区域呈现"带状集聚"特征。产业韧性、社会韧性对邻域村庄综合韧性提升的贡献最显著。

第6章为"韧性格局重构"，由田健、曾坚撰写。依托城市边缘区乡村系统韧性评价结论，从化解风险源、切断风险链角度，建构以"产业培育—社会治理—民生发展—生态支撑"维度为横坐标、以"内生培育—外源协同—制度设计"向度为纵坐标的城市边缘区乡村韧性策略矩阵，针对不同类型村庄系统风险差异性，精准提升城市边缘区乡村系统韧性。

第7章为"韧性规划响应"，由田健、曾穗平撰写。从"宏观统筹＋中观精控＋微观落实"多尺度，建构"乡镇分类指引—村庄分类管控—详细设计引导"多层级规划方法。研究以天津为例，示范应用了城市边缘区乡村系统韧性规划技术方法，形成韧性规划单元导则、实施评估和智慧管理平台等应用型成果。在国土空间规划框架下，实现了边缘区乡村系统风险治理策略的精准落地、多尺度衔接和规划技术转译。

本书创新点包括：（1）运用系统演进韧性理论，建构了基于系统风险治理的城市边缘区乡村韧性规划理论框架；（2）提出了"产业培育—社会治理—民生发展—生态支撑"与"内生培育—外源协同—制度设计"耦合的乡村系统风险的韧性治理策略；（3）建构了城市边缘区乡村"宏观统筹＋中观精控＋微观落实"的韧性规划响应方法与实践应用流程。

本书中的实践案例由田健副研究员负责，由温志强教授、李然然高级规划师、冯旭副教授、王宁高级工程师协助整理完成，将乡村韧性规划理论与方法应用于天津环城乡村地区、四镇乡村地区、天津辛口镇大沙窝村等村庄的宏观—中观—微观多尺度乡村规划实践中，以期为新时代我国乡村系统风险治理和韧性格局建构提供理论借鉴与实践范式参考。

目　录

绪　论

准确识别并有效治理乡村风险，是实现乡村振兴战略目标的关键环节。城镇化发展冲击下，我国城市边缘区乡村呈现出"强动态性、高复杂性、易破坏性"等特征。产业自组织水平弱化、社会自治能力下降、民生设施不足和就业不稳、生态安全格局紧张、系统要素配置失衡等系统多重风险并存，系统风险的长效治理已成为城市边缘区乡村实现高质量发展转型与振兴目标的关键。

传统的乡村风险管理，具有单向性、应急性、被动性和外部依赖性，不利于城市边缘区乡村系统风险的长效治理。系统演进韧性理论强调从乡村主体角度，主动抵御与化解风险，通过提升系统自适应性、自协调性、自组织性，从源头防范系统风险，是实现城市边缘区乡村系统风险可持续治理的有效途径。

本书以城市边缘区乡村为研究对象，以探索乡村系统风险长效治理方法为目标，以乡村系统风险格局识别与韧性重构为研究内容，提出城市边缘区乡村系统风险与韧性治理的具体构成，建构基于系统风险治理的城市边缘区乡村韧性规划理论，并结合天津典型实例解析乡村系统风险格局特征、系统韧性聚类规律，针对性地提出韧性格局重构策略及规划响应方法，为城市边缘区乡村可持续、高质量发展转型提供理论支持和案例借鉴。

1.1 研究背景

乡村地区包含城市以外的广域空间范围，截至 2020 年底，我国仍有 36.11% 的人口（约 5.10 亿人）生活在乡村[①]；同时，基于我国粮食安全、生态文明和复杂国情，未来乡村仍是与城市长期共存的主要社会、经济、文化及空间主体；此外，在我国城镇化进程中，乡村始终发挥着"蓄水池"和"稳定器"的重要作用，实现乡村健康可持续发展是关系到国家社会稳定、经济繁荣的重要基础[1]。

本书是在我国城乡社会经济步入高质量发展阶段、社会主要矛盾发生转变、乡村（尤其是城市边缘区乡村）系统性的多重风险并存、城乡关系与格局面临重构、乡村特色价值亟待重塑的大背景下展开的，从乡村系统风险治理与韧性规划建设的角度，探索城市边缘区乡村高质量发展路径，为新型城镇化和乡村振兴战略实施提供支撑。

1.1.1 城镇化冲击：城市边缘区乡村存在的系统风险

当前，我国社会主要矛盾已经转化为人民日益增长的美好生活需要和不平衡不充分的发展之间的矛盾。我国社会最大的发展不平衡是城乡发展不平衡，最大的发展不充分是乡村发展不充分。因此，化解乡村发展风险、实现乡村高质量发展是解决当前我国社会主要矛盾的重要抓手。

城市边缘区乡村处于城镇化的前沿地带，各类系统要素具有动态性、复杂性、脆弱性等特征，是城乡反差最显著、村庄类型最复杂、系统风险最集中的焦点区域，也是乡村系统风险最亟待治理的典型区域。

1.1.1.1 我国当前社会主要矛盾在乡村发展领域的体现

（1）我国社会最大的发展不平衡是城乡发展不平衡

1）城乡经济社会及居民收入发展不平衡。改革开放以来，尽管我国经济社会整体快速发展，但城乡间发展极不平衡，城乡居民收入水平差距显著（近四十年来城乡居民收入水平差距持续扩大，城乡居民收入比居高不下，图 1–1）。城市在发展过程中集聚了过多的资源和资金、劳动力、土地、技术等要素，乡村则处于弱势地位，不仅自身内生发展动力未能充分激发，还

---

① 根据 2021 年 5 月国家统计局第七次全国人口普查数据，我国自 20 世纪 80 年代以来进入快速城镇化发展阶段，2020 年底我国大陆总人口为 141178 万人，其中城镇常住人口为 90199 万人，乡村常住人口为 50979 万人，1980—2020 年全国常住人口城镇化率由 19.39% 提高到 63.89%，40 年间提高了约 44 个百分点。

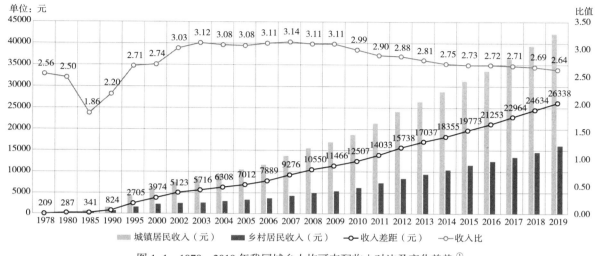

图 1-1　1978—2019 年我国城乡人均可支配收入对比及变化趋势 ①
（来源：作者自绘）

面临着精英流失、劳动力析出、土地资源被城镇空间挤占、生态环境被破坏等多种压力。乡村经济社会发展滞后已成为新时期我国发展的主要短板，是重要的系统风险来源之一。

2）城乡基础设施建设和公共服务供给不平衡。在快速城镇化时期，我国城乡规划建设相对"重城市而轻乡村"，基础设施建设和公共服务供给常以城市为中心布局，忽视了乡村多元化的公共设施需求，带来城乡间的公共服务和基础设施配置不平衡（如医疗卫生发展方面，近二十年间城乡间每千人拥有的卫生技术人员数量的差距在不断扩大，两者的比值居高不下，图 1-2）。乡村公共服务和基础设施配置不足或错位，降低了乡村的吸引力，加剧了乡村人口流失，削弱了乡村产业发展和社会组织建设的基础，进一步提高了乡村系统风险水平。

（2）我国社会最大的发展不充分是乡村发展不充分

1）农业发展不充分（产业风险升高）。尽管我国农产品产量持续增加，农业发展水平不断提升，但与我国社会经济总体发展水平和日益增长的居民食品消费需求相比，农业发展还不充分，无法满足国内农产品消费需求，如近二十年来我国粮食进口量大幅上涨（图 1-3），高品质、高科技含量的农业生产亟待加强。同时，进入快速城镇化阶段后，我国人均耕地资源明显下降（图 1-4），农业生产发展所需的基础资料受到冲击，增大了乡村产业的风险因素。

2）农村发展不充分（社会风险扩大）。农村析出劳动力是我国城镇流动人口的主要来源，近二十年来我国城镇流动人口不断增加，虽近年来趋于平稳，但总量居高不下（图 1-5）。乡

① 数据来源：国家统计局住户调查办公室 . 2020 中国住户调查主要数据 [M]. 北京：中国统计出版社，2020.

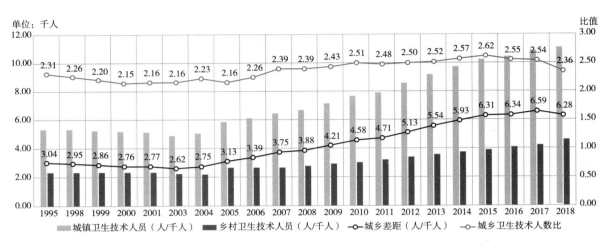

图 1-2　1995—2018 年我国城乡每千人卫生技术人员数量对比及变化趋势[1]

（来源：作者自绘）

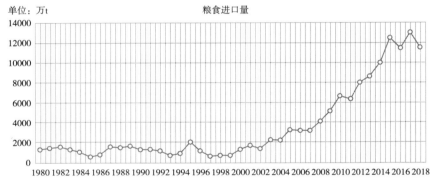

图 1-3　1980—2018 年我国粮食进口量变化趋势[2]

（来源：作者自绘）

村精英和劳动力的持续外流，带来了乡村社会结构的不稳定性，削弱了社会治理的人力及智力基础，不利于乡村集体组织建设和自组织能力发展。同时，乡村特色文化、景观风貌、生态资源等缺乏保护和发展利用，农村整体发展还很不充分。

3）农民发展不充分（民生风险增加）。农民发展不充分表现在两个方面：一是乡村公共设施与公共服务供给不足，致使村民受教育水平、医疗卫生保障等基本需求发展不足；二是乡村经济发展滞后，产业结构单一且活力不足，致使村民就业选择较少，个人及家庭生计发展不充

---

① 数据来源：国家卫生健康委员会 . 2019 中国卫生健康统计年鉴 [M]. 北京：中国协和医科大学出版社，2019.

② 数据来源：国家统计局农村社会经济调查司 . 2019 中国农村统计年鉴 [M]. 北京：中国统计出版社，2019. 图 1-4 同。

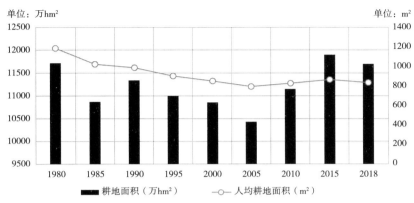

图 1-4　1980—2018 年我国人均耕地面积变化趋势
（来源：作者自绘）

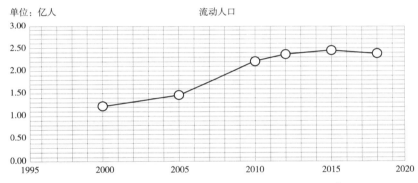

图 1-5　2000—2018 年我国流动人口数量变化趋势 ①
（来源：作者自绘）

分。对比我国近年来城镇和乡村的私营企业及个体经营就业比例，可以看出乡村私营企业及个体经营发展明显滞后于城镇，村民就业不充分（图 1-6），由此推动了劳动力析出，进一步加剧了乡村社会风险和产业风险。

1.1.1.2　城市边缘区乡村风险最集中、类型最复杂、系统最脆弱

　　城市边缘区乡村是城镇化的前沿地带与敏感区域，与普通乡村地区相比，各类系统要素具有"强动态性、高复杂性、易破坏性"典型特征：①受城市扩张影响，乡村土地利用变化、人口变化、产业类型变化等较为迅速，体现出强动态性；②受城市辐射影响，城市边缘区乡村就

---

① 数据来源：国家统计局 . 2019 中国统计年鉴 [M]. 北京：中国统计出版社，2019. 图 1-6 同。

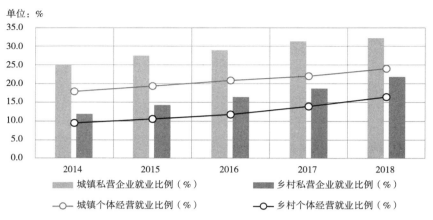

单位：%

图 1-6 2014—2018 年我国城乡私营企业及个体经营就业比例对比
（来源：作者自绘）

业选择多元、农作方式多样，各村庄发展条件的差异性较大，用地构成、人口构成、产业构成较为复杂；③由于位于城镇化发展前沿地带，城市边缘区乡村的聚落形态、社会结构、乡土文化、生态空间最易受到冲击，脆弱性极为突出[2]。

城市边缘区乡村的城乡对比与反差最为强烈，村庄类型更为多元，产业、社会、民生、生态及系统要素配置不协调等各类风险更为集中，具体表现在以下方面。

1）产业风险：一是城市产业与功能向边缘区扩张，使部分村庄原有的内生型特色产业失去赖以发展的空间载体；二是外部资金与企业控制乡村生态人文景观资源经营，产业外部依赖性、不确定性较强，自组织能力下降；三是部分村庄缺少现代技术、经营管理、基础设施及相关制度设计支持，产业内生发展动力不足[3]。

2）社会风险：一是乡村自身吸引力不足，劳动力和人才等外流，人口结构失衡；二是城市对乡村的功能植入，带来乡村社会绅士化趋势，传统社群体系瓦解。两种趋势下，乡村社会自组织和自治体系建设的人力及智力基础均被破坏。

3）民生风险：一是在城市外延拓展冲击下，乡村内生型产业和就业体系瓦解，增加了村民就业的不确定性与不稳定性，居民收入分化不断加剧；二是乡村社会治理能力下降，使乡村民生服务设施建设滞后于发展需求；三是自上而下的外部公共设施配给常常不适合多元类型村庄差异化的实际需求。

4）生态风险：在城市扩张影响下，边缘区乡村土地利用结构变化剧烈，具有乡村特色的生态本底资源被挤压、景观破碎化严重，生态安全格局被破坏，从而降低了乡村乃至城乡区域发展的可持续性[4]。

5）系统要素配置失衡：现行各类规划建设缺乏乡村系统要素协调性研究，忽视了资源统筹布局与精准配置，导致一系列要素配置失衡问题，由于城市边缘区要素配置更为密集，因此由要素配置与需求不协调产生的风险更为突出：如非农产业布局与乡村劳动力析出不协调；土地流转模式、居民点集聚度与村民生产方式相冲突；公共服务设施配置与村庄实际人口特征、具体需求不符；道路及公共交通设施建设与城乡兼业通勤、旅游产业客流需求不协调等。

1.1.1.3　国家高度重视乡村发展的风险评估与治理

国家始终高度重视风险管理，将防范风险摆在突出位置①。乡村振兴战略即是在近年来我国乡村系统多重风险激增的背景下，国家层面的主动响应和管理对策。以乡村振兴、精准扶贫等为代表的一系列国家涉农战略，不仅是常态化的乡村扶贫与乡村管理工作，更是风险社会背景下对乡村风险长效治理的积极探索。

2020年2月《中共中央 国务院关于抓好"三农"领域重点工作确保如期实现全面小康的意见》中指出，"对直接关系农民切身利益、容易引发社会稳定风险的重大决策事项，要先进行风险评估"。这标志着国家层面已高度重视乡村发展风险的评估与治理，对乡村系统风险的识别、解析与综合治理研究须全面和深入地展开。

1.1.2　高质量发展：新型城镇化与乡村振兴的战略要求

1.1.2.1　新型城镇化战略下的城乡格局重构

当前，我国城镇化发展阶段已由快速城镇化阶段转入新型城镇化阶段②，以人的全面发展为核心的新型城镇化理念已逐渐深入人心。新型城镇化不再是单一土地要素的城镇化，而是产业、人口、土地、社会、农村五位一体的城镇化，是城乡共存、协同发展的城镇化[5]。因此，尊重城市及乡村主体发展意愿、满足居民真实发展诉求，是化解快速城镇化时期城乡发展不平衡、农民生计保障不足、乡村衰落和公共资源配置效率低下等诸多问题的关键。

新型城镇化发展阶段下需要重塑新型城乡关系、重构城乡格局，城乡间要素合理流动、资源统筹配置、产业协同发展[6]，乡村不再是单纯的为城镇发展服务的劳动力供应源、粮食安全保

---

① 2015年，《以新的发展理念引领发展，夺取全面建成小康社会决胜阶段的伟大胜利》中强调"我们面临的重大风险，既包括国内的经济、政治、意识形态、社会风险以及来自自然界的风险，也包括国际经济、政治、军事风险……我们必须把防风险摆在突出位置……力争不出现重大风险或在出现重大风险时扛得住、过得去"。
② 2013年7月，中央指出，要推进以人为核心的新型城镇化；2014年3月，《国家新型城镇化规划（2014—2020年）》正式发布，新型城镇化战略全面实施。

障地，而是新经济发展的重要阵地、生态文明建设的主要载体、公共服务高效便捷的宜居空间，城乡之间平等互利、资源互补、高效协同、永续发展，为化解乡村系统风险提供了战略指导。

1.1.2.2 乡村振兴战略下的乡村特色价值重塑

国家始终高度重视乡村地区发展。2017 年，党的十九大报告明确提出乡村振兴战略；2018 年中央一号文件《中共中央 国务院关于实施乡村振兴战略的意见》发布，标志着我国全面探索建立具有划时代意义的新型乡村发展与治理模式。

乡村振兴要求重塑乡村特色价值，通过合理高效利用乡村资源禀赋条件，强化乡村文化、景观风貌、生态资源、生产生活方式等方面的特色价值，主动参与区域经济社会发展分工体系[7]；通过挖掘乡村内生发展动力，培育乡村主体的自组织、自协调、自适应能力，使乡村真正成为适宜人居住、就业、创业、休闲、康养的社会组织主体[8]和环境载体，摒除输血型、扶贫式的短期刺激模式，实现乡村可持续发展的长久振兴目标[9]，为从源头化解乡村系统风险指出了战略方向。

1.1.2.3 高质量发展阶段下的乡村发展模式转型

当前，我国社会经济发展由高速增长阶段转向高质量发展阶段（经济由高速增长转为中高速增长，图 1-7），新发展阶段下更注重内涵与质量提升，强调把创新作为动力、以协调促进

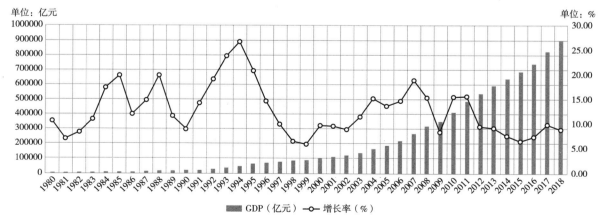

图 1-7　1980—2018 年我国 GDP 及年增长率变化趋势 ①
（来源：作者自绘）

---

① 数据来源：国家统计局 . 2019 中国统计年鉴 [M]. 北京：中国统计出版社，2019.

内生、让绿色成为常态、将开放坚持到底、让共享作为目标，探索城乡空间、社会、产业、民生、生态环境的高质量发展转型[10]。

在国家高质量发展战略背景下，乡村发展模式也亟待转型。在经济民生方面，一方面通过供给侧改革，培育乡村新动能、新经济，适应城乡消费市场需求[11]；另一方面通过创新农业技术和涉农产业模式，提高生产效率、丰富就业岗位。在生态环境方面，构建乡村生态安全格局，形成绿色生产方式和生活方式[12]，保护乡村赖以持续发展的资源与空间载体。在社会治理方面，建立高效的乡村社会自治体系和公共资源配置体系，实现向以乡村主体为核心的乡村治理转型。高质量发展战略对乡村系统风险治理提出了更高的要求和目标。

1.1.3 空间治理体系现代化：乡村规划转型的迫切需求

1.1.3.1 乡村规划演进发展

乡村规划是乡村空间治理的重要工具。2002 年，以党的十六大为标志，我国从"城乡分治"进入"城乡统筹"发展阶段，自 2006 年以来，我国先后经历了社会主义新农村建设、新型农村社区建设、美丽乡村建设等发展阶段，乡村规划的内容、技术方法不断发展，以探索适宜我国国情的乡村发展模式。2017 年党的十九大报告提出"乡村振兴战略"，并制定"农村人居环境整治三年行动方案"，指出了乡村发展的新目标与新方向[13]，新时期下乡村规划在多规合一[14]、制度设计[15]、渐进式陪伴规划[16]、朴素设计[17]、社会治理[18]等方面进行了新探索。

1.1.3.2 既有规划内容不适应城市边缘区乡村差异化的系统风险防治需求

乡村生态要素富集，农民主体意识相对淡薄，经济与科技基础较为薄弱，受城镇化冲击效应显著，既有规划中出现了"重居民点、轻生态空间""重自上而下、轻农民主体意愿"[19]"重产业与物资扶贫、轻内生发展推动""重城市发展、轻城乡协同"等问题，忽视了系统风险的研究与治理，甚至助长了部分风险的滋生与蔓延。城市边缘区乡村类型更复杂、风险更多元，既有规划中的"等级化""均等化"公共资源配置模式，不适应边缘区乡村差异化的系统风险防治需求；同时既有规划缺乏对宏观、中观层面乡村系统风险研究，微观层面的村庄规划就村庄论村庄，难以为公共资源分类布局和公共政策精准适配提供支持，无法形成从宏观资源统筹到中观精准管控，再到微观详细落实的多层级风险防控体系。

1.1.3.3 国土空间规划体系下的乡村相关规划转型方向

2019 年 5 月，国家决定建立国土空间规划体系[①]，标志着我国在空间治理能力与治理体系现代化方面迈出了重要步伐。国土空间规划体系真正实现"多规合一"与"一张蓝图"建设（图 1-8），强调生态、生产、生活空间的全要素管控，创新信息化、智慧化管理实施机制，在落实国家战略的同时，体现生态优先、以人为本、区域协同与城乡统筹等原则。

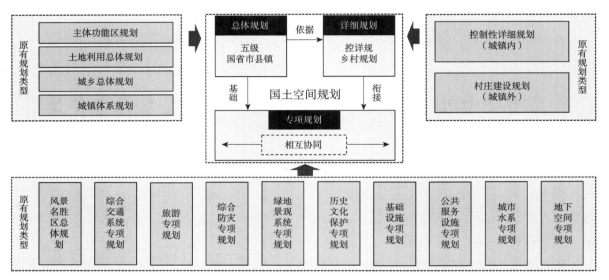

图 1-8 国土空间规划体系：多规合一与空间治理转型
（来源：作者自绘）

乡村相关的规划内容作为国土空间规划体系的重要组成部分，将全面体现国土空间规划的空间治理转型理念[20]。在国土空间规划体系下，规划应更为重视乡村"山水林田湖草"全域要素管控，关注农民主体发展意愿[21]和村庄间的发展诉求差异性[22]，探索并形成可持续的内生发展动力机制，统筹城乡公共资源配置，保护乡村空间、文化、景观、生态等特色价值[23]，建立"宏观—中观—微观"多尺度衔接的乡村风险研究与规划落实体系，成为乡村系统风险治理的有效抓手（图 1-9）。

———————————

① 2019 年 5 月，国家发布《中共中央 国务院关于建立国土空间规划体系并监督实施的若干意见》，标志着国土空间规划体系建设全面实施。

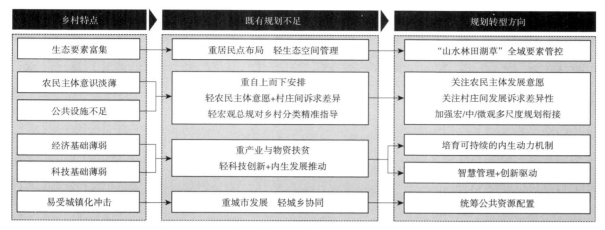

乡村特点	既有规划不足	规划转型方向
生态要素富集	重居民点布局 轻生态空间管理	"山水林田湖草"全域要素管控
农民主体意识淡薄 公共设施不足	重自上而下安排 轻农民主体意愿+村庄间诉求差异 轻宏观总规对乡村分类精准指导	关注农民主体发展意愿 关注村庄间发展诉求差异性 加强宏/中/微观多尺度规划衔接
经济基础薄弱 科技基础薄弱	重产业与物资扶贫 轻科技创新+内生发展推动	培育可持续的内生动力机制 智慧管理+创新驱动
易受城镇化冲击	重城市发展 轻城乡协同	统筹公共资源配置

图 1-9 国土空间规划体系下的乡村相关规划内容转型需求
（来源：作者自绘）

1.2 研究目标与意义

1.2.1 研究目标

我国城镇化发展阶段已从过去"效率化"的快速城镇化时期，逐步转入"品质化"的新型城镇化时期，我国乡村的发展目标、任务及模式也同样面临转型，即从过去"求温饱"转向"计深远"，重视风险治理，培育乡村内生发展动力和提高系统韧性，实现乡村全面健康和可持续发展。伴随着国家层面乡村振兴战略全面展开，提高乡村发展质量、解决快速城镇化发展时期出现的系统多重风险问题，成为新时期下我国乡村规划研究及实践领域的重要目标。

基于城市边缘区乡村系统风险的复杂性与典型性，本书以城市边缘区乡村系统风险为研究对象，以期实现如下研究目标。

（1）目标一：识别城市边缘区乡村系统风险格局

通过多源数据技术，识别城市边缘区乡村系统风险格局，解析乡村系统风险聚类规律；基于"外源干预＋内生触发＋政策影响"的乡村系统风险格局形成机理框架，厘清城市边缘区乡村系统风险格局演化分异的驱动机制。

（2）目标二：评价城市边缘区乡村系统韧性水平＋提出韧性提升策略

系统韧性水平反映了乡村系统抗风险能力，基于系统风险要素间的作用机理，提取城市边缘区乡村系统韧性评价的核心影响因子，建构城市边缘区乡村系统韧性评价指标体系与评价模型；基于实证解析城市边缘区乡村系统韧性格局特征与聚类规律，从而针对性提出基于系统风险治理的韧性提升策略与建议。

（3）目标三：基于现行规划体系提出乡村韧性提升策略的规划响应方法

基于现行国土空间规划体系中的乡村规划发展需求，提出适应于多元类型乡村系统韧性提升的规划方法及管理模式，以"分类精准适配＋实施评估＋智慧管理"为特点，建立"宏观统筹＋中观精控＋微观落实"多尺度规划衔接体系，确保城市边缘区乡村韧性优化策略在现行空间规划体系框架内的空间落地与有效实施。

1.2.2　研究意义

（1）时代意义

当前，我国城市边缘区乡村在经历了快速城镇化和经济全球化的冲击后，出现了产业自组织水平弱化、社会传统结构瓦解、就业供需空间错位、居民点建设与实际生产生活方式冲突、设施配给与真实需求不符、文化及生态空间破坏等"产业＋社会＋民生＋生态＋要素不协调"系统多重风险。研究基于系统分析视角，通过理论建构和实证解析，识别城市边缘区乡村系统风险格局特征；通过系统韧性评价并提出韧性规划策略，为乡村系统风险的长效治理提供方案借鉴。因此，研究在解决当前乡村发展风险的紧迫问题和践行我国新型城镇化、城乡统筹、乡村振兴、生态文明建设等战略方面具有重要的时代意义。

（2）理论意义

在研究方法方面，研究提出应用于乡村系统风险识别分析的多源数据技术，在乡村系统风险识别与解析方面，拓展了时间维度的更新频率及空间维度的样本宽度；在研究内容方面，研究融合乡村复杂系统、乡村风险及乡村韧性研究簇群，提出基于系统风险治理的城市边缘区乡村韧性规划理论。研究形成的城市边缘区乡村系统风险格局特征与风险聚类规律、系统风险格局形成机制、系统韧性量化评价方法、系统韧性优化策略等理论成果，为城市边缘区乡村系统风险的长效治理提供技术方法及理论支撑。

（3）实践意义

研究基于城市边缘区乡村系统韧性提升策略的空间落地实施需求，在现行国土空间规划体系框架内，提出城市边缘区乡村系统韧性规划技术方法，并结合天津典型城市边缘区乡村范围进行实践应用，形成多元乡村类型下的规划适用条件、规划管控指标体系与智慧管理平台，形成可供市县级（宏观）和镇级（中观）国土空间总体规划中的乡村发展内容、乡村规划设计、乡村建设管理者参考的应用型成果。结合规划实证形成的研究成果，在当前我国城市边缘区乡村系统风险识别与治理实践方面具有应用及示范价值。

1.3 研究范围与概念界定

1.3.1 研究范围及其特征

本书的研究对象和范围是位于城市边缘区的乡村地区。

1.3.1.1 城市边缘区乡村范围界定

乡村，是居民以农业生产为基本经济活动的一种区域的总称[①]，又称非城市化地区。国内外对乡村概念的理解和划分标准有所差异，一般认为乡村的人口密度较低，聚居规模较小，以农业生产为主要经济基础，其他行业都直接或间接与农业生产有关，经济及社会结构相对简单。现代社会伴随着乡村参与国民经济分工有了全面发展，乡村产业结构也在发生深刻变化，现代乡村已成为集乡村自然环境、乡村社会组织、现代乡村经济、多元文化于一体的乡村综合体。

城市边缘区，又称"城乡接合部"或"城乡交错带"，最早由德国地理学家哈伯特·路易提出[24]，是城乡之间土地利用、社会及人口特征的过渡地带，位于中心城市连续建成区与外围几乎没有非农土地利用的农业腹地之间[25]。城市边缘区是一个动态的时空概念，伴随着城镇化进程不断深入发展，昔日的城市边缘区有可能发展为城市中心区，相应的，其外围一定范围的乡村腹地区域则会变为新的城市边缘区（图1-10）。

城市边缘区乡村，是位于城市边缘区范围内的乡村类型。从空间范围上看，城市空间可以分为城市中心区、城市边缘区的城市化区域；乡村地区可以分为乡村腹地区域、城市边缘区乡村地区。城市边缘区的城市化区域和乡村地区共同构成了城市边缘区空间范围（图1-11）。城市边缘区乡村空间可以进一步细分为乡村生态空间、乡村生产空间和乡村生活空间。

城市边缘区乡村地区与乡村腹地之间并无十分明显的地理界线，两者的区别主要在于其生产生活方式、就业与服务选择是否明显受到城市辐射影响。一般来讲，在现代交通条件下，大城市对其周边半小时通勤范围（约30km）内的乡村存在较为显著的影响（图1-12，根据对某大城市

[①] 参见《辞源》。

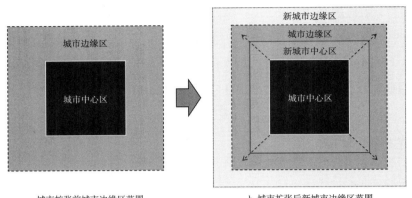

a. 城市扩张前城市边缘区范围　　　　　b. 城市扩张后新城市边缘区范围

图 1-10　城市边缘区空间范围动态变化示意
（来源：作者自绘）

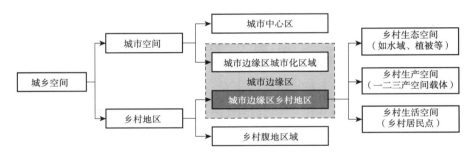

图 1-11　城市边缘区乡村空间研究范围
（来源：作者自绘）

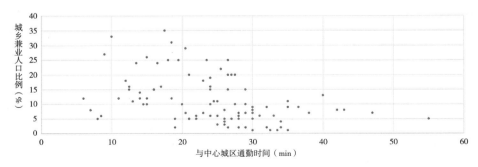

图 1-12　某大城市边缘区乡村居民两栖兼业比例随通勤距离增加而降低
（来源：作者自绘）

边缘区乡村两栖兼业[①]情况调查，通勤时间超过 30min 时，居民两栖兼业比例明显较低），中小城市由于城市辐射影响能力相对较弱，其城市边缘区乡村地区空间范围则会相对小一些。

———————————

　① 两栖兼业，是指居住在乡村、在城市或城市边缘区就业的一种职住分离现象。

城市边缘区乡村同样也是一个动态的时空概念，在城镇化过程中，昔日的一些城市边缘区乡村在城市空间扩张的作用下消失，其空间风貌、居民生产及生活方式等逐步城市化；同时昔日外围乡村腹地区域的一些乡村，由于区位条件发生变化，受到强烈的城市辐射影响，成为新的城市边缘区乡村。

1.3.1.2 城市边缘区乡村特征

由于邻近城市建成区，城市边缘区乡村的农业生产方式、土地流转意愿、产业结构、居民就业、消费及公共服务选择等诸多方面受城市影响显著，如村民务工收入和经营性收入比例相对较高，土地流转意愿相对较强，选择市区进行重要消费及获取教育、医疗等公共服务的比例相对较高（图1-13）。

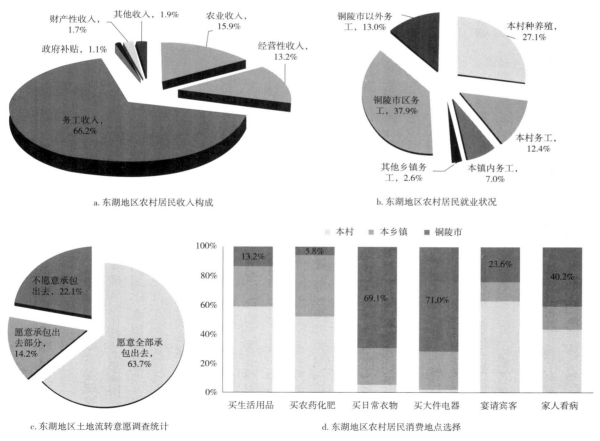

图1-13 某城市边缘区东湖地区乡村居民就业、消费及土地流转意愿受城市影响显著
（来源：作者根据《安徽省铜陵市东湖田园湿地公园规划社会调查报告》数据绘制）

15

从"城"到"乡",大致形成四个空间圈层:城市中心区—城市边缘区城市化区域—城市边缘区乡村区域—乡村腹地。城市边缘区乡村和城市化组团在空间上存在交错现象,因此城市边缘区乡村地区的用地构成也相对复杂多元(图1-14)。城市边缘区乡村特征可总结为:"强动态性、高复杂性、易破坏性"。

1)强动态性——城市边缘区作为城市化的前沿地区,既是近城农业区域与外来人口城镇化的吸纳地,又是城市中心区人口和功能疏解的目的地,因此该区域内乡村空间形态、产业类型、人口构成等变化速度较快。

2)高复杂性——城市边缘区乡村居民点、村镇工业用地、农作空间、生态区域相互交织,从事多种农作类型的农民、外来务工人员、城郊社区居民错综复杂,乡村主体功能和各类城镇外溢功能类型多元,在空间、功能、社会、产业等多方面均表现出较高的复杂性。

3)易破坏性——城市边缘区乡村自然环境区域,是遏制城市建成区无序蔓延的重要屏障,在城市扩张过程中易被侵占;同时,城市边缘区管理相对薄弱,设施配套滞后,公共利益缺少保障,传统社会结构、文化景观也容易受到破坏。

同时,与普通乡村地区相比,城市边缘区乡村由于距离城市建成区较近,受城市辐射作用显著,就业选择更加多元、产业类型更加丰富、农作方式更加多样,不同居民点之间发展条件的差异性较大,村庄类型及其发展诉求更多元。城市边缘区的乡村位于城镇化前沿与敏感地

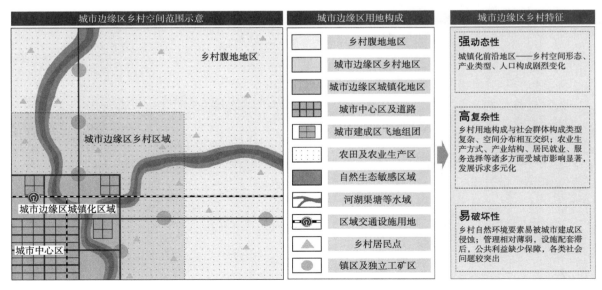

图1-14　城市边缘区乡村空间范围、用地构成及典型特征
(来源:作者自绘)

带，发展风险最为集中、村庄类型最为复杂、风险受体最为脆弱，是研究乡村系统风险治理的典型范围。

1.3.2 相关概念界定

本书涉及的主要相关概念包括乡村系统风险及风险治理、系统风险格局及其形成机制、系统韧性（演进韧性）、韧性格局重构及规划响应等。

1.3.2.1 风险、系统风险及风险治理

1）风险：指遭受损失、伤害、不利或毁灭的可能性[1]，即发生不幸事件的概率或一个事件产生我们不希望的后果的可能性。学术界对风险概念有多种阐述，比较有代表性的是"风险是事件未来结果的不确定性"（C. A. Williams，1985；A. H. Mowbray，1995 等）、"风险是指损失的大小和发生的可能性"（朱淑珍，2002；王明涛，2003 等）、"风险是由风险构成要素相互作用的结果"（郭晓亭、蒲勇健，2002）。一般认为，风险具有客观性、损害性、不确定性、相对性、可识别性、可控性等特性。

2）风险分类：风险类型的划分标准有很多种，如损失获益、标的、致险环境、风险受体等。如按照致险环境不同，可以分为突发灾害风险（如地震、洪水、台风、火灾、爆炸等，有学者称"静态风险"）和常态发展风险（如经济生产变化、市场变化、社会结构变化、生态环境变化等，有学者称"动态风险"）；按照风险受体不同，可以分为经济风险（产业风险）、社会风险、政治风险、民生风险、生态风险等。

本书基于城市边缘区乡村发展特征，主要关注城市冲击下的常态发展风险及经济风险、社会风险、民生风险、生态风险等类型，而非突发灾害风险[2] 等类型（对于城市边缘区乡村而言，既非普遍风险，也非典型风险）。

3）系统风险：每类风险并非孤立存在，而是受到多种风险要素的制约与影响，因此风险研究应考虑与其相关联的系统整体。系统风险，是指由相互关联的各类风险要素共同作用而形成的多重风险，风险间的相互作用关系呈现网络化、系统化特征。系统风险是研究单类风险的重

---

[1] 参见《汉典》。
[2] 灾害只是一种扰动较大的变化，灾害风险程度一方面与灾害受体的要素密集程度（人口、设施、产业）相关，城市的灾害风险较乡村而言更为典型；另一方面与特殊地理／气候区位（如地震带、海岸带、冲沟等）相关，在城市边缘区乡村中并不具有普遍性。而在当前城镇化冲击下，乡村经济、社会、民生、生态环境等系统要素的诸多不利变化，对城市边缘区乡村产生了更为普遍和持续的影响，是亟待治理的风险类型。

要前提和关键视角，当前我国城镇化冲击下的城市边缘区乡村发展风险即为复杂的系统风险。

在快速城镇化冲击下，我国城市边缘区乡村产业自组织水平弱化、社会治理能力下降、民生设施不足和就业不稳、生态格局破坏，各类要素配置失衡（如非农产业布局与劳动力供给不协调、居民点集聚度和土地流转与农作方式不适应、公共设施配置与城乡兼业人口需求不相符等），各类风险要素之间相互影响和作用，呈现典型的网络化、系统化特征，亟待运用系统理论综合分析与长效治理。

4）风险治理：系统风险治理（也称风险管理），是指识别、解析和测度系统风险，并制定和实施风险治理方案的过程。风险治理的目标是使风险造成的潜在损失最小（风险损失发生前）和实际损失减少到最低程度（风险损失发生后）。

本书中的乡村系统风险治理，是在系统风险识别的基础上，从提升乡村主体抗风险能力出发，提出系统风险的长效治理策略和实施方案，适应乡村高质量发展转型需求。

1.3.2.2　系统风险格局

1）系统风险格局："格"是指物体的空间结构和形式，"局"是指布局、摆放或安置的位置。系统风险"格局"，即为系统风险要素（产业类风险、社会类风险、民生类风险、生态环境类风险等）在空间上的分布与配置。

2）风险格局演化与分异："演化"指事物的生长、变化或发展，包括天体、生物、社会、文化或者观念的演变。本书中意为伴随时间推移，乡村系统风险要素空间形态或数量的变化。"分异"是指事物之间或事物内部各要素表现出的差异性。本书中指乡村系统风险各要素在不同空间单元之间呈现出的差异性。

1.3.2.3　系统演进韧性

1）韧性（resilience）：一词本意是"恢复到原始状态"。随着时代演进，韧性概念被应用到不同的学科领域：19世纪中叶，伴随西方工业发展，韧性概念被应用于机械学，用以描述金属形变之后复原的能力；20世纪50—80年代，西方心理学研究普遍使用"韧性"描述精神创伤之后的恢复状况；生态学家霍林首次将韧性思想应用到系统生态学；20世纪90年代以来，学者对韧性的研究逐渐从自然生态学向人类生态学延展。

2）系统演进韧性：韧性概念经过"工程韧性—生态韧性—演进韧性"等多次范式转换后，当前已发展到"系统（演进）韧性"阶段。系统韧性，又称系统演进韧性，强调韧性不仅仅被视为系统对初始状态的恢复，而是复杂系统为回应压力而激发的一种变化、适应和改变的能力；是社会生态系统所具备的保持自身稳定发展、抵御外界冲击与破坏的自我调节能力，包括系统自适应能力、自调节能力、自组织能力、自恢复能力等。乡村系统韧性水平反映了乡村系统主体的抗风险能力，韧性水平越高，系统主体的抗风险能力越强。

1.3.2.4 韧性格局重构及规划响应

1）系统韧性格局重构：基于系统风险要素数据，量化评估系统韧性水平，不同空间单元间系统韧性水平的高低差异构成了系统韧性现状格局。系统韧性格局重构，即通过针对性的优化策略，改善现有韧性水平不足的空间单元，从系统整体统筹发展角度，促进各空间单元"高韧性水平均衡发展"格局的形成。

2）韧性规划响应：将相关策略或建议，与规划设计技术、管理方法或机制相结合，以提升研究成果的实践应用性。本书中特指在现行国土空间规划体系框架下，以落实城市边缘区乡村系统韧性格局重构策略为目标，通过创新规划设计流程、技术方法，保障乡村系统韧性格局重构策略的传导落实和推广应用。

1.4 研究内容

遵循"发现问题—分析问题—解决问题"的科学研究思路，本书的主要内容包括城市边缘区乡村"系统风险格局识别""系统风险韧性治理"等部分，其中系统风险韧性治理可以细分为系统韧性量化评价、系统韧性格局优化、系统韧性规划响应等内容。

1.4.1 城市边缘区乡村系统风险格局识别

识别城市边缘区乡村系统风险格局，是解析乡村系统风险要素作用机制、针对性开展系统风险治理的基础。具体研究内容包括乡村系统风险的空间演化分异特征、聚类分析等。

1）乡村系统风险的空间演化分异特征分析。明确城市边缘区乡村系统风险研究的空间层次、风险要素类型，选取具有强代表性、易获取性的数据指标类型。选择典型城市边缘区乡村地区作为研究对象，运用多源数据技术方法（如遥感影像解译数据、社会调查数据、官方统计数据、电子地图数据、网络大数据等）获取乡村系统风险要素数据（多时间节点＋多空间单元）；基于 GIS 平台和 Fragstats 等空间信息分析技术，解析乡村系统的产业风险格局、社会风险格局、民生风险格局、生态风险格局、系统要素协调性风险格局等各类风险数据的时空变化特征，为后续聚类分析、风险聚类治理分析、系统韧性评价等研究提供基础数据支持。

2）乡村系统风险的空间聚类研究。以上述多源数据为基础，归纳提取乡村系统风险聚类规律（总结各空间单元在空间形态、产业类型、生态资源等方面的相似性），形成宏观的乡镇分类与中观的村庄分类成果，为后续系统韧性评价研究提供类型学支持。

1.4.2 城市边缘区乡村系统韧性量化评价

系统韧性水平反映乡村系统抗风险能力，定量化的边缘区乡村系统韧性评价和空间聚类解析，是精准制定系统韧性提升策略、统筹邻域空间韧性协同发展的重要决策依据。研究基于乡村系统风险格局演化分异的核心影响因子，建构乡村系统韧性评价指标体系和评价模型；并结合实证数据，分析城市边缘区乡村系统韧性水平的空间分异与聚类规律，解析多元村庄类型下系统韧性的特征与问题、空间关联机制等，为针对性地提出系统风险的韧性治理策略、重构城市边缘区乡村韧性发展格局提供支撑。

1.4.3 城市边缘区乡村系统韧性格局重构

通过城市边缘区乡村系统韧性格局优化，实现乡村系统风险的韧性治理目标，是主要目的。基于前述城市边缘区乡村系统风险格局特征分析、系统风险格局演化分异驱动机制解析和系统韧性评价结论，从"产业培育—社会治理—民生发展—生态支撑—要素协调"的系统韧性要素构成角度，提出差异化"内生培育—外源协同—制度设计"的组合优化策略；同时，确保韧性重构策略和乡村系统风险聚类、韧性聚类的契合性，实现策略的村庄分类精准适配，促进边缘区乡村各空间单元高韧性水平均衡发展格局的形成。

1.4.4 城市边缘区乡村系统韧性规划响应

结合现行国土空间规划编制及管理体系发展需求，契合乡村规划转型发展趋势，建构响应城市边缘区乡村系统韧性格局重构策略的规划技术方法，包括宏观尺度的城乡公共资源统筹配置、中观尺度的乡村韧性要素规划布局与指标管控、微观尺度的详细设计与传导落实。通过指标管控体系、规划单元导则、实施评估与韧性规划智慧管理平台等，形成可供城市边缘区乡村发展策划、国土空间规划设计及规划建设管理者参考的应用型成果，确保城市边缘区乡村系统风险韧性治理策略的落地实施。

1.5 研究方法与技术路线

1.5.1 研究方法

（1）文献计量分析法

研究运用文献计量学方法，综合 CiteSpace 和 VOSviewer 平台，基于 Web of Science 和 CNKI 数据库，从宏观视角解析国内外乡村系统风险与韧性相关的研究合作网络、研究热点与主线、研究阶段演进规律，识别高被引文献、前沿理论成果等；进而针对性地解读并总结既有研究中的关键文献与前沿理论模型，判断研究发展趋势，提出乡村系统风险与韧性规划理论的建构基础。

（2）多源数据获取与分析法

研究从多元渠道获取基础数据：①运用 ENVI 遥感影像数据解译技术获取城市边缘区乡村土地利用和生态景观基础数据；②综合运用问卷调查与访谈、文献资料查阅、网络大数据等多源渠道获取城市边缘区乡村社会与人口、产业与生计、公共设施分布等数据。

针对数据特征差异，研究运用多源分析技术解析各类数据：①运用 GIS 空间转移矩阵分析主要用地类型间的空间转换格局；②运用土地利用变化动态度模型计算乡村用地变化速率；③运用 Fragstats 平台分析主要生态景观指数变化规律；④运用 GIS 成本距离法计算城市边缘区乡村交通可达性；⑤综合运用 GIS 核密度法与空间插值法计算乡村公共设施支撑水平与人口密度等；⑥综合运用 GIS 空间信息统计和经济地理专题地图分析乡村系统风险各类要素的空间分异特征。

（3）多学科交叉研究法

本书涉及城乡规划学、社会生态学、景观生态学、经济地理学及公共管理等多个学科，研究运用多学科交叉的系统分析方法，借鉴各相关学科中先进的理论模型和技术方法，于城乡规划学框架内集成、发展与创新，精准、高效地解决城市边缘区乡村系统风险识别、机理解析、韧性评价与格局重构中的研究难点与关键问题。

（4）系统量化评价模型法

研究通过建立系统评价模型，量化评价乡村抗风险能力，解析城市边缘区乡村系统韧性发展格局，为针对性地提出系统韧性重构策略提供支持：①基于系统韧性特点和系统风险有效影响因子分析结论，筛选系统韧性评价指标体系；②综合运用层次分析法和熵值法确定各层指标权重；③建立多层级的综合评价模型，基于实证数据分析乡村系统韧性格局。

1.5.2 技术路线

基于我国乡村发展现实问题和时代发展的需求，在分析既有研究成果和发展趋势的基础上，建构基于系统风险治理的城市边缘区乡村韧性规划理论体系，进而以天津为实证对象展开"系统风险格局识别—系统韧性发展评价—系统韧性格局重构—系统韧性规划响应"全流程研究与实践，形成系统风险格局演化分异特征、致险机制与乡村体制演进下的风险分异规律、系统韧性格局特征与重构策略、规划编制与管控技术方法等具体成果（图1-15）。

第1章，论述研究源起——从城镇化冲击下的乡村系统多重风险并存、新型城镇化与乡村振兴背景下乡村高质量发展转型、空间治理现代化背景下乡村规划转型等角度论述研究的时代意义、现实意义；进而提出研究目标、研究具体范围、研究内容，并针对研究特点提出具有针对性的研究方法和合理的技术路线等。

第2章，总结理论基点——分析乡村风险、乡村韧性及复杂系统研究领域的既有研究格局与脉络、前沿理论成果，判断未来研究发展需求与发展趋势，为本书核心理论构建提供理论基础。

第3章，建构核心理论——首先建构基础理论"乡村系统风险构成理论—乡村系统风险治理理论—乡村系统韧性构成理论"，将乡村风险、韧性及复杂系统研究簇群有机结合，从系统韧性角度发展了乡村风险治理理论；进而提出实践方法理论"风险格局识别—韧性量化评价—韧性格局重构—韧性规划响应"，形成基于系统风险治理的城市边缘区乡村韧性规划理论，为后续实证研究提供理论与技术方法指导。

第4章，风险格局识别——基于乡村系统风险构成理论，研究以天津城市边缘区乡村地区为实证对象，运用多源数据获取与分析技术，从宏观和中观两个层次识别乡村系统产业风险要素、社会风险要素、民生风险要素、生态风险要素、要素间协调风险等多重风险格局的演化与分异特征，总结乡村风险空间聚类规律，提出村庄精准分类结论。

第5章，韧性量化评价——基于乡村系统风险治理理论，系统韧性提升是系统风险长效治理的关键途径，研究根据系统动力核心影响因子选取韧性评价指标体系，综合运用层次分析矩阵和熵值法计算指标权重，并建构系统综合评价模型，从而基于天津实证数据解析乡村系统韧

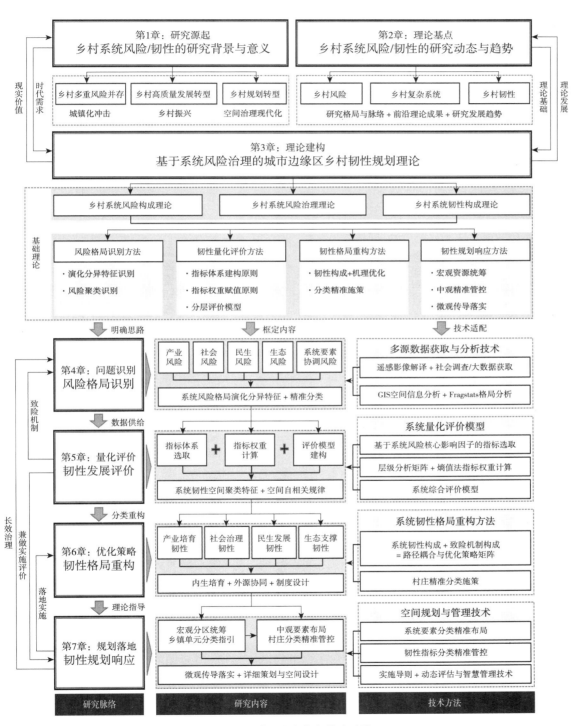

图 1-15　总体研究框架与技术路线
（来源：作者自绘）

性水平的空间聚类特征和自相关规律。

第 6 章，韧性格局重构——基于乡村系统韧性构成理论与系统韧性评价结论，研究耦合了韧性构成"产业培育韧性—社会治理韧性—民生发展韧性—生态支撑韧性"和致灾机理优化"内生培育—外源协同—制度设计"两大路径，形成系统韧性格局重构策略矩阵，并针对村庄聚类特征，因村施策，实现精准优化与提升。

第 7 章，韧性规划响应——基于现行国土空间规划体系发展需求和乡村韧性格局重构策略的落地实施需求，研究从"宏观资源分区统筹 + 乡镇单元分类指引""中观乡村要素布局 + 村庄分类精准管控""微观传导落实 + 详细策划与空间设计"多个尺度，提出城市边缘区乡村系统韧性规划的编制与管理技术方法，形成韧性规划单元导则、实施评估机制和智慧管理平台等应用型成果。

其中本书的第 1~3 章是理论的建构过程，针对时代发展需求与现实焦点问题，基于既有研究成果与前沿动态，建构城市边缘区乡村系统风险与韧性规划治理的基础理论及实践理论；第 4、5 章是实证分析与评价，基于天津典型城市边缘区乡村地区实证数据，运用系统风险与韧性研究理论和技术方法，识别系统风险的时空分布特征、解析系统韧性的空间分布规律；第 6、7 章是治理方案，即针对性地提出乡村系统韧性格局重构的策略和韧性规划方法，并以天津为例形成可供示范的应用型成果。

国内外相关研究动态及基础理论综述

当前，乡村风险、乡村韧性、复杂系统已成为国内外乡村研究领域关注的重点内容，三者之间的交叉研究将成为乡村研究的必然趋势——乡村风险是乡村振兴必须解决的重点问题，韧性发展是风险治理的有效途径，复杂适应系统是乡村风险与韧性的本质特征，也是乡村风险与韧性研究的重要切入点。

本章首先通过梳理以乡村风险、乡村韧性、乡村复杂系统为主题的国内外文献，运用文献计量学方法，分析国内外相关研究热点分布格局与演进脉络；进而选取近年来主要文献，解析国内外前沿理论成果，总结前沿理论内容、研究动态、研究局限和发展趋势，为后续针对性开展理论建构和实证研究提供支撑。

2.1 乡村风险研究动态及基础理论

识别并化解乡村发展风险，是实现乡村振兴战略目标的关键，具有重要的研究价值。国内外学者对乡村风险的研究内容多样、技术方法多元、理论成果丰富，需要从宏观视角厘清既有研究格局、研究热点与动态，进而解析主要基础理论及前沿成果，综合判断乡村风险理论发展趋势，为乡村风险理论研究创新提供支撑。

2.1.1 乡村风险研究动态

研究以乡村风险研究为主题，国际研究选取 1998—2020 年 Web of Science 核心数据库，检索条件为 TI=（risk OR vulnerability OR disaster OR crisis OR venture OR threats OR hazard）AND TI= rural，筛取文献 1930 篇；国内研究选取 1990—2020 年 CNKI 数据库，检索条件为 TI=（"乡村"＋"农村"）and AB= "风险"，筛取文献 1539 篇。基于 CiteSpace 和 VOSviewer 平台，解析作者合作网络、研究热点与主线、研究阶段演进规律、高被引文献等内容，为提取前沿理论成果、判断理论发展趋势奠定基础。

2.1.1.1 国际既有研究格局与脉络

（1）研究热点分布

通过对文献关键词的聚类分析，近二十年的国际乡村风险研究热点集中于"感知"等 9 个主题集，主要可以分为三类：一是风险认知类，如感知、评估；二是风险内容类，如糖尿病、城市化等；三是风险地域类，如南非（图 2-1）。

高频度出现的关键词中，形成三个集聚度较高的簇群：一是以"脆弱性"（vulnerability）为中心，包含灾害、韧性、食品安全、贫困、社区、治理、中国等关键词；二是以"患病率"（prevalence）为中心，包含预防、人口、死亡率、血压、健康、疾病、感染、肥胖等关键词；三是以"行为"（behavior）为中心，包含健康、妇女、暴力、撒哈拉以南非洲、传染、青少年、安全、社区等关键词（图 2-2）。以上簇群代表了国际乡村风险的三个主要研究方向——脆弱性、疾病防控、社会行为。

（2）研究主题演化脉络

基于关键词聚类和文献被引情况，国际乡村风险研究大致经历三个阶段（图 2-3）。

第一阶段（1998—2007 年），侧重单一风险研究，以乡村居民疾病防控类风险为主。这一

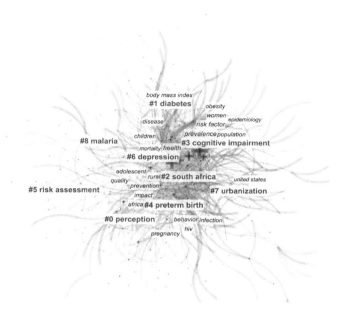

图 2-1 国际乡村风险文献关键词聚类格局
（来源：作者自绘）

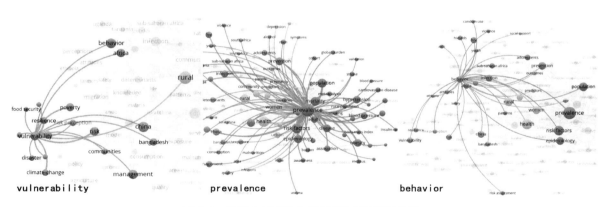

图 2-2 国际乡村风险文献高频关键词聚类分析
（来源：作者自绘）

时期国际乡村风险研究集中于发展中国家的乡村心血管疾病、早产儿疾病等居民健康问题，较为关注健康疾病风险的影响因素分析和防控策略研究。

第二阶段（2007—2016 年），出现系统风险研究，以多元类型的风险研究为特征。以"系统""城市"等关键词为代表，这一时期国际乡村风险研究逐渐出现城乡联系、系统联系等趋势；同时，青少年成长、婚姻、社会压力等社会行为类风险，以及河流沉降、农作土壤、灾害等脆弱性风险研究逐渐增多，研究方法侧重风险的定量评估等。

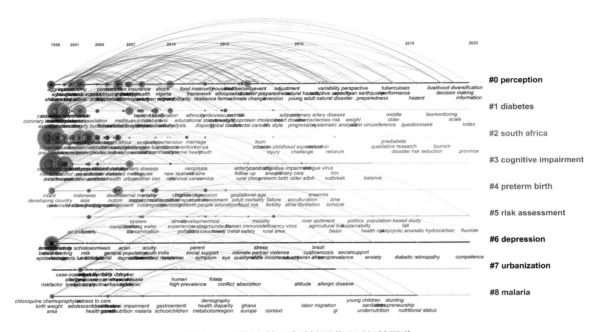

图2-3　国际乡村风险关键词共现时间轴图谱
（来源：作者自绘）

第三阶段（2016年至今），系统风险研究走向繁荣，以多元类型风险和系统特性研究为特色。以"适应性""韧性""生计多样性"等关键词为代表，这一时期国际乡村风险研究内容更为广泛，视角更为宏观，乡村旅游、教育、生存等热点问题涌现（图2-4），多元风险类型间的系统作用机理受到关注。该时期定量化的风险评估技术方法进一步发展，指标体系研究更为普遍。

2.1.1.2　国内既有研究格局与脉络

（1）研究热点分布

通过对文献关键词的聚类分析，可以看出近三十年的国内乡村风险研究热点集中于"土地流转"等16个主题集，主要可以分为三类：一是宏观主题类，如农村、风险；二是风险内容类，如土地流转、集体经济组织等；三是风险治理类，如乡村治理、乡村振兴、教育扶贫等（图2-5）。

高频度出现的关键词中，形成三个集聚度较高的簇群：一是以"土地流转"为中心，包含农村改革、社会保障、土地承包经营权、风险评价、工商资本等关键词；二是以"乡村振兴"为中心，包含土地流转、新农村建设、三权分置、精准扶贫、风险社会等关键词；三是以"农

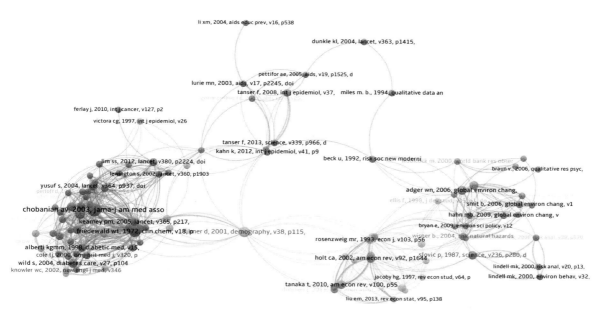

图 2-4 国际乡村风险文献共被引关系聚类分析
（来源：作者自绘）

图 2-5 国内乡村风险文献关键词聚类格局
（来源：作者自绘）

村劳动力"为中心,包含社会风险、就业风险、进城务工人员、人力资本等关键词(图2-6)。以上簇群代表了国内乡村风险的三个主要研究方向——土地流转、风险治理、劳动力就业。

(2)研究主题演化脉络

基于关键词聚类和文献被引情况,国内乡村风险研究大致经历三个阶段(图2-7)。

第一阶段(1990—2004年),经济制度改革主导下的乡村风险研究。我国自20世纪80年代开展乡村经济制度改革,乡村农业生产积极性提高,乡镇企业蓬勃发展,经济日趋活跃;同

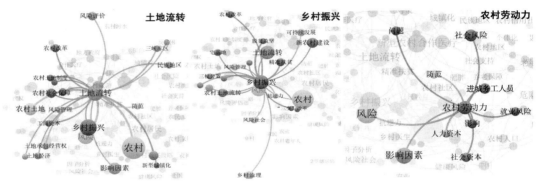

图2-6 国内乡村风险文献高频关键词聚类分析

(来源:作者自绘)

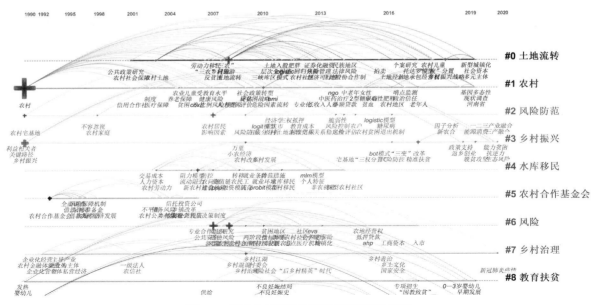

图2-7 国内乡村风险关键词共现时间轴图谱

(来源:作者自绘)

时，经济制度变革过程中出现了一系列风险，成为这一时期学者主要关注内容，如农村合作基金、投资公司、债务风险、借款、社会保障等。

在城镇化发展过程中，乡村公共财政愈发捉襟见肘，举债建设行为日益普遍，乡村的债务风险成为首先被关注的风险类型。如唐路元（2005 年）指出各级政府之间事权与责任划分不明晰、行政机构庞大繁杂和人浮于事是乡村债务风险的主要来源，并提出针对性的改善建议[26]。

第二阶段（2004—2014 年），土地流转探索与劳动力析出主导下的乡村风险研究。新世纪以来，伴随我国城镇化进程不断深入，大量农村劳动力进入城市，土地流转需求旺盛，伴随土地流转尝试及相关政策探索的不断推进，土地流转及乡村劳动力再就业过程中的风险成为学者关注的热点，如土地入股、三权抵押、非农就业、进城务工人员、"后乡村精英"时代等。乡村风险评估的技术方法日益多元，如 logistic 回归、mlm 模型、probit 模型等。

这一时期，与乡村经济发展、社会治理相关的风险类型逐渐被关注。如陈新（2009 年）探讨政策对乡村农业资金投入风险的影响，指出政策须对农民形成持续积极的诱导，使农业资本投入体系产生稳定的结构性变化[27]；张芳山（2012 年）关注在乡村精英不断流失的背景下，乡村社会治理面临的困境和对策建议[28]；刘杰（2014 年）指出全球化背景下的劳务输出是乡村"空心化"的主要成因，由此带来严重的社会风险[29]。

第三阶段（2014 年至今），多元化系统化的乡村风险治理研究。2014 年以后，以"三权分置"① 为标志，我国乡村土地流转制度逐渐走向成熟，学者逐渐转向精细化、多元化的乡村风险类型研究，如生态风险、农村儿童、政治信任、退出机制、乡土文化等。同时，与国家战略相呼应，这一时期学者对乡村风险的治理模式进行深入探索，如乡村振兴、精准扶贫、教育扶贫、抗逆力、三产融合等。在风险评估的技术方法方面也不断推新，出现了模糊综合评价等方法。

随着我国乡村风险研究的不断深入，部分学者认识到乡村发展面临着多种风险类型的共同作用。如王勇（2012 年）以苏南乡村空间转型为例，指出过度市场化发展、自主性降低、空间正义缺失、村庄共同体消解导致乡村经济、社会等多重风险蔓延[30]；吴冠岑（2013 年）深入剖析了乡村旅游开发中土地流转带来的多元风险类型，提出违法用地、农地非粮化、外来资本恶性竞争、政府政策不合理等风险源的作用机理[31]；吕军书（2014 年）解析了农村宅基地流转背景下乡村伦理破坏带来的社会、民生等多元风险表征[32]。

随后，部分学者开始关注不同乡村风险类型之间的关联性。如应小丽（2016 年）分析

---

① 参见 2014 年中共中央、国务院《关于全面深化农村改革加快推进农业现代化的若干意见》。

了个体私营经济发展与社会风险的关系，指出经营过度与治理短缺的风险关联机制[33]；张慧瑶（2019 年）提出了多元主体参与乡村治理的风险类型分异机制和原生、次生性风险类型划分[34]。

2.1.2 乡村风险相关基础理论与前沿成果评述

城市和乡村在不同发展时期均面临着各种风险，识别并化解风险是实现可持续与高质量发展目标的重要基础。与产业、人口、空间高密度集聚带来的相对"剧烈"的城市发展风险相比，乡村风险则比较"平和"，突发性灾害类风险类型少、危害范围小、频率低、受损程度低，因此早期学者对城市风险研究关注度较高，对乡村风险研究的关注度较低。伴随着城镇化进程的不断发展，乡村各类要素加速外流，村庄之间的差异性日益凸显，乡村发展不均衡不充分的问题日趋严峻，乡村风险治理已成为不可忽视的关键性问题，针对乡村风险的研究成果逐渐增多，研究内容不断深入。

国内外乡村风险的前沿理论成果，主要涉及乡村生计（民生）风险、生产（产业）风险、生态风险和系统风险等领域，各类风险之间的相互关联性已受到学界关注，系统风险和系统视角成为前沿理论发展趋势。

2.1.2.1 基于乡村生计视角的民生风险理论研究前沿

居民生计保障是乡村发展的基础任务，生计问题是乡村发展最大的风险。国际关于乡村生计（民生）风险的前沿理论研究，集中于生计脆弱性评价、生计多样性发展策略、城乡混合社区生计脆弱性、气候变化对乡村生计风险的影响等；生计脆弱性指数（LVI）是最主要的研究方法；生计多样化策略为多类型生计发展和多元模式组合，以及社会经济条件和社区的整体可持续发展等（表 2-1）。

国际关于乡村生计（民生）风险的前沿理论成果　　　　表 2-1

关键问题	研究方法	主要结论	实证案例	代表学者
乡村生计风险的影响因素	辛普森多样性指数 + 农业生计多样化指数	农业集约化 + 农业扩展 + 移民相结合：生计多样化	越南北部山区	Nguyen A. T.[35]，2020
个体的风险适应能力和应对策略	社会访谈和观察	乡村自然资源日益减少，应发展多元生计，如铁匠技艺	博茨瓦纳	Silo N.[36]，2018
城市和农村之间混合社区的生计脆弱性	生计脆弱性指数（LVI）+ 因子分析法	自然资源依赖程度低，靠近城市却不易于获取公共设施	印尼三宝垄的渔村	Astuti M. F. K.[37]，2020

续表

关键问题	研究方法	主要结论	实证案例	代表学者
气候变化对乡村生计风险的影响	生计脆弱性指数（LVI）与气候脆弱性指数的加权	决定因素：极端气候＋自然资源资产缺乏＋社会网络薄弱	尼泊尔梅兰基河谷	Sujakhu N. M. [38]，2019
		驱动因素：生计战略＋获得粮食、水、卫生设施的机会	孟加拉国	Alam G. M. M. [39]，2017
		气候变化适应行动：改善社会经济条件＋社区可持续发展	南非森林农村社区	Ofoegbu C. [40]，2017

资料来源：作者自绘

国内关于乡村生计（民生）风险的前沿理论研究，主要涉及农户生计风险感知、风险应对策略、多元主体角色等方面，研究对象主要为欠发达地区和生态敏感区域，研究成果包括对生计风险的分类（家庭、健康等）及各类风险的感知水平、影响因素（物质资本、金融资本等），提出政府、市场与个人等多元主体在生计风险化解中的作用，以及农户自发的风险应对策略等（表 2-2）。

国内关于乡村生计（民生）风险的前沿理论成果 　　　　　　　　　　　　表 2-2

关键问题	研究方法	主要结论	实证案例	代表学者
农户的生计风险多维感知及影响因素	入户调查＋经济计量模型	家庭风险的熟悉性＋持续性感知健康风险的恐慌性＋严重性感知最高	中国甘南黄河水源补给区	马艳艳 [41]，2020
乡村收缩带来的民生、社会风险问题	社会调查	由快速城镇化的被动收缩，转化为以村民为主体的主动收缩	中国陕西省渭南市合阳县	段德罡 [42]，2020
农户生计风险感知的形成机制	社会调查	物质资本：提升农户生计风险感知；金融资本：降低非农户的生计风险感知	中国甘肃省石羊河流域	苏芳 [43]，2019
贫困群体能力建设与政府、市场、个人等主体的关系	案例比较分析	农村贫困群体生计风险，是精准扶贫的基础和靶向	中国浙江省 SL、NP 和 SY 三个欠发达村	方珂 [44]，2019
农户生计风险应对策略与生计资本之间的关系	入户调查＋二元 logistic 分析	风险应对策略：动用储蓄＋借钱＋减少开支＋外出打工	中国甘南高原	万文玉 [45]，2017

资料来源：作者自绘

2.1.2.2　基于乡村生产视角的产业风险理论研究前沿

产业振兴是实现乡村振兴目标的关键，产业兴旺为乡村居民生计发展、公共产品建设、社会治理优化等提供有力支撑。国际关于乡村生产（产业）风险的前沿理论研究，主要集中于产业风险评估、气候变化影响、劳动力风险及经济活动多样化等方面，研究成果包括乡村产业风险的驱动因素（如就业机会、政府效力、自然资源等）、劳动力风险驱动因素及劳动力市场恢复能力等，提出了农村经济活动多样化发展类型（如生态旅游、服务业、贸易、替代能源等）（表 2-3）。

国际关于乡村生产（产业）风险的前沿理论成果 表 2-3

关键问题	研究方法	主要结论	实证案例	代表学者
乡村面对气候变化的社会经济脆弱性	5个区域气候模型	相比产业，人口将"更不容易"受气候变化的影响	布基纳法索	Zorom M.[46]，2018
乡村社会经济脆弱性评估	非线性主成分分析	驱动因素：就业机会+地方政府效力+食物+职业多样性+自然资源+教育	印度北阿坎德邦	Rajesh S.[47]，2017
农村产业+就业区域再分配双重影响	偏离—份额分析	偏远农村的劳动力市场比城市近郊农村恢复更快	北爱尔兰	Patton M.[48]，2016
乡村劳动力风险的经济学评估	劳动力市场风险建模	劳动力风险来源：城市就业服务效率低下+企业管理者失误	—	Zhevora Y. I.[49]，2018
农村经济活动多样化与经济风险最小化之间的关系	系统分析、科学抽象、统计分类	农村经济活动多样化发展：生态旅游+木制品工业+渔业+服务业+贸易+替代能源	乌克兰	Boiko V.[50]，2017

资料来源：作者自绘

国内关于乡村生产（产业）风险的前沿理论研究，主要涉及政府主导产业项目的风险转化、生产空间系统风险、资本下乡风险防控等方面，研究成果包括乡村市场风险向政治和信任风险的转化机制、产业风险的时空分异规律，在风险防控策略方面提出将机制与平台建设、农户主体地位提升、监督管理、政策供给有机结合的组合模式（表 2-4）。

国内关于乡村生产（产业）风险的前沿理论成果 表 2-4

关键问题	研究方法	主要结论	实证案例	代表学者
地方政府以产业项目推进乡村振兴，面临风险转化	"不完全契约—剩余控制权"框架	剩余控制权+争议解决机制失效：市场风险向政治、责任和信任风险转化	中国湖南省	贺林波[51]，2020
乡村生产空间系统脆弱性时空分异	脆弱性评价指标体系和评价模型	适应能力脆弱型+暴露—敏感脆弱型+敏感—适应脆弱型+强综合脆弱型	中国重庆市	王成[52]，2020
资本下乡的驱动机理、关键路径、风险防控	社会调研	克服资本下乡的负外部性：构建共建共治共享机制+坚持农民主体地位+强化监督和风控管理	中国四川省成都市福洪镇	廖彩荣[53]，2020
民营涉农企业面临的风险因素	文献与政策研究	化解民营涉农企业风险：优化公共政策供给方式	—	陆玄韦[54]，2020

资料来源：作者自绘

2.1.2.3 基于乡村生态风险的理论研究前沿

生态空间资源是乡村区别于城市的特色价值之一，是乡村可持续发展的核心资源，识别与化解生态风险是乡村风险研究的重要内容。国际关于乡村生态风险的前沿理论研究，集中于农业土壤与水体污染、水资源紧张、风景名胜区乡村生态风险评价等方面，研究成果包括土壤与水体污染物来源及防控措施、边缘与核心景区乡村生态风险特征等，同时基于生态风险分化晚于耕地利用强度分异，提出通过识别耕地利用实现生态风险的事前控制（表2–5）。

国内关于乡村生态风险的前沿理论研究，主要涉及农户的生态风险认知与生态保护意愿、特定地域生态风险、景观脆弱性及其影响机制、贫困与生态风险的关系等方面，研究成果包括通过提高农户参与生态保护的积极性化解乡村旅游开发中的生态风险、景观脆弱性各类影响因子的分异特征（暴露性分异、敏感性分异、适应性分异）、乡村生态风险的驱动因子（如旅游基础设施、土壤侵蚀、人口密度、降水量、坡度）等（表2–6）。

国际关于乡村生态风险的前沿理论成果 　　表 2-5

关键问题	研究方法	主要结论	实证案例	代表学者
农业土壤重金属污染：生态风险问题	地质累积指数 + 单项污染因子 + 潜在生态风险指数	农田重金属污染严重：重视对农业土壤的污染控制	伊朗库尔德斯坦地区	Karimyan K. [55]，2020
农药对乡村生态系统的风险	风险熵 + 生态毒理学风险评估	氰戊酸酯在水体中的生态风险最高	中国广东省广州市	Tang X. Y. [56]，2019
风景名胜区乡村生态脆弱性	评价模型	边缘景区的生态脆弱性受核心景区影响较大：独特性 + 典型性	中国湖北省武汉市黄陂区	Min L. [57]，2019
城市化、农业强化：地下水风险	ArcGIS 统计和空间分析	维持地下水水质：加强自然植被保护 + 人工造林 + 污水处理设施	中国辽宁省沈阳市沈北区	Wei J. B. [58]，2020
耕地利用强度和生态风险的关系	ER 指数、耕地利用强度（LUI）和生态风险指数（RI）	生态风险分化较晚，可通过识别农户对耕地利用的差异，实现生态风险的事前控制	中国山东省	Yin G. Y. [59]，2020

资料来源：作者自绘

国内关于乡村生态风险的前沿理论成果 　　表 2-6

关键问题	研究方法	主要结论	实证案例	代表学者
乡村旅游开发：农户认知与生态保护的关系	Logistic 回归模型	应帮助农户认知乡村旅游开发中存在的生态风险，提高农户参与生态保护的积极性	中国重庆市	肖轶 [60]，2020
喀斯特地貌乡村景观格局及生态风险	ArcGIS 10.1 +Fragstats 4.2	灌草丛景观生态风险较低，未利用地景观生态风险较高	中国贵州省	韩会庆 [61]，2020
乡村景观脆弱性影响因素	乡村景观脆弱性评价指标体系	暴露性与基础环境相关；敏感性与景观破碎度、产业类型相关；适应性与公共设施相关	中国黑龙江省哈尔滨市	于婷婷 [62]，2019
乡村贫困与生态环境脆弱性的相关性	生态脆弱性评价指标体系 + 主成分分析法	生态脆弱性驱动因子：旅游基础设施 + 土壤侵蚀强度 + 人口密度 + 降水量 + 坡度	中国福建省	林明水 [63]，2018

资料来源：作者自绘

2.1.2.4　基于乡村系统风险的理论研究前沿

近年来，国内外学者基于乡村生计、生产、生态等多元类型风险的研究，逐渐关注乡村各类风险要素间的系统联系性。例如，通过研究土地产权制度、人口、居民生计的系统关系，指出现行土地法律问题和采取额外措施改善农民生计的必要性；再如通过研究乡村自然、人口、社会、经济因素与交通风险的关系，指出地形条件、产业分布、人口结构、家庭规模等对交通风险应对能力的影响机制（表2-7）。乡村系统风险和系统研究视角已成为前沿理论的发展趋势。

国内外关于乡村系统风险的前沿理论成果 表 2-7

关键问题	研究方法	主要结论	实证案例	代表学者
土地产权制度、人口、居民生计的系统关系	计量经济学	新土地法使农村人口的状况恶化，必须采取额外措施改善农村人口及居民生计	布基纳法索	Seogo W.[64]，2019
生计和粮食安全系统在面对气候变化时的脆弱性	—	气候变化 + 无管制的城市化：增加粮食安全系统脆弱性	尼日利亚	Ozor. N.[65]，2016
乡村系统脆弱性与集聚特征的空间关联效应	遥感影像解译 + 核密度 + 标准差椭圆分析	资源、经济和社会等单一脆弱子系统集聚特征明显，脆弱性集聚却未实现空间良性共振	中国江苏省	魏璐瑶[66]，2020
乡村交通风险应对能力的影响因素及空间差异	空间自相关分析 + 地理加权回归模型	交通风险应对能力的影响因素：地形条件 + 产业分布 + 人口结构 + 受教育程度 + 家庭规模	中国陕西省商洛市洛南县	杨晴青[67]，2019
乡村旅游发展及其系统风险影响	社会生态系统脆弱度评价体系	人地系统脆弱性来源：自然资本缺失 + 企业经济理性主导	中国陕西省秦岭地区	陈佳[68]，2015

资料来源：作者自绘

基于乡村多元风险类型的探索，近年来有学者从系统学角度提出乡村风险构成。如王磊（2019年）从乡村旅游开发角度，建立了包含旅游资源风险、市场风险、经济风险、社会风险、政策风险、自然灾害与环境风险、经营管理风险、技术风险等多元类型的乡村风险评价体系（表2-8）[69]；王成（2020年）则进一步提出"系统风险"的概念，从风险源压力、风险载体状态、风险控制机制等方面建构了乡村生产空间系统风险评价体系并指出了系统风险的空间分异特征（图2-8）[70]。

基于旅游开发的乡村风险评价体系 表 2-8

目标层	一级指标	二级指标
乡村旅游开发风险评价指标体系	乡村旅游资源风险	观赏性、休闲性、参与性、季节性、丰裕度、组合度
	市场风险	旅游需求波动、客源市场规模、旅游消费水平、市场竞争
	经济风险	投资风险、融资风险、经济稳定性、旅游收入、利益分配
	社会风险	居民态度、文化素质、社会治安、文化冲突
	政策风险	法律法规的健全程度、相关政策的变化
	自然灾害与环境风险	自然灾害、资源破坏、周边环境污染
	经营管理风险	经营管理者能力、人力资源、接待服务质量、管理机制
	技术风险	规划设计、建设过程
	外部协作条件风险	交通通达性、供水支持、供电支持、通信支持

资料来源：根据参考文献[69]整理

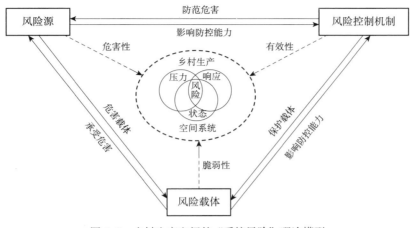

图 2-8 乡村生产空间的"系统风险"理论模型

（来源：参考文献 [70]）

乡村"系统风险"理论的提出，为全面系统性地识别乡村风险、解析乡村风险成因、提出乡村风险治理措施等研究提供了新的思路。由于乡村领域的"系统风险"理念被提出时间尚短，关于"系统"的具体属性、"系统风险"的具体构成等尚无全面、明确的理论阐述；基于乡村系统风险的识别、评价研究，也集中于某些专业方向的探索（如乡村生产空间、乡村旅游开发等）。因此，亟待通过进一步研究，明确乡村系统风险的系统属性、系统构成、识别方法、内在机理及治理途径，建构全面系统的乡村风险识别与治理方法理论。

2.1.3 主要结论与局限性评析

2.1.3.1 主要结论

1）国际乡村风险研究热点经历了从"单一风险"（以居民健康风险为主）到"多元风险"，再到"系统风险"研究的转变过程，疾病防控、社会行为、系统脆弱性是主要研究方向。

2）国内乡村风险研究热点经历了从"经济制度改革主导下的乡村风险"到"基于土地流转探索与劳动力问题的乡村风险"，再到"多元化系统化的乡村风险治理"的转变过程，土地流转、风险治理、劳动力就业是主要研究方向。

3）国内外的前沿理论成果，集中于乡村生计（民生）风险、生产（产业）风险、生态风险和系统风险等领域——生计风险方面，生计脆弱性指数（LVI）研究方法应用广泛，生计多样化发展、社会经济和社区的整体可持续发展已成共识；生产风险方面，乡村产业风险的多元驱动因素、乡村经济活动多样化发展等理论已相对成熟，政策、机制、农户主体发展等组合

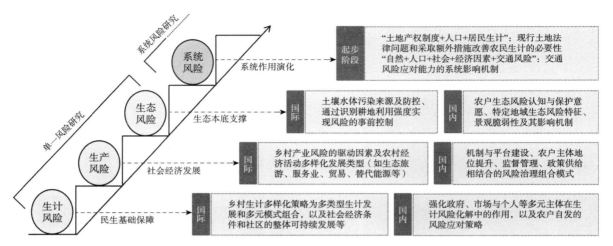

图2-9 国内外乡村风险研究的前沿理论成果
（来源：作者自绘）

策略已被提出；生态风险方面，土壤与水体污染、景观脆弱性等研究视角居多，风险治理策略涉及宏观的耕地利用强度分化预警、微观的农户风险意识改善等；系统风险研究尚处于起步阶段（图2-9）。

2.1.3.2 局限性评析

（1）"重单体、轻系统"，乡村风险研究应重视多元风险间的互动机理

当前我国乡村风险的系统化、网络化特征日益显著，各类型风险既受到其他风险要素的影响，也会反作用于其他类型风险。乡村系统风险的影响机制和演化机理更趋复杂，系统风险治理需要多元风险类型统筹考虑和多要素协同应对。

既有的乡村风险研究成果，较为关注单一风险类型的识别、影响机制和对策，系统风险研究也是侧重于多元系统要素对某类风险的影响，而对乡村风险的系统特性考虑不足，忽视了乡村产业、社会、民生、生态环境等多元风险类型间的互动机理，难以从全局角度出发形成综合的风险治理策略。因此，未来乡村风险研究将以既有的系统风险探索为基础，进一步强化系统多元风险要素的整体识别及评价、全面解析系统多元风险类型间的作用机理，从系统全局视角认识和治理乡村风险。

（2）"重客体、轻主体"，乡村风险治理应重视乡村主体治理能力的培育

既有的乡村风险研究成果，在风险形成机制方面较为关注外部因素对乡村的扰动（如气候变化、旅游开发、城镇化发展等），在风险管理方面侧重于被动应对，缺乏对乡村主体治理能

力培育和城乡协同治理的考量。

事实上，乡村自身生产方式、组织模式、资源禀赋、个体需求等系统内部要素特征对乡村系统风险有着重要影响作用，系统风险的内生动力作用是系统风险演化的主要驱动力之一，通过优化系统内部要素、提升风险治理的内生动力是乡村风险治理的有效途径。因此，未来乡村风险研究应重视系统内部风险要素识别和内生动力作用机制，注重乡村主体治理能力的培育和优化。

2.2 乡村韧性研究动态及基础理论

我国乡村具有韧性发展的先天优势：集体所有制为村民提供更多的自主发展权，以血缘为基础的乡村社会具有强烈的归属感和凝聚力，乡村是具有强烈内生特色的"生产 + 生活 + 生态"综合体。国内外学者对乡村韧性的研究内容多样、技术方法多元、理论成果丰富，亟待从宏观视角厘清既有研究脉络、热点与动态，进而解析主要基础理论及前沿成果，综合判断乡村韧性理论发展趋势，为乡村韧性理论创新提供支撑。

2.2.1 乡村韧性研究动态

研究以乡村韧性研究为主题，国际研究选取 1998—2020 年 Web of Science 核心数据库，检索条件为 TI=（resilience OR toughness OR elastic OR low impact OR vulnerability OR sustain）AND TI=rural，筛取文献 2598 篇；国内研究选取 1990—2020 年 CNKI 数据库，检索条件为 TI=（"乡村" + "农村"）and AB=（"韧性" + "抗逆力" + "弹性"），筛取文献 608 篇。基于 CiteSpace 和 VOSviewer 平台，解析作者合作网络、研究热点与主线、研究阶段演进规律、高被引文献等内容，为识别前沿理论成果、判断理论发展趋势奠定基础。

2.2.1.1 国际既有研究格局与脉络

（1）既有研究格局概述

文献作者并未形成成熟的合作网络，作者间的共现谱系出现时间较晚（2017 年以后）且联系相对薄弱，国际乡村韧性研究领域内尚未出现核心研究团队及代表人物（图 2-10）。

文献发表机构的合作网络已初步形成，中国科学院在文献发表数量和合作联系强度等方面表现最为突出，成为乡村韧性研究的核心机构；墨尔本大学、卡罗莱纳大学、悉尼大学、瓦赫

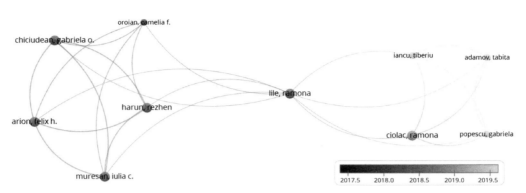

图 2-10　国际乡村韧性文献作者共现谱系
（来源：作者自绘）

宁根大学、中国科学院大学、北京师范大学、夸祖鲁 – 纳塔尔大学、牛津大学等机构成为合作网络的主要节点（图 2-11）。

（2）研究热点分布

通过对文献关键词的聚类分析，近二十年的国际乡村韧性研究热点集中于"可持续发展"等 9 个主题集，可以分为三类：一是宏观主题类，如乡村等；二是韧性内容类，如气候变化、乡村居民点等；三是所属地域类，如肯尼亚等（图 2-12）。

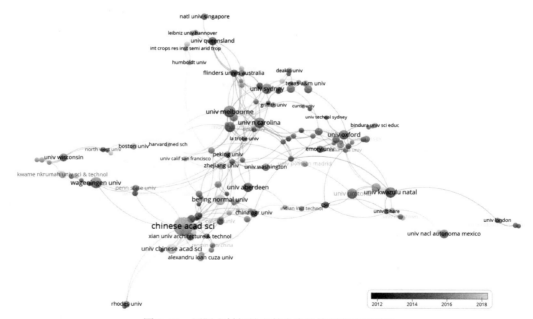

图 2-11　国际乡村韧性文献发表机构研究关联谱系
（来源：作者自绘）

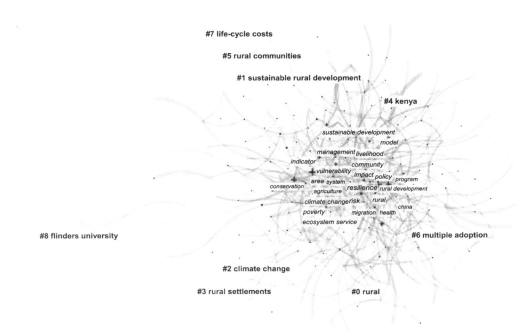

图 2-12 国际乡村韧性文献关键词聚类格局
（来源：作者自绘）

在高频度出现的关键词中，形成三个集聚度较高的簇群：一是以"恢复力"（resilience）为中心，包含可持续发展、管理、贫困、农业、系统、冲击、中国等关键词；二是以"脆弱性"（vulnerability）为中心，包含可持续、适应力、管理、农业、社区等关键词；三是以"可持续性"（sustainability）为中心，包含气候变化、冲击、管理、乡村旅游、系统、农业、政策等关键词（图 2-13）。以上簇群代表了国际乡村韧性的三个主要研究方向——恢复力、脆弱性、可持续性。

图 2-13 国际乡村韧性文献高频关键词聚类分析
（来源：作者自绘）

（3）研究主题演化脉络

基于关键词聚类和文献被引情况，国际乡村韧性研究大致经历三个阶段（图2-14）。

第一阶段（1998—2008年），乡村韧性研究萌芽期，以可持续发展概念为特征。早期乡村研究领域尚未使用"韧性"概念，乡村韧性研究的前身是乡村可持续发展研究，这一时期的关注热点集中于农业、教育、环境保护等。

第二阶段（2008—2016年），乡村韧性研究丰富期，以韧性概念和多元内容为特征。以"韧性""多样性""适应力""社区韧性""社会脆弱性"等关键词为代表，韧性概念正式进入乡村研究领域，研究内容日趋多元和丰富，研究热点扩展到气候变化、健康、妇女儿童、乡村旅游、城镇化、乡村经济、扶贫、土地利用等诸多方面。

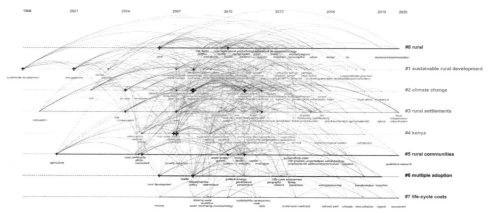

图2-14　国际乡村韧性关键词共现时间轴图谱
（来源：作者自绘）

第三阶段（2016年至今），乡村韧性研究系统化转型期，以社会生态系统概念为特征。以"社会生态系统"等关键词出现为标志，乡村韧性研究向系统化方向发展，与韧性理念的高级阶段——"演进韧性"的内涵趋于一致。这一时期的关注热点集中于可持续发展指数、可持续农业、基础设施、分类、南非、空间格局、转型等内容（图2-15）。

2.2.1.2　国内既有研究格局与脉络

（1）研究热点分布

通过关键词聚类分析，近三十年的国内乡村韧性研究热点集中于"土地流转"等10个主题集，文献关键词的聚类关系相对分散，各主题之间未形成整体网络。主题内容大致可以分为三类：一是研究范围类，如辽宁省等；二是技术方法类，如 aids 模型等；三是研究内容类，如公共产品、抗逆力等（图 2-16）。

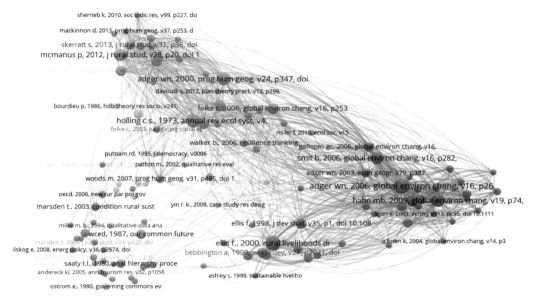

图 2-15 国际乡村韧性文献共被引关系聚类分析

（来源：作者自绘）

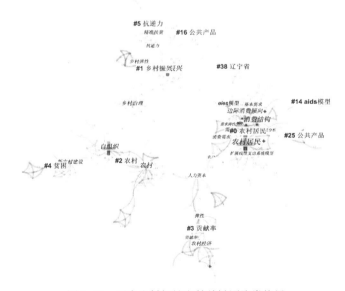

图 2-16 国内乡村韧性文献关键词聚类格局

（来源：作者自绘）

　　高频度出现的关键词中，形成两个集聚度较高的簇群：一是以"农村居民"为中心，包含消费结构、收入弹性、边际消费倾向、eles模型、人力资本等关键词；二是以"自组织"为中心，包含乡村振兴、乡村治理、新农村建设、农村社区、村民自治等关键词（图2-17）。以上簇群代表了国内乡村韧性的两个主要研究方向——经济与民生韧性、社区治理韧性。

　　（2）研究主题演化脉络

　　基于关键词聚类和文献被引情况，国内乡村韧性研究大致经历三个阶段（图2-18）。

　　第一阶段（1990—2002年），居民收入与消费弹性研究。早期国内乡村研究领域并未出现"韧性"概念，弹性发展理念可以看作韧性理论的前期发展。这一时期学者较为关注居民收入弹性、消费弹性，关注乡村衰退、劳动力大量转移背景下民生保障的弹性机制。

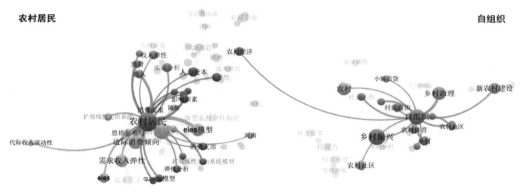

图2-17　国内乡村韧性文献高频关键词聚类分析
（来源：作者自绘）

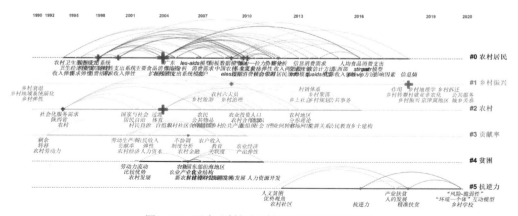

图2-18　国内乡村韧性关键词共现时间轴图谱
（来源：作者自绘）

第二阶段（2002—2016 年），乡村治理与定量化民生弹性研究。以"村民自治""自组织""公共产品""公共事务""乡村治理"等关键词为标志，这一时期学者基于乡土社会特色，研究具有韧性的乡村治理模式；同时，民生弹性研究转向定量化与模型建构，如 eles 模型、aids 模型、mnl 模型及"引力—拉力"理论等。

第三阶段（2016 年至今），多元化系统化的乡村韧性研究。近年来，以"抗逆力"等关键词为标志，"韧性"概念正式进入乡村研究领域，关注热点更为多元，如城乡关系、就业非农化、公共服务等，并与乡村振兴、精准扶贫等国家战略紧密结合；同时，以乡村"环境—个体"互动模型为代表的系统性研究视角开始出现。

2.2.2 乡村韧性相关基础理论与前沿成果评述

当前，韧性发展理念已逐渐被城乡规划学术界认可。韧性理论在经历了"工程韧性—生态韧性—演进韧性"的范式转换之后，已进入系统研究阶段，即从关注系统恢复力转向侧重社会生态系统的适应、转换和学习过程[71]。系统韧性理论作为韧性理论发展的高级形式，与城乡社会生态系统的复杂性、适应性、动态性特征高度契合，成为指导城乡规划建设的基础理论。相比于城市，乡村社会生态系统具有更强的自然演替和内生特征，具备建构韧性发展路径的基础条件。

国内外关于乡村韧性的前沿理论成果主要集中于乡村社区韧性、景观与生态韧性、产业与民生韧性等方面，韧性测度及分析技术的发展特征为"定量定性结合 + 时空格局耦合 + 多学科方法融合"。

2.2.2.1 从工程韧性到演进韧性：系统韧性基础理论

（1）韧性理论的发展及内涵

韧性（resilience）一词最早来源于拉丁语"resilio"，其本意是"恢复到原始状态"，随着时代演进，韧性概念被应用到不同的学科领域：19 世纪中叶，韧性被广泛应用于机械学，用以描述金属形变之后复原的能力；20 世纪 50—80 年代，西方心理学研究普遍使用"韧性"描述精神创伤之后的恢复状况[72]；生态学家霍林（Holling）首次将韧性思想应用到系统生态学，用以定义生态系统稳定状态的特征[73]。20 世纪 90 年代以来，学者对韧性的研究逐渐从自然生态学向人类生态学延展。

韧性概念经历了从工程韧性（engineering resilience）到生态韧性（ecological resilience），再到演进韧性（evolutionary resilience）的演化过程[74]（表 2–9）。

三种韧性理念的比较总结 表 2-9

韧性概念	平衡状态	本质目标	理论支撑	系统特征	衡量标准
工程韧性	单一稳态	恢复初始稳态	工程思维	有序的、线性	系统受到扰动偏离稳态后恢复到初始状态的速度
生态韧性	两个或多个稳态	塑造新稳态，强调缓冲能力	生态学思维	复杂的、非线性	系统改变自身结构之前所能够吸收扰动的量级
演进韧性	不追求稳态	持续不断适应，强调学习和创新性	系统思维	复杂的、非线性	和持续不断的调整能力紧密相关的一种动态的系统属性

资料来源：根据参考文献 [74] 整理

　　工程韧性最早被提出，即一种恢复原有平衡状态（稳定性）的能力，可以通过系统对扰动的抵抗能力和系统恢复到平衡状态的速度来衡量。工程韧性强调系统有且只有一个稳态，且系统韧性的强弱取决于其受到扰动脱离稳定状态之后恢复到初始状态的迅捷程度[75]。

　　进入 21 世纪，有学者认识到，韧性不仅可能使系统恢复到原始状态的平衡，而且可以促使系统形成新的平衡状态，由于这种观点是从生态系统的运行规律中得到的启发，因而被称作生态韧性。生态韧性强调系统生存的能力，而不考虑其状态是否改变[76]。

　　在生态韧性基础上，有学者提出演进韧性概念，即韧性不仅仅被视为系统对初始状态的恢复，而是复杂的社会生态系统为回应压力而激发的一种变化、适应和改变的能力[77]。演进韧性的基础支撑来自系统理论，即韧性水平变化伴随系统发展可以分为四个阶段，即利用阶段、保存阶段、释放阶段以及重组阶段[78]（图 2-19），具备周期发展的属性。

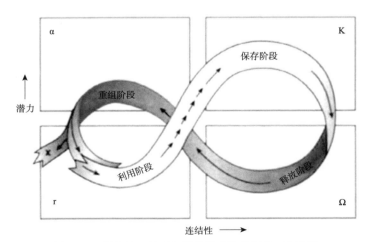

图 2-19　周期性：演进韧性伴随系统发展的四个阶段
（来源：参考文献 [78]）

（2）系统韧性理论应用于乡村系统风险研究

工程韧性、生态韧性和演进韧性是不同阶段不同理论背景下出现的概念，可以作为不同领域研究的指导理论，如工程韧性可以指导城乡空间防灾安全工程，涉及生态安全工程、能源安全工程、综合防灾工程等。与其他两种韧性概念相比，基于系统适应性和演进发展的演进韧性理论，对韧性内涵诠释得更为深刻全面，有利于针对性地解决城乡系统风险问题，成为当前城乡韧性发展研究的主要指导理论，如魏艺（2019年）应用演进韧性理论分析乡村社区空间适应性建构策略[79]等。

基于演进韧性概念内涵，乡村韧性发展水平体现于乡村主体的主动适应与发展能力，包括系统要素的协调性与稳定性、系统内良性循环的内生发展动力、系统应对外界条件变化的调适能力等。系统韧性发展，是从乡村系统优化的视角，提升乡村社会治理能力、产业发展能力、民生保障能力、生态支撑能力和要素配置协调水平，这为从源头入手化解乡村系统风险、实现乡村高质量发展目标提供了契机。

2.2.2.2 乡村社区韧性理论前沿

乡村社区韧性主要涉及乡村社会与经济、民生协调发展，是相对综合的乡村韧性研究内容，与乡村家庭、村民生活息息相关。国内外关于乡村社区韧性的前沿理论研究，集中于韧性影响因素、韧性评价体系、韧性社区建设策略等方面。研究成果包括韧性评价框架（RCCR）和韧性指数（RCI）、社区发展周期变化中的韧性影响因素差异、生活空间自适应建构策略等，提出"渐进式培育＋适应性学习＋社会网络建构"的草根化乡村社区韧性发展模式（表2-10）。

2.2.2.3 乡村景观与生态韧性理论前沿

乡村具有独特魅力且区别于城市的自然与人文景观，乡村生态环境是人类生存环境的主体构成部分；因此，乡村景观与生态韧性具有重要的研究意义。国内外关于乡村景观与生态韧性的前沿理论研究，主要包括景观韧性评估与优化、乡村生态环境破坏的韧性应对、聚落可持续发展[84]等方面。研究成果包括生物多样性等多元要素对景观韧性的影响机制、乡村绿色基础设施对生态韧性的作用等，并提出乡村水域生态环境的结构韧性、技术韧性和过程韧性构成（表2-11）。

2.2.2.4 乡村产业与民生韧性理论前沿

产业是乡村韧性发展的经济基础，民生则是乡村韧性发展的落脚点（实现村民安居乐业）。

国内外关于乡村社区韧性的前沿理论成果　　　表 2-10

关键问题	研究方法	主要结论	实证案例	代表学者
乡村社区（繁荣—萧条周期）韧性的影响因素	问卷统计	社区韧性维度：服务和设施 + 社区精神与凝聚力，后者在建设（萧条）阶段更为重要	澳大利亚昆士兰州	McCrea R.[80]，2019
乡村社区韧性阈值的关键指标确定	官方统计 + 自我报告评分	社区韧性阈值更多受到经济和制度因素的影响，而非社会、文化或环境因素	新西兰	Markantoni M.[81]，2019
沿海农村社区面临海平面上升和海水入侵时的韧性建构	韧性评价框架（RCCR）	沿海农村社区韧性的优先对策：维持农村生计 + 创造就业机会 + 应对高度脆弱的人口	美国北卡罗来纳州	Jurjonas M.[82]，2018
量化评价乡村社区韧性	韧性指数（RCI）	乡村社区韧性发展战略：创造就业机会 + 提高教育水平 + 确保获得食物和服务	孟加拉国	Alam G. M. M.[83]，2018
乡村社区韧性失衡原因及重构	实地踏勘	社区韧性失衡的内因：生活空间结构失衡 + 既有行为组织涣散	中国山东省西南部	魏艺[79]，2019
绅士化和草根化的乡村复兴模式与韧性社区构建	案例对比	草根化模式更具韧性：注重渐进式培育，适应性学习是关键环节，社会网络建构是核心要素	中国安徽省黟县宏村 + 中国台湾南投县桃米社区	颜文涛[83]，2017

资料来源：作者自绘

国内外关于乡村聚落与景观韧性的前沿理论成果　　　表 2-11

关键问题	研究方法	主要结论	实证案例	代表学者
乡村滨海景观韧性评估与优化方案	SEPLS 的 20 项恢复力指标	景观韧性与生物多样性、共同资源的可持续利用有关	中国台湾花莲县	Lee K. C.[85]，2020
乡村环境污染、栖息地分裂、生物多样性丧失的韧性应对	生态系统服务（ES）+ 绿色基础设施（GI）	GI：提高河岸生态系统连通性 + 优化农业生态系统 + 增强对生态网络和野生动物的支持	意大利罗马郊区	Capotorti G.[86]，2019
乡村聚落的可持续发展	韧性指标时空变化分析	乡村聚落韧性培育策略：基于聚落各子系统的发展演变路径	中国河南省汤阴县	岳俞余[87]，2019
水网乡村环境现状问题及面临的挑战	多维的水域环境韧性评价体系	韧性规划框架：水网乡村水域生态环境的结构韧性 + 技术韧性 + 过程韧性	中国江苏省苏州市吴江长漾片区	丁金华[88]，2019

资料来源：作者自绘

乡村产业与民生韧性是乡村韧性研究的核心内容。国内外关于乡村产业与民生韧性的前沿理论研究，主要包括乡村经济韧性、农民生计韧性的空间差异和驱动因素，乡村产业扶贫以及农田和宅基地流转中的韧性问题等方面。研究成果包括农业发展对农村经济韧性的积极贡献、集中与分散相结合的跨乡村产业集聚路径等，并提出村民生计韧性受到资本、社会合作网络、交通、教育和移民技能的影响，农业韧性优化策略为增强系统动力、完善区间统筹机制和因地制宜确定农业资金投入方向等（表 2-12）。

国内外关于乡村产业与民生韧性的前沿理论成果 表 2-12

关键问题	研究方法	主要结论	实证案例	代表学者
乡村区域经济韧性的差异和驱动因素	多水平 logistic+ 多项回归模型	NUTS-3 农村地区恢复力受国界影响最大。移民对韧性有积极影响。农业对中等农村地区的经济恢复力有积极贡献	欧盟区域	Giannakis E.[89], 2020
移民安置中的农民生计韧性影响因素	韧性维度：缓冲力 + 自组织力 + 学习能力	居民生计韧性影响因素：资本捐赠 + 社会合作网络 + 交通 + 教育 + 城乡移民技能	中国陕西省南部	Liu W.[90]，2020
外源式贫困干预造成产业扶贫缺少韧性和内在稳定性	理论分析	构建集中与分散相结合的跨乡村产业集聚路径	中国河南省	王雨村，2018
乡村农业发展韧性特征及对策	相关性分析	韧性优化策略：增强农业系统动力 + 完善区间统筹机制 + 因地制宜确定农业资金投入方向	中国	于伟[91]，2019
农村宅基地退出政策绩效评估	专家咨询法 + 层次分析法 + 综合评价法	宅基地退出整体绩效适中，生态和基础设施效益的绩效较高，乡村治理效益的绩效较低	中国四川省广汉市三水镇	刘润秋，2019

资料来源：作者自绘

2.2.2.5 韧性测度研究方法综述

韧性测度方法日趋多元化，呈现出定性描述（如场景分析法）与定量计算（如阈值法）相结合、时间与空间分析（如状态空间法）相耦合、仿真模拟和自适应学习（如神经网络法）等多学科方法相融合的趋势（图 2-20）。

其中，阈值或断裂点法是相对基础的研究方法，以恢复时间作为韧性的测度标准，多应用于生态系统恢复力研究，如北美洲干旱环境下黄松向矮松的种群转换阈值分析[92]。恢复力长度法则是借鉴景观生态学理论，从空间视角以不良斑块从衰败期恢复到高密度期的空间距离作

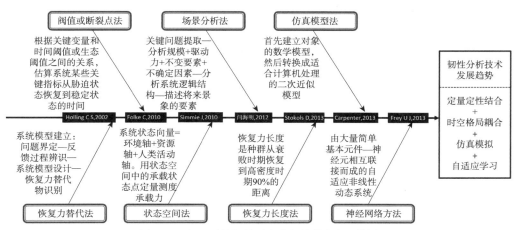

图 2-20 用于系统韧性测度分析的技术方法前沿
（来源：作者自绘）

为测度标准（图2-21），为区域尺度韧性测度提供支撑。近年来，多学科研究方法融合用于韧性测度研究日益广泛，如神经网络法测度社会生态系统恢复力水平[93]，为韧性测度技术提供更多可能性。

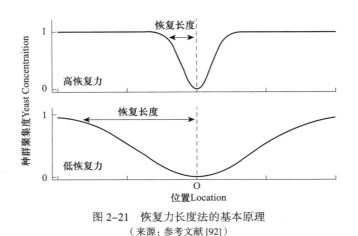

图2-21　恢复力长度法的基本原理
（来源：参考文献[92]）

2.2.3　主要结论与局限性评析

2.2.3.1　主要结论

1）国际乡村韧性研究热点经历了从"乡村可持续发展"（以农业、教育、环境保护为主）到"多元韧性概念"，再到与"社会生态系统"相结合的转变过程，系统恢复力、脆弱性、可持续性是主要研究方向。

2）国内乡村韧性研究热点经历了从"居民收入与消费弹性"到"乡村治理"与定量化的"民生弹性"研究，再到"多元化系统化的乡村韧性"研究的转变过程，经济与民生韧性、社区治理韧性是主要研究方向。

3）国内外的前沿理论成果：①乡村社区韧性研究领域，提出韧性评价框架（RCCR）和韧性指数（RCI），社区发展周期变化中的韧性影响因素，"渐进式培育+适应性学习+社会网络建构"的草根化乡村社区韧性发展模式等；②乡村景观与生态韧性研究领域，提出生物多样性等多元要素对景观韧性的影响机制、乡村绿色基础设施对生态韧性的作用等；③乡村产业与民生韧性研究领域，提出集中与分散相结合的跨乡村产业集聚路径，以及资本、社会合作网络、交通、教育和移民对村民生计韧性的影响机制，增强系统动力、完善区间统筹机制和因地制宜的农业资金投入等农业韧性优化策略；④韧性测度及分析技术日趋多元化，发展特征为"定量定性结合＋时空格局耦合＋多学科方法融合"。

2.2.3.2 局限性评析

（1）"重突发灾害、轻系统常态"，应加强针对城镇化冲击下乡村常态化系统风险的韧性研究

既有的乡村韧性研究，较为关注自然灾害（如干旱、洪涝、地震等）冲击下乡村社会、经济、民生和环境的恢复能力，由于灾害的冲击性较大、破坏力较强，在外力救助的同时确需提升乡村自身的恢复与适应能力，提高适灾韧性水平。

与突发的灾害风险相比，我国乡村在快速城镇化发展影响下，长期面临劳动力析出、精英外流、传统社会结构瓦解、产业衰退、城镇外延扩张冲击、环境破坏、城乡收入水平及公共服务水平差距拉大等诸多系统风险，风险影响范围更广、持续时间更久，是更为常态化、系统化、普遍化的乡村典型风险，是我国新时期下乡村实现振兴目标所必须妥善处理的关键问题。

因此，未来的乡村韧性研究将同时关注常态化的乡村系统风险治理，识别不同区域、不同类型乡村系统风险特征，针对性地提出乡村自组织、自适应、自协调、自恢复的系统韧性发展策略与规划建设方法。

（2）"重普适性、轻差异性"，应针对多元村庄类型精准适配韧性提升策略

既有的乡村韧性提升策略，常侧重于普适性的策略与政策建议，缺乏对多元村庄类型的精准适配。事实上，即使是同一区域内的乡村，各村庄间的交通设施、自然资源、农作类型、非农产业基础、集体组织水平等要素也不尽相同，土地流转、产业发展、设施配置、空间管控、组织建设等需求会存在显著差异。因此，未来的乡村韧性研究应注重对村庄类型和风险治理需求的精准识别，从而针对性地提出多元适配的韧性提升策略。

（3）"重策略、轻实施"，应加强乡村韧性策略的空间规划落地实施研究

我国既有的乡村韧性提升策略，与现行空间规划体系结合不足，不利于乡村韧性策略的应用实施。空间规划是国家对一定空间范围内公共资源（土地资源、公共服务、基础设施、就业体系等）的分配、协调与发展谋划，乡村韧性发展策略与空间规划相结合，有利于韧性策略在具体空间范围内的落地实施，有利于公共资源分配方案体现韧性发展理念且更符合实际发展需求。

因此，未来的乡村韧性研究应重视将韧性发展策略向空间规划技术的转译工作，增强制度设计的空间针对性，以满足其在不同村庄之间的灵活适用性，确保公共资源在各村庄之间的精准配给。

2.3 乡村领域系统理论研究动态及基础理论

系统思维对解析乡村风险内在机理、建构乡村韧性发展模式具有重要意义。国内外学者对乡村领域的系统学研究内容多样、技术方法多元、理论成果丰富，亟待从宏观视角厘清既有研究脉络、热点与动态，解析主要基础理论及前沿成果，综合判断乡村领域的系统研究相关理论发展趋势，为本书理论建构提供支撑。

2.3.1 乡村领域系统理论相关研究动态

研究以乡村领域的系统理论研究为主题，国际研究选取 1998—2020 年 Web of Science 核心数据库，检索条件为 TI=（complex system OR complex ecosystem OR social ecological system OR complex adaptive system OR social ecosystem）AND TI=rural，筛取文献 471 篇；国内研究选取 1990—2020 年 CNKI 数据库，检索条件为 TI=（"乡村" + "农村"）and AB=（"复杂适应系统" + "复杂系统" + "复合生态系统" + "社会生态系统"），筛取文献 446 篇。基于 CiteSpace 和 VOSviewer 平台，解析作者合作网络、研究热点与主线、研究阶段演进规律、高被引文献等内容，为识别前沿理论成果、判断理论发展趋势奠定基础。

2.3.1.1 国际既有研究格局与脉络

（1）研究热点分布

通过对文献关键词的聚类分析，近二十年来国际上乡村领域的系统理论研究热点集中于"可持续性"等 18 个主题集，主要可以分为三类：一是宏观主题类，如乡村地区等；二是研究对象类，如可达性、可持续性、土地利用变化等；三是研究方法类，如准实验等（图 2-22）。

高频度出现的关键词中，形成三个集聚度较高的簇群：一是以"死亡率"（mortality）为中心，包含健康、妇女、儿童、教育、社会经济地位等关键词；二是以"风险"（risk）为中心，包含健康、死亡率、妇女、治理、社区、行为等关键词；三是以"动力机制"（dynamics）为中心，包含可持续性、保护、系统服务、韧性、冲击、社会经济发展、城镇化等关键词（图 2-23）。以上簇群代表了国际乡村领域系统理论研究的三个主要方向——健康与教育、风险治理、系统发展动力。

（2）研究主题演化脉络

基于关键词聚类和文献被引情况，国际乡村领域的系统理论研究大致经历两个阶段（图 2-24）。

图 2-22 国际乡村领域系统理论研究文献关键词聚类格局
（来源：作者自绘）

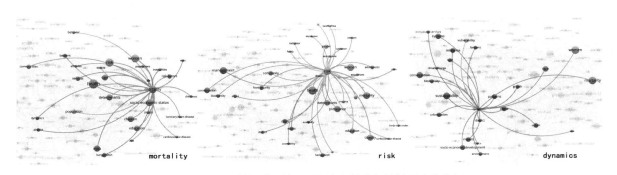

图 2-23 国际乡村领域系统理论研究文献高频关键词聚类分析
（来源：作者自绘）

　　第一阶段（1998—2013 年），关注环境类要素对乡村居民健康和生计的影响。国际学者较长一段时间内对乡村的系统学研究，侧重于环境类要素对乡村居民健康和生计要素的影响，如疾病、出生率、贫穷、儿童健康、环境变化等关键词，主题聚焦于可持续性、营养不良、贫困等。

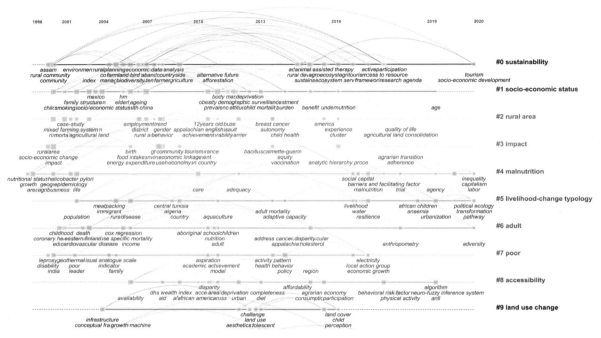

图 2-24　国际乡村领域系统理论研究关键词共现时间轴图谱
（来源：作者自绘）

第二阶段（2013 年至今），关注社会经济发展变化和城镇化对乡村的系统性影响。伴随着系统研究内涵的不断拓展和发展中国家城镇化的深入推进，国际上乡村领域的系统理论研究热点向社会经济领域延伸，并关注城镇化对乡村的系统性影响，如韧性、适应力、旅游业、农业转型、社会资本、生活质量、土地整理、土地利用等关键词，主题聚焦于生计变化类型、可持续性、土地利用变化等。

2.3.1.2　国内既有研究格局与脉络

（1）研究热点分布

通过关键词聚类分析，近三十年来国内的乡村领域系统理论研究热点集中于"乡村聚落"等 11 个主题集，文献关键词的聚类关系相对分散，各主题之间的网络联系较弱。主题内容大致可以分为三类：一是研究范围类，如海南省等；二是战略理念类，如可持续发展、新农村、乡村振兴等；三是研究内容类，如乡村地域类型、乡村景观、农户等（图 2-25）。

高频度出现的关键词中，形成三个集聚度较高的簇群：一是以"可持续发展"为中心，包含生态环境、农村能源、保护、人工湿地等关键词；二是以"乡村旅游"为中心，包含农户、土地流转、生态风险、生态系统等关键词；三是以"新农村建设"为中心，包含生态系统、面源污染、乡村聚落、治理等关键词（图 2-26）。以上簇群代表了国内乡村领域系统理论研究的三个主要方向——环境能源的可持续发展、旅游发展的系统性影响、乡村建设的系统性影响。

图 2-25　国内乡村领域的系统理论研究文献关键词聚类格局
（来源：作者自绘）

图 2-26　国内乡村领域的系统理论研究文献高频关键词聚类分析
（来源：作者自绘）

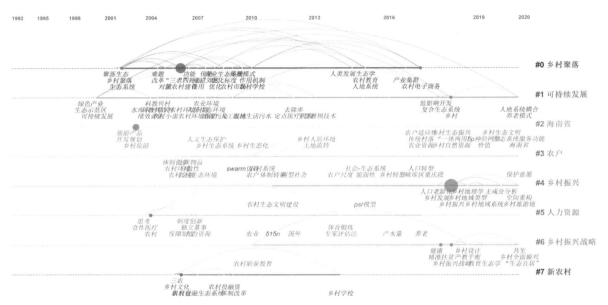

图 2-27　国内乡村领域的系统理论研究关键词共现时间轴图谱
（来源：作者自绘）

（2）研究主题演化脉络

基于关键词聚类和文献被引情况，国内乡村领域的系统理论研究大致经历三个阶段（图 2-27）。

第一阶段（1990—2010 年），乡村聚落与生态系统研究。2000 年之前国内鲜有关于乡村的系统学研究，2000 年以后开始有学者关注乡村聚落与生态系统的关系，生态环境保护、面源污染治理、新农村建设、农业环境等成为研究热点。这一时期的研究可以看作"人地系统"研究的早期阶段。

第二阶段（2010—2016 年），基于农户生计的系统问题研究。伴随着城镇化进程不断深入，乡村劳动力析出、土地利用变化等现象普遍，农户体制转换、人口转型、土地流转、系统脆弱性等成为研究热点，"社会生态系统"概念进入乡村研究领域。研究尺度侧重于微观的农户尺度，研究技术以"PSR"模型分析较为典型。

第三阶段（2016 年至今），战略引领下的乡村系统治理研究。这一时期国内研究与精准扶贫、乡村振兴等战略要求紧密结合，关注热点转向更为多元的乡村地域系统、复合生态系统、农户适应性、电子商务等，研究方法出现了主成分分析法、BP 神经网络分析等，研究落脚点侧重于空间重构、共生、振兴等系统治理内容。

2.3.2 乡村领域系统研究基础理论与前沿成果评述

2.3.2.1 复杂适应系统（CAS）理论：乡村系统研究的理论基础

复杂适应系统（Complex Adaptive System，简称 CAS）理论是 1994 年由美国霍兰（John Holland）首先提出，其认为系统演化动力本质上来源于系统内部，微观主体的相互作用生成宏观的复杂现象，通过采取"自下而上"的研究路线，着眼于系统内在要素的相互作用，研究局部细节模型与全局模型间的循环反馈和校正，其模型组成一般是基于大量参数的适应性主体。CAS 理论提供了分析生态、社会、经济、管理等各种复杂系统的巨大潜力。

CAS 主要包含主体适应性、趋向混沌边缘、涌现与聚集、非线性与多样性等特性、标志与内部模型、积木等机制，[①] 每类特性或机制均为本书中乡村领域的系统学分析提供多元的理论建构视角或基础理论支撑（表 2-13）。

复杂适应系统特性及其与乡村领域系统研究的关联　　　　　　　　　　表 2-13

系统特性	内容	意义	与乡村系统研究的关联
主体适应性	主体通过学习改变自身结构和行为方式，从而不断适应环境变化	系统演化（新层次分化、多样性出现等）都以主体适应性为基础	各类主体的适应性：如应对邻近旅游区而自发出现的农家休闲服务产业；应对市区就业吸引带来的劳动力析出与多元土地流转
趋向混沌边缘	系统具有将秩序和混沌融入某种特殊平衡状态的能力，其平衡点就是混沌边缘	每个主体都能根据其他主体行动调整自己	为重构乡村系统平衡、重塑各类主体协调关系的网络格局提供理论支撑
涌现与聚集	主体间相互作用使整体行为比各部分行为的总和更复杂；在既有结构的基础上生成更多组织结构	较小且低层次的个体通过特定方式结合起来，形成较大且高层次的个体，从而形成 CAS 组织	农户间产业协作、社群聚集是微观聚集；从而形成更大主体，在村庄间（中观）协作、共享及相互适应；进而在乡镇乃至更大主体间（宏观）涌现与聚集
非线性与多样性	主体间不是被动、单向的因果关系，而是各种反馈作用交互影响的复杂关系	多样性是 CAS 适应的结果，每次适应都为新的作用类型创造可能性	乡村系统要素类型多元，相互作用关系呈现典型的非线性与多样性，为系统学技术应用提供理论依据
标志与内部模型机制	系统内聚集体形成的机制和主体实现某项功能的机制	设计与标志、内部模型相协调的作用机制，有利于系统优化	解析乡村系统风险格局形成机制，为提出基于内生培育的系统韧性提升策略提供支持
积木机制	CAS 是基于简单部件，通过改变其组合方式而成（如同积木）	加强层次	为乡村系统组合模式解析、系统层次分析及乡村聚类等研究提供理论支持

资料来源：作者自绘

[①] 霍兰认为，复杂适应系统是以内部模型为积木，通过标志进行聚集等作用并层层涌现出来的动态系统。

2.3.2.2 社会生态系统（SES）理论：乡村系统研究的理论借鉴

（1）社会生态系统概念提出及应用范围

20世纪后期，伴随着世界范围内工业化、城镇化的快速发展，人类活动对环境的影响不断加剧，学者开始关注人类活动对环境的干扰问题，且在环境问题研究中逐渐采用系统方法与生态学方法，并重视人类和社会因素对环境问题的驱动机制分析。生态学理论方法扩散到社会、经济、景观、空间规划等多科学中，这一趋势被苏联学者归纳为"科学的未来是生态学的综合"[94]。

国内外学者对生态系统的研究，逐渐由自然生态系统扩大到人类活动与自然环境交互作用的社会生态系统领域。在国外，生态学家霍林（1973年）提出"社会—生态系统"（Social Ecological System，简称SES）概念[95]；卡明（2005年）等学者对社会—生态系统的内涵进行了深入阐释与拓展[96]；奥斯特罗姆（2009年）在《科学》杂志上发表论文《社会生态系统可持续发展总体分析框架》，指出了社会生态系统的具体特性及可持续发展原则[97]；2017年，国际地理联合会成立人地耦合与可持续发展委员会（IGU-GFE），指出基于社会生态系统协调的人地耦合研究，是推动可持续发展与跨学科融合的新途径[98]。

在国内，马世骏[99]（1984年）、赵景柱[100]（1999年）等相继提出"社会—经济—自然复合生态系统"概念，将人类活动影响下的社会、经济、环境等多元要素作为整体系统来研究；21世纪以来，国内学者在不同领域展开社会生态系统研究，如喻忠磊等（2013年）针对乡村社会生态及农户适应行为[101]，分析应对旅游开发的乡村社会生态系统适应机制；余中元等[102]（2015年）针对湖泊流域社会及自然环境特征，分析社会生态系统脆弱性时空演变并提出调控策略。

（2）社会生态系统理论在乡村研究中的借鉴意义

社会生态系统属于复杂适应系统（CAS），是CAS在人类活动与环境交互的研究方向上的典型应用[103]，将人类社会系统和自然生态系统相互嵌入，形成的错综复杂的网络结构，其中既包含人类社会与其生存的自然环境之间的交互作用，也包括人类社会内部要素（产业、基础设施、公共服务、社群等）之间、自然环境内部要素（农田、林地、水域等）之间的交互作用。该理论强调系统的复杂性、适应性、动态性，为乡村系统风险与韧性研究提供了重要借鉴。

1）系统复杂性，是指系统要素类型多元、系统层级复杂、系统内多种作用力交织、各类要素相互关联等。乡村地区涉及宏观、中观、微观等多空间层次，包含乡村产业、人口、就业、服务及各类自然环境要素等多元要素，格局变化动力复杂，村庄类型多样，本书可应用复杂系统分析原理与技术，科学解析乡村系统风险格局形成机制、韧性聚类规律并提出针对性的优化策略。

2）系统适应性，是指系统本身具有应对外界作用力干预影响的自我调适能力，使系统要素经过调整后进入新的稳态，如果适应力遭受破坏使系统长期处于失衡状态，会导致系统风险问题。城市边缘乡村地区受城市发展影响显著，系统受外源干预力作用非常典型。本书可通过解析多种外力作用下不同类型乡村的系统适应机制，为提出科学合理的乡村系统韧性优化策略提供支撑。

3）系统动态性，是指系统要素随时间变化呈现动态发展及动态平衡的格局。城市边缘乡村地区受城市影响，产业、人口、建设用地、生态环境等风险要素快速变化，系统风险格局的动态演变与分异特征较为突出。本书可通过多源数据分析城市边缘乡村的系统风险格局动态变化规律，准确提取与精细划分乡村类型，从而制定针对性的风险治理策略。

2.3.2.3   乡村领域系统理论研究的前沿成果

（1）乡村的复杂适应系统研究

复杂适应系统（CAS）理论提出以来，逐渐形成"人类智慧圈基本功能单元""'人—自然'复杂适应系统""可持续发展总体框架""复杂巨系统与连锁反应"等理论拓展研究成果，并引入乡村系统研究中，如乡村系统中基于"人—地"关系的聚落与环境资源研究[104]、基于"人—经济"关系的农户生计与乡村旅游开发研究[105]、基于"人—生态"关系的乡村社会经济发展与生态安全研究[106]等。

国内外学者对乡村复杂系统特征的认知，经历了从"系统平衡"到"系统多稳态、阈值复合性与可变性"的转变，并日益关注人类活动对系统演进的驱动机制，通过研究人类社会要素的能动性，主动影响乡村复杂系统发展（表2-14）。

乡村复杂系统的影响机制（作用机理）研究成果集中于"压力—状态—响应（PSR）"模型、"暴露度—敏感性—应对能力"模型等，研究模式侧重于"模型假设—指标选取—数据验

乡村复杂系统的特征   表2-14

复杂系统特征	意义与启示	代表学者	时间
阈值复合性、可变性[107]	系统阈值可变，从稳态走向新稳态	Van Nes E H	2004 年
政治、产业、文化等因素的能动性	社会因子的能动性主动影响系统发展方向	余中元	2014 年
人类活动的驱动性[108]	人类具有预见的能力和行动是系统主要驱动力	Walker B	2006 年
系统演替的不稳定性、多稳态性[109]	多稳态的演进研究很有必要	Scheffer M	2001 年

资料来源：作者自绘

证—机理解析"，如通过"压力—应对能力—敏感性"模型假设（图 2-28），解析乡村复杂系统及脆弱性驱动机制等。

当前，乡村复杂系统内在作用机理解析的代表性成果，是乡村旅游开发影响下的社会生态系统适应机制（图 2-29），阐释了"区域亚系统—生态亚系统—社会经济亚系统"、农户适应性及管理机构政策的相互影响关系（喻忠磊，2013）。

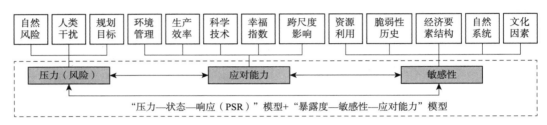

图 2-28　乡村复杂系统影响机制构成理论
（来源：根据参考文献［102］绘制）

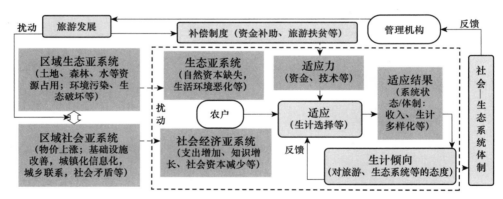

图 2-29　乡村旅游开发影响下的社会生态系统适应机制
（来源：参考文献［101］）

（2）乡村复杂系统的理论研究应用前沿

系统理论已广泛应用于乡村研究的多个方面，形成理论应用的前沿领域（图 2-30）。在乡村自然灾害方面，关注干旱等灾害对乡村系统的整体冲击，探索"自然＋社会"的系统综合防灾模式（石育中，2019）[110]；在乡村旅游开发方面，关注农户生计的多元变化，解析旅游开发与系统脆弱性的关系（崔晓明，2018）[111]；在乡村生态景观方面，提出与乡村系统特征相适应的生态景观格局塑造（陈睿智，2017）[112]；在乡村建设和体制变化方面，关注建设冲击下的系统恢复力提升[113]及体制转换下的转型发展（王子侨，2016）[114]；在乡村劳动力析出和土地流转方面，关注乡村自组织和集体行动能力的变化机制（苏毅清，2020）[115]。

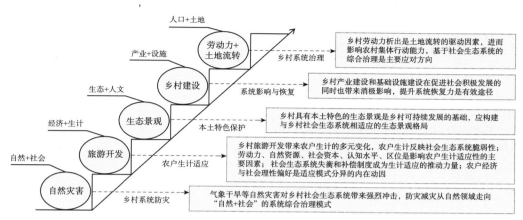

图 2-30 乡村复杂系统研究的理论应用前沿
（来源：作者自绘）

（3）乡村复杂系统的研究方法前沿

乡村领域系统理论研究中的技术方法，目前集中于模型建构（如压力—状态—响应模型）、数理关联分析（如线性回归、灰色关联度分析）、系统量化评价等（图 2–31）。

伴随着复杂系统内涵的扩展和技术进步，乡村领域系统理论研究中可以应用的技术类型将更为多元——①空间信息方法：3S（GIS+RS+GPS）技术的成熟为乡村的土地利用和空间格局研究提供支撑，同时有利于景观格局和社会人文信息的空间聚类解析；②系统动力方法：系统动力学应用软件的成熟为解决复杂系统问题提供新的途径，便于乡村相关系统演化驱动机制

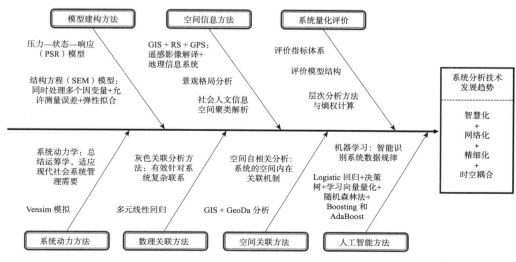

图 2-31 与复杂系统分析相关的技术方法前沿
（来源：作者自绘）

研究；③空间关联方法：在数理关联机制的基础上，系统的空间关联机制研究将受到进一步重视，空间自相关分析技术将应用于乡村领域系统研究；④人工智能方法：机器学习等人工智能可以高效处理复杂系统数据，为乡村的系统庞杂数据梳理和规律解析提供技术支撑。

2.3.3 主要结论与局限性评析

2.3.3.1 主要结论

1）国际乡村领域系统理论研究热点经历了从"环境对乡村居民健康和生计的影响"到"社会经济变化和城镇化对乡村系统的影响"的转变过程，居民健康与教育、系统风险治理、系统发展动力是主要研究方向。

2）国内乡村领域系统理论研究热点经历了从"乡村聚落与生态系统"到"基于农户尺度的系统脆弱性问题"，再到"战略引领下的乡村系统治理"的转变过程，环境能源可持续发展、旅游发展对乡村的系统性影响是主要研究方向。

3）国内外的前沿理论成果，侧重于乡村系统防灾、农户生计适应、本土特色保护、系统影响恢复、乡村系统治理等领域，系统分析技术的发展趋势为"智慧化 + 网络化 + 精细化 + 时空耦合"。

2.3.3.2 局限性评析

（1）"重微观、轻宏观"，应加强对宏观系统优化策略的研究支持

国家通过公共资源调配（如基础设施布局、公共服务设施布局、道路与公共交通建设、产业与非农就业布局、空间用途管控等）和公共政策设计（如多元化的土地流转模式、社会治理模式、协同治理机制等）优化乡村发展格局，提升乡村系统韧性发展水平，需要以宏观和中观层面乡村的系统要素研究为基础，识别系统风险问题和村庄聚类规律，针对性解决多元类型乡村发展需求，实现公共资源的高效供给和公共政策的精准适配。

既有的乡村系统研究，关注以农户家庭为单位的微观尺度，对宏观、中观尺度系统研究不足，难以为公共资源调配的空间布局和公共政策设计的分区适配提供研究支撑。未来乡村领域系统研究，空间层次应更为丰富多元，形成"宏观—中观—微观"的网络层级架构，为多尺度下乡村系统优化提升提供支撑（图 2–32）。

（2）"重策略、轻实施"，应提升系统优化策略的空间落地性

既有的乡村系统优化内容，侧重于策略与建议，如引导农户科学认识旅游机会与风险、合

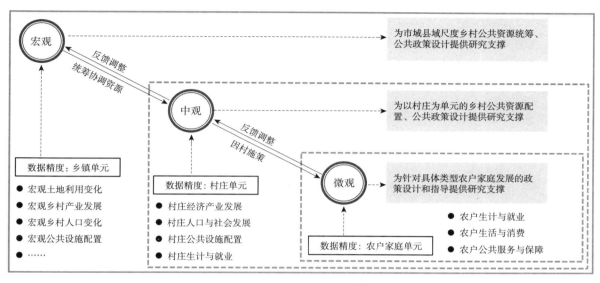

图 2-32　乡村领域系统研究的"宏观—中观—微观"多元空间尺度
（来源：作者自绘）

理分配劳动力、倡导旅游主导型和兼营型模式、鼓励合作经营、合理配置公共设施和生产性服务设施等。但既有的优化策略多为原则性建议，缺乏将策略转为空间针对性较强的精准规划方案研究，可实施性与空间落地性不强。

事实上，鉴于不同村庄资源禀赋条件不同、发展阶段各异，村庄间的社会、产业、民生、生态环境等系统要素优化需求存在显著差异性。同时，邻近空间范围的资源统筹与设施共享也是系统优化需要考虑的内容。因此未来乡村系统研究，应重视将系统优化策略向空间规划技术的转译研究，增强制度设计在不同村庄之间的灵活适用性，确保公共资源在各村庄之间的精准配给。

（3）"重单一视角、轻城乡互动"，应于城乡统筹框架内审视乡村系统发展

既有的乡村系统研究，或偏重于城市扩张对乡村土地利用变化、生态环境脆弱性、人口城镇化等方面的冲击，忽视了乡村主体发展的能动性；或关注乡村自身体制演进和社会、经济、民生发展问题，忽视了城乡互动机制和乡村在区域功能、产业、生态等体系中的特色价值。

事实上，乡村既不是孤立存在的封闭系统，也不是城市扩张和城镇化的被动应对者，乡村各类要素的系统可持续发展既依赖于自身系统韧性的提升与内生动力的培育，也需要城乡协同互动发展。因此，未来乡村领域系统研究，应强调以乡村特色价值为基础，主动参与城乡职能、产业、社会治理分工体系，统筹布局公共设施、非农就业，实现城乡协同、共荣发展。

2.4 乡村系统风险与韧性的研究趋势判断

　　未来，基于复杂系统理论的乡村系统风险与韧性研究将融合为一个整体，形成"乡村系统风险与韧性研究簇群"；同时，乡村系统风险与韧性研究会更加注重空间属性，强化系统风险治理的空间差异性和精准性。本书基于该发展趋势，以系统风险最为典型和突出的城市边缘区乡村为研究对象，建构基于系统风险治理的城市边缘区乡村韧性规划理论。

2.4.1 总体研究趋势与发展方向

　　当前，乡村风险、乡村韧性、复杂系统已成为国内外乡村研究领域关注的热点。其中乡村风险是乡村韧性研究的出发点，乡村韧性研究可有效针对乡村风险治理需求；同时，乡村风险与韧性研究在经历了多阶段演化发展后，均步入系统化研究阶段，为复杂系统理论融入乡村风险与韧性研究提供了契机（图2-33）。

　　未来，基于复杂系统视角的乡村风险与韧性研究将融合为一个整体，形成"乡村系统风险与韧性研究簇群"。该簇群包括"乡村系统风险识别—乡村系统风险作用机理—乡村系统韧性聚类规律—乡村系统韧性提升策略及规划响应"等内容，形成从风险识别到风险治理的全过程研究链条（图2-33）。

　　同时，基于当前在空间尺度、研究视角、研究环节、研究内容等方面的局限性，未来乡村系统风险与韧性研究将针对性地优化完善。如在空间尺度方面，通过加强对宏观、中观乡村系

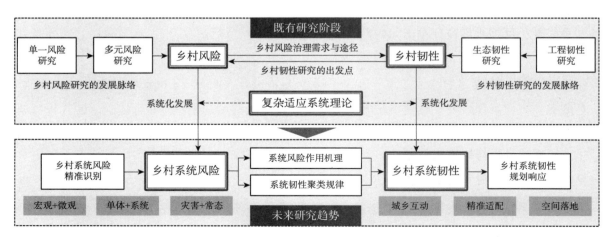

图 2-33　乡村系统风险与韧性研究簇群及其趋势
（来源：作者自绘）

统风险识别和韧性策略研究，为公共资源精准配置提供支撑；在研究视角方面，会加强城乡统筹、区域协同和乡村主体内生发展角度的研究；在研究环节方面，会延长研究链条，重视乡村系统韧性发展策略的空间落地实施；在研究内容方面，会注重城镇化发展背景下乡村常态化的风险治理及系统要素间的作用机制研究等（表2-15）。

乡村系统风险与韧性研究趋势

表2-15

	当前局限性	未来发展趋势
空间尺度	重微观、轻宏观	加强宏观、中观层面乡村系统风险识别和韧性策略研究，为公共资源统筹布局提供支撑
研究视角	重单一视角、轻城乡互动	于城乡统筹框架内审视乡村系统风险与韧性发展
	重客体、轻主体	系统风险治理逐渐重视乡村主体治理能力的培育
研究环节	重策略、轻实施	重视乡村系统韧性发展策略的空间落地实施
研究内容	重单体、轻系统	乡村风险与韧性研究将重视多元风险间的互动机理、多元韧性间的协同谋划
	重突发灾害、轻系统常态	加强针对我国乡村常态化系统风险的韧性研究
研究方法	—	智慧化＋网络化＋精细化＋时空耦合＋学科融合

资料来源：作者自绘

2.4.2　系统风险及韧性的空间内涵拓展

2.4.2.1　乡村系统风险与韧性研究的空间属性

乡村各类系统要素在不同空间范围内呈现显著的空间差异性（空间格局），这是乡村多样性、系统复杂性的主要构成基础。乡村系统风险和系统韧性，均可以通过若干系统要素表征，因此，不同村庄之间的系统风险水平与韧性发展基础，同样存在明显的空间差异性。

差异化的风险要素分布特征决定了差异化的韧性布局方案，因此，通过识别乡村系统风险要素的空间分异与聚类规律，探究系统风险格局形成机制，是制定针对性的系统韧性发展策略、确保韧性规划落地实施的重要支撑。

乡村系统风险与韧性规划研究的空间属性，主要体现在以下方面：系统要素的空间集聚与分异规律是提取乡村系统类型的依据；系统风险要素空间分异数据之间的数理关系及空间自相关性，反映系统风险格局形成机制的内在机理；局部空间子系统内的要素组合协调布局是实现乡村地区要素协调的基础。因此，本书从乡村系统风险与韧性研究的空间内涵入手，探讨乡村系统风险要素空间格局变化规律、韧性发展格局的评价与优化等。

2.4.2.2 乡村系统风险与韧性研究的空间内涵拓展

复杂适应系统、社会生态系统等理论引入乡村系统风险与韧性研究已成为必然趋势，目前主要集中于人类活动对生态格局影响机制、居民对系统外源干预的适应模式等研究课题。未来，乡村系统风险与韧性研究的空间属性，为理论内涵的拓展与延伸提供了契机，如乡村地区系统风险要素的空间演化分异特征、系统风险格局的形成机制、系统韧性水平的空间分异与聚类、系统韧性格局重构策略等，将从系统复杂性（致险机理）、系统适应性（外源干预与内生适应）、系统动态性（演进发展）等方面拓展乡村系统风险与韧性研究的空间内涵。

（1）基于复杂性的空间内涵拓展

乡村"人—地"及"人—地—业"关系研究，重点解析"人—地""业—地""人—业"关系，均属于乡村系统要素间作用关系研究。系统复杂性特征为要素空间格局注入新的内涵，主要体现于要素复杂性和作用机制复杂性，如"人—人""地—地""业—业"关系协同格局。以"人—人"关系协同格局为例，主要为乡村社会内各要素之间的协同关系，如劳动力析出、公共服务供给、居民就业多样性、居民出行便捷性、居民收入等要素的空间关联性及合理的要素组合模式。

（2）基于适应性的空间内涵拓展

既有"人—地—业"研究中的适应性是指在主体（人类活动）作用下，客体（自然环境）的自我调适力。在复杂系统视角下，人类社会与自然环境作为整体系统，系统的整体适应性水平成为研究重点。乡村发展同时面对外源干预和内生动力的双重作用，良性循环的内生动力及较强的内生调适能力，是提升韧性水平的基础。

基于系统适应性的韧性理念为乡村研究注入新的空间内涵：由于韧性水平主要表现为系统要素组合的空间协调程度及支撑内生发展的资源水平，因此，通过评价系统要素组合的空间协调程度、不同空间单元支撑内生发展的资源水平，提出针对性的韧性格局优化策略，可有效化解乡村系统风险、实现韧性发展目标。

（3）基于动态性的空间内涵拓展

动态性是演进韧性和复杂适应系统的主要特征之一，既表现为系统各类要素随时间变化而不断变化，也表现为各类要素在不同空间单元呈现出来的差异性变化特征。各类要素的空间演化及空间分异，成为乡村系统风险格局的主要表征。

演进韧性和系统的动态性特征，为乡村系统风险研究注入新的空间内涵：掌握乡村系统风险要素空间格局变化及分异特征、解析系统风险要素空间变化及分异机制，为系统韧性水平评估和优化提升提供支撑。

2.4.3 与相关基础理论发展的衔接

乡村风险、乡村韧性及复杂系统研究，是本书的基础理论范畴。本书的理论建构是基于上述研究领域的基础理论及前沿发展需求，针对典型研究对象进行优化和延伸。

乡村风险研究，经历了"单一风险—多元风险—系统风险"的发展阶段，从开始关注乡村债务风险、人口流失与社会风险等单一风险类型，到逐渐认识到乡村多种风险的共同作用特性，再到近年来从系统学角度研究乡村风险构成及特征，为全面识别乡村风险、解析风险成因、提出风险治理措施等研究提供支持。

韧性理论经过"工程韧性—生态韧性—演进韧性"多次范式转换后，基于社会生态系统视角的演进韧性理论更为成熟，系统要素的协调组织、系统抗风险能力的适应性演进发展等理论对城乡发展更具指导意义。

乡村的复杂系统研究视角，源起于单一学科视角向多学科融合视角的转变，从乡村社会学、经济学、生态学、地理学等相对独立的研究，走向集成多学科、多要素的系统性研究。伴随着复杂适应系统（CAS）理论进入城乡规划研究领域，系统适应性、恢复性、周期性等复杂作用机制为乡村系统研究提供更广阔的视角与更坚实的理论支撑。

本书结合乡村系统风险与韧性研究发展趋势（图 2-34），融合乡村风险与韧性研究理论簇

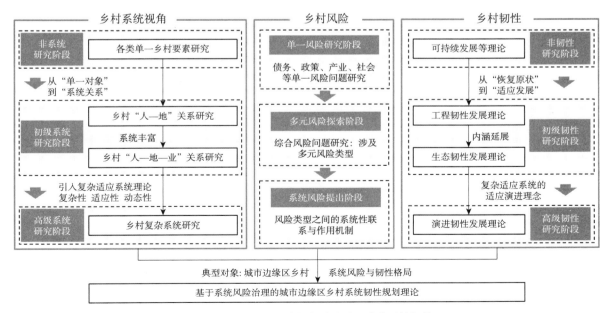

图 2-34　本书核心理论与相关基础理论发展的衔接
（来源：作者自绘）

群，以系统风险最为典型和突出的城市边缘区乡村为研究对象，强调系统风险治理的空间差异性和精准性，强化宏观、中观风险识别与公共资源统筹，突出系统要素协调组织与内生发展能力优化，着力于风险治理与韧性提升策略的空间规划实施落地，进一步延伸、创新乡村系统风险与韧性理论内涵，建构基于系统风险治理的城市边缘区乡村韧性规划理论，为实现乡村系统风险的长效治理目标提供理论支持和实践示范。

2.5　本章小结

研究表明，乡村风险、乡村韧性、复杂系统等研究主题在经历了从简单到复杂的演进过程后（乡村风险从"单一风险"到"系统风险"；乡村韧性从"工程韧性"到"演进韧性"；乡村系统从"人地系统"到"复杂适应系统"），关联性日益紧密。未来，基于系统视角的乡村风险与韧性研究将融合为一个簇群，包括"乡村系统风险识别—系统风险作用机理—系统韧性聚类规律—系统韧性提升策略及规划响应"等内容，形成从风险识别到风险治理的全过程研究链条。

在空间尺度方面，既有研究"重微观、轻宏观"，未来应加强对宏观、中观乡村系统风险识别和韧性策略研究，为公共资源精准配置提供支撑；在研究视角方面，既有研究对城乡协同、主体能动性考虑不足，未来应加强城乡统筹、区域协同和乡村主体内生发展角度的研究；在研究环节方面，既有研究"重策略、轻实施"，未来应延长研究链条，重视乡村系统韧性发展策略的空间落地实施；在研究内容方面，既有研究对乡村系统风险重视不足，未来应注重乡村常态化风险类型的治理及系统要素间的作用机制研究；在研究方法方面，"智慧化＋网络化＋精细化＋时空耦合＋学科融合"将成为主要趋势。

基于系统风险治理的城市边缘区
乡村韧性规划理论建构

在经历了快速城镇化发展阶段后，城市边缘区乡村面临产业自组织水平弱化、社会自治能力下降、民生设施不足和就业不稳、生态安全格局破坏、系统要素配置失衡等多重风险，且不同村庄之间风险类型及风险水平差异性较大。

传统的乡村风险管理，侧重于灾害救助、矛盾消解和危机处理，具有典型的单向性、应急性、被动性和外部依赖性[116]，不利于城市边缘区乡村系统风险的可持续防控管理；而基于系统内固性、储备性和资源动员性的系统韧性发展理论，通过提升乡村主体的主动适应能力、内生发展能力和系统协调水平，主动抵御和化解乡村系统风险，是实现边缘区乡村系统风险长效治理的重要途径。

本章基于乡村系统风险治理需求及既有研究理论基础，建构城市边缘区乡村系统韧性规划理论：首先提出城市边缘区乡村系统风险构成、系统风险的韧性治理、针对风险治理的系统韧性构成等基础理论，进而建构"风险格局识别—韧性量化评价—韧性格局重构—韧性规划响应"理论框架与技术路径，即以系统风险格局特征识别为基础，解析系统风险格局形成机制，量化评价系统韧性水平，进而针对各类村庄精准定制差异化的韧性提升策略，高效配置乡村公共资源，为后续取得实证分析结论与应用型成果提供理论支撑及技术指导。

3.1 城市边缘区乡村系统风险的构成解析

现代意义上的"风险"概念，已从"遇到危险"逐渐延伸为"遇到破坏、损失、不利后果的可能性"。从风险的概念可以看出，灾害只是一种扰动较大的变化，而当前城镇化影响下乡村经济、社会、民生、生态环境等系统要素的变化，对城市边缘区乡村产生了更为强烈和持续的影响。因此，本书从"单一风险管理"视角转向"系统综合治理"视角，探讨城市边缘区乡村系统多重风险的特征、成因及管理方法。

经过快速城镇化发展阶段，城市边缘区乡村受到城市外延扩张的影响，面临一系列风险，可以总结为乡村内生发展秩序被破坏、系统要素配置空间失衡等两大类：其中内生发展秩序破坏涉及产业自组织水平弱化、社会治理能力下降、民生设施不足和就业不稳、生态安全格局紧张等风险类型；系统要素配置空间失衡涉及土地流转滞后于农作需求、非农产业布局与劳动力析出空间错位、设施布局与实际需求不匹配等[①]（图3-1）。降低并化解上述风险，是重构城市边缘区乡村系统韧性发展格局的关键目标与核心任务。

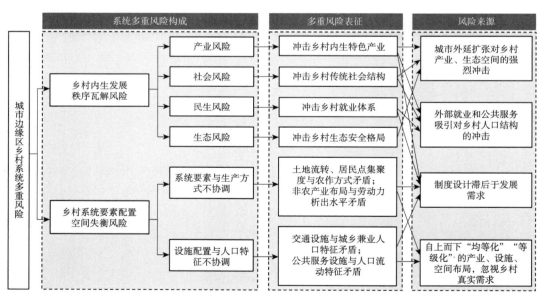

图 3-1 城市边缘区乡村系统风险构成
（来源：作者自绘）

---

① 本书并未将城市边缘区乡村所有可能出现的系统风险类型列举出来，如城市扩张冲击下边缘区乡村文化特色减少等，而是重点选取了更为普遍、更为典型且便于量化分析的风险类型。

3.1.1 城市边缘区乡村内生发展秩序瓦解风险

城市外延扩张冲击下，城市边缘区部分村庄的产业类型、社会结构、空间风貌、生态格局急剧改变，长期以来自然演替、渐进生长的内生发展秩序趋于瓦解，可持续发展能力下降，乡村发展面临诸多风险且风险间相互关联影响（图3-2）。

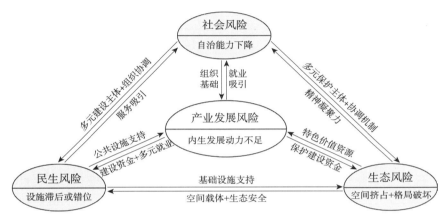

图 3-2 城市边缘区乡村内生发展秩序瓦解风险要素间的作用关系
（来源：作者自绘）

3.1.1.1 产业风险：内生特色褪去 + 自组织水平弱化

城市边缘区乡村产业风险主要表现为：一是城市产业与功能（如工业区、高教区、旅游休闲景区）向城市边缘区扩张，使得部分村庄原有的内生型特色产业失去赖以发展的空间载体；二是外部市场资金和企业接管乡村生态人文景观资源经营，剥夺了乡村自主发展能力和经营水平提升的机会，使得产业发展的外部依赖性较强，增加未来发展的不确定性和风险性[51]；三是部分村庄缺少现代技术、经营管理、基础设施及相关制度设计支持，产业发展动力不足[69]。

3.1.1.2 社会风险：自组织及治理能力下降

城市边缘区乡村社会风险表现为传统社会结构瓦解和自组织能力下降。主要来自两种发展趋势：一是乡村自身吸引力不足，劳动力和管理、技术人才等外流，带来人口结构失衡[117]；二是城市对乡村的外部功能植入，带来乡村社会绅士化发展趋势，原有传统社群体系瓦解。两种趋势下，乡村社会自组织和自治体系建设的人力及智力基础均被破坏[118]，由此产生乡村社会风险。此外，行政本位的社会管理模式过于单一，无法替代乡村社会自组织的治理作用。社会自组织及治理能力下降会进一步影响乡村内生产业组织建设、民生设施建设等，加大其他风险的危害性。

3.1.1.3 民生风险：就业不稳定与设施错配

城市边缘区乡村民生风险主要表现为：一是在城市产业与功能的外延拓展冲击下，乡村内生型产业体系和就业体系逐渐瓦解，增加了村民就业的不确定性与不稳定性，居民收入分化不断加剧；二是乡村社会治理能力和村集体经济发展水平的下降，使得部分乡村民生服务设施建设的组织协调不足、资金保障不足，设施建设滞后于发展需求[34]；三是自上而下"等级化""均等化"的外部公共设施配给常常不适合多元类型村庄差异化的实际需求。

3.1.1.4 生态风险：胁迫因素不断增加

在城市功能及空间外延扩张的影响下，城市边缘区乡村土地利用结构变化剧烈，具有乡村特色的生态本底资源被挤压、文化空间风貌被破坏，从而降低了乡村系统发展的可持续性。乡村的生态空间资源，是乡村区别于城市发展的特色价值之一，是乡村赖以持续发展的重要基础，也是城乡生态安全格局的主要载体，城市边缘区乡村生态支撑能力下降，将为乡村系统发展带来巨大风险。

3.1.1.5 城市边缘区乡村内生发展秩序瓦解风险与一般乡村地区风险对比

受城市影响较弱的一般乡村地区，也存在一定的产业、社会、民生等风险，但与城市边缘区乡村相比，风险类型、风险表征、风险来源等差异较大（表3-1）。

城市边缘区乡村与一般乡村地区各类内生秩序瓦解风险的差异性　　　　表3-1

系统风险类型	城市边缘区乡村	一般乡村地区
产业风险	城市产业外溢和植入，严重削弱乡村内生特色产业；外部市场接管乡村资源经营带来产业发展不确定性；村庄间的风险分异突出	产业类型单一，经济效益低；受城市产业、市场影响较小，各村庄风险状态相对均质化
社会风险	社会自治能力下降存在两种情况：一是人口流失；二是外来人口冲击和社会绅士化。各村庄间的风险来源和风险水平差异较大	一般不存在外来人口冲击和社会绅士化问题，各村庄风险状态相对均质化
民生风险	城市产业和市场的冲击下，村民就业的不确定性与不稳定性增加，部分居民失业或被迫外出；城市设施延伸分布不均，民生服务能力分化显著	收入普遍较低，设施普遍不足，各村庄风险状态相对均质化
生态风险	城市功能及空间外延扩张，边缘区乡村土地利用变化剧烈，生态空间资源被挤压，景观破碎化	基本不受城市扩张影响，风险不明显

资料来源：作者自绘

3.1.2 城市边缘区乡村系统要素配置失衡风险

3.1.2.1 城市边缘区乡村系统要素配置失衡风险的具体表征

城市边缘区乡村系统风险的另一重要构成，就是系统要素配置失衡。由于临近城市，边缘区乡村发展需求的空间异质性较明显，各类村庄对非农产业、公共服务设施、基础设施等要素配置需求差异较大。快速城镇化时期自上而下的乡村规划建设布局和公共资源配置，常采用"一刀切""均等化""等级分配""城市发展优先"等原则，简单配给公共资源、盲目对待居民点迁并，忽视了城市边缘区乡村系统要素的空间异质性，忽视了不同村庄差异化的发展诉求，由此带来一系列的系统要素配置空间失衡风险（表3-2）。

城市边缘区乡村系统要素配置空间失衡风险统计　　　　　　　　表 3-2

失衡类型	矛盾双方		失衡原因	表征及影响
系统要素与生产方式	劳动力析出水平	主要非农产业	自上而下的产业布局忽视了劳动力析出的空间差异性	劳动力密集型非农产业布局于低劳动力析出水平乡村，产业布局与就业需求错位
	土地流转	主要农作方式	土地流转模式设计和组织滞后	大田作物主导的乡村土地流转需求高、流转比例低，导致农田生产效率低
	居民点集聚度	主要农作方式	自上而下的居民点布局忽视了农作方式的空间差异性	居民点集中布局不适用于工量大且分散的农作方式，村民职住空间错位
设施配置与人口特征	公共服务设施供给	劳动力析出水平	"均等化"的公共服务供给忽视了人口规模的空间差异	高劳动力析出水平村庄公共设施闲置，设施布局与需求空间错位
	公共交通设施供给	城乡兼业人口	"均等化"的公共交通供给忽视了兼业人口的真实需求	兼业人口集中的村庄公共交通设施不足，设施布局与需求空间错位
	道路系统建设（可达性）	城乡兼业人口	自上而下的道路系统布局忽视了兼业人口的真实需求	兼业人口集中的村庄空间可达性不足，设施布局与需求空间错位

资料来源：作者自绘

3.1.2.2 城市边缘区乡村系统要素配置失衡风险与一般乡村地区风险对比

受城市影响较弱的一般乡村地区，也存在一定的要素配置失衡风险，但与城市边缘区乡村相比，风险并不突出（表3-3）。这主要由于乡村腹地区域各类要素覆盖度较低，公共资源配置普遍不足；而边缘区乡村的要素配置相对较多却存在结构不合理（与需求不匹配导致错位、失衡）的典型风险。

城市边缘区乡村与一般乡村地区各类要素配置失衡风险的差异性　　　　表 3-3

系统风险类型	城市边缘区乡村	一般乡村地区
非农产业布局与就业需求错位	非农产业布局于低劳动力析出水平乡村，导致析出的村民就业职住分离	来自外部的非农产业布局较少，风险不明显
土地流转滞后于农作需求	部分乡村土地流转需求高、流转比例低，导致农田生产效率低，制约农业及非农产业发展	由于就业选择少，土地流转需求不高，风险相对不突出
居民点集聚度与农作需求冲突	城市边缘区部分乡村居民点，受城乡统筹规划集中化布局，但不适应用工量大且分散的农作方式，导致村民职住空间错位	居民点多为自然生长，契合农作需求，风险不明显
公共服务设施供给与人口需求错位	"均等化"的公共服务供给忽视了劳动力析出趋势的空间差异，导致部分设施资源闲置、部分设施需求难以满足	公共服务设施供给普遍不足，各村庄风险状态相对均质化
公交设施供给、道路系统建设与城乡兼业需求错位	公交设施供给、道路系统布局忽视了城乡兼业人口空间分布，导致部分设施资源闲置、部分设施需求却难以满足	无城乡兼业需求，风险不明显

资料来源：作者自绘

3.1.3　不同类型城市的边缘区乡村系统风险异同

城市边缘区乡村的最典型特征是位于城市边缘，因此最典型风险是来自城市发展的冲击。由于不同规模、不同发展阶段、不同地理单元的城市，对其边缘区乡村的影响力不尽相同，因此，研究比较不同类型城市的边缘区乡村系统风险异同，聚焦系统风险最典型、最突出的城市边缘区乡村进行深入剖析。

3.1.3.1　不同规模城市的边缘区乡村系统风险异同

不同规模的城市，由于城市能级不同，对周边乡村地区的影响范围和冲击程度不同（表 3-4），其中，大城市边缘产业外溢多、人口流动大、空间扩张范围广、资源配置较多，更易产生与需求的错位等，城市冲击下的乡村系统风险空间范围更大、程度更强烈。但对各规模

不同规模城市的边缘区乡村系统风险异同　　　　表 3-4

规模等级	乡村系统风险差异性	共同点	典型城市
（特）大城市	城市能级高，受冲击的乡村地区空间范围较大，冲击程度也更强烈	边缘区乡村均存在城市产业外溢、人口流动、空间扩张、资源要素配置错位带来的系统风险	天津（城镇人口 1160 万，2022 年）
中等城市	中等能级，城市冲击下的乡村系统风险空间范围和风险程度居中		铜陵（城镇人口 87 万，2022 年）
小城市	城市能级小，受冲击的乡村地区空间范围较小，冲击程度相对较轻微		黄骅（城镇人口 31 万，2020 年）

资料来源：作者自绘

城市而言，由城市发展冲击产生的边缘区乡村系统风险是广泛存在的，风险种类构成基本一致（仅范围与程度存在差异）。

3.1.3.2 不同城镇化阶段城市的边缘区乡村系统风险异同

我国各地城镇化发展阶段不尽相同，有的尚在起步阶段，有的正处于城镇化中期，有的已步入城镇化后期。不同城镇化阶段下，城市对边缘区乡村发展的冲击力不同，系统风险也存在差异性（表3-5）。其中，城镇化初期城市对边缘区乡村影响较小，系统风险不明显；城镇化中期城市正加速扩张，边缘区乡村系统风险已有初步显现，风险的空间范围在不断扩大；城镇化后期城市，其边缘区乡村系统风险已全面显现出来，乡村系统风险范围大、空间分异显著。

不同城镇化阶段城市的边缘区乡村系统风险异同   表 3-5

城镇化阶段	乡村系统风险差异性	共同点	典型城市
城镇化初期	城市尚未开始扩张，对周边乡村影响程度轻，影响范围小，风险不明显	边缘区乡村系统风险的种类基本一致（如产业、社会、民生、生态、系统要素配置不协调等）	昌都（城镇化率26%，2020年）
城镇化中期	城市加速扩张，对周边乡村地区冲击效应已有部分显现，城市边缘区范围在动态变化，乡村系统风险范围不断扩大		绵阳（城镇化率54%，2022年）
城镇化后期	城市扩张速度减缓，边缘区范围相对确定，对边缘区乡村的冲击效应全面显现，乡村系统风险范围大、空间分异显著		沈阳（城镇化率85%，2022年）

资料来源：作者自绘

与城镇化后期城市相比，城镇化中期的边缘区范围在动态变化，乡村风险研究范围不易确定，且城市规模多为中小型，受城市冲击的乡村系统风险范围较小，因此城镇化后期城市边缘区乡村系统风险更典型且更易开展研究。

3.1.3.3 不同地理单元城市的边缘区乡村系统风险异同

地形条件会对城市扩张方向产生影响，位于城市扩张主要方向的乡村和其他乡村之间，系统风险存在差异性（表3-6）。平原城市扩张不受地形限制，一般呈现放射式扩张，城市周边受到冲击影响的乡村范围较广；山地城市扩张受地形限制明显，乡村系统风险突出的区域通常位于城市易于扩张的河谷平坝；丘陵城市则介于两者之间。非城市拓展边缘区的山地生态区域内，乡村也存在各类系统风险，只是风险侧重点不同（如生态风险较轻、民生设施建设相对滞后）。

不同地理单元城市的边缘区乡村系统风险异同　　　　　　　表 3-6

地理特征	乡村系统风险差异性	共同点	典型城市
平原城市	城市扩张不受地形限制，边缘区乡村受到城市扩张的冲击范围较广	边缘区乡村均存在不同程度的城市产业外溢、人口流动、空间扩张、资源要素配置错位带来的系统风险	郑州
丘陵城市	地形对城市扩张有一定的限制作用，局部出现跳出限制跨越发展，形成乡村系统高风险和低风险交错区域		乐山
山地城市	城市扩张受地形限制明显，对边缘区乡村冲击的方向性（平坝）较强，山地区域乡村系统风险相对较小		西宁

资料来源：作者自绘

综上所述，不同类型的城市，其边缘区乡村均存在各种程度的系统风险，但风险的空间范围、侧重点不尽相同。通常，规模较大、城镇化中后期、平原地区的城市，其边缘区乡村系统风险涉及的空间范围较大。

3.1.4　城市边缘区乡村系统抗风险能力的维度

城镇化发展冲击下的城市边缘区乡村作为风险受体，自身系统具备一定的抗风险能力，系统抗风险能力越强，则系统风险越低；抗风险能力越弱，则系统风险越高。

乡村系统的抗风险能力可以用系统的功用性、稳定性、可持续性、协调性等维度表示：①系统功用性，是指乡村产业越兴旺、村民越富裕、生活水平越高（即功用性越高），风险水平越低；②系统稳定性，是指乡村产业与就业类型越多样、社会结构和生态空间格局越稳定（即稳定性越高），风险水平越低；③系统可持续性，是指乡村社会和产业发展的自治水平与创新能力越高、生态及文化资源越丰富、公共设施的支撑力越强（即可持续性越高），风险水平越低；④系统协调性，是指乡村系统各要素间配置关系越协调、相互促进发展的效果越好（即协调性越高），风险水平越低。

3.2 基于系统风险治理的城市边缘区乡村韧性规划理论框架

传统的乡村风险管理，侧重于灾害救助、矛盾消解和危机处理，具有典型的单向性、应急性、被动性和外部依赖性，不利于乡村系统风险的可持续防控管理；而基于系统内固性、储备性和资源动员性的系统韧性发展理论，通过提升乡村主体的主动适应能力、内生发展能力和系统协调水平，主动抵御和化解乡村系统多重风险，是实现城市边缘区乡村系统风险综合治理的重要途径。

与城市相比，我国乡村更具有韧性发展的基础条件：第一，村民对于资源开发、土地经营、空间建设拥有更多的自主权，具有更多自组织、自适应发展机会；第二，乡村社会是建立在血缘和地缘基础上的熟人社会，具有强烈的归属感和凝聚力；第三，乡村各系统要素联系非常紧密，经济、社会、民生与自然环境息息相关，是具有强烈内生特色的"生产 + 生活 + 生态"综合体。

研究基于系统风险治理需求，提出"培育内生发展能力"和"构建共生发展格局"的系统韧性发展目标，明确"内生发展支撑"（产业培育韧性 + 社会治理韧性 + 民生发展韧性 + 生态支撑韧性）和"系统要素协调"的系统韧性构成；并基于系统风险与韧性的空间属性，提出"风险格局识别—韧性发展评价—韧性格局重构—韧性规划响应"的系统韧性规划理论框架。

3.2.1 引入系统韧性：从风险"被动处理"到"韧性治理"

3.2.1.1 传统被动式的乡村风险管理模式不适应系统风险防控

传统的乡村风险管理模式，本质上讲是一个应对乡村突发事件的"防灾式"应急管理体系，侧重风险发生后的处理，重视灾害救助，强调对事态的表面控制，采用工程防灾思维，忽视对风险发生的源头预防和管理。

传统的乡村风险管理的实施主体较为单一，是以乡村基层行政组织为主，忽视多元主体对风险防控的需求和化解能力，不利于调动各类主体的能动性；风险管理理念局限于对已发生风险的被动式处理，不利于从根本上防范风险的滋生发展；对风险管理对象的处理方式是孤立对待，忽视了系统多重风险之间的联系性，不利于多重风险的联防联治；管理过程是自上而下的纵向层级传导，忽视了多向度的系统要素协同，不利于调动系统资源；管理绩效评价局限于对单一风险事件的处理效果，忽视了风险次生影响评价和长久防控目标的实现[116]。

总之，传统的乡村风险管理，侧重于灾害救助、矛盾消解和危机处理，具有典型的单向性、应急性、被动性和外部依赖性，不利于乡村系统多重风险的可持续防控管理。

3.2.1.2　系统韧性发展是乡村系统风险治理的有效途径

系统韧性反映了系统主体的抗风险能力。系统韧性理论强调从乡村主体角度，主动抵御与化解风险，评估多重风险隐患、掌握多重风险作用机制，通过提升乡村的系统自适应性、自协调性、自组织性，从源头防范和化解系统多重风险；通过多元主体参与和多维度的系统优化，建立多重风险管理的长效机制（图 3-3）。

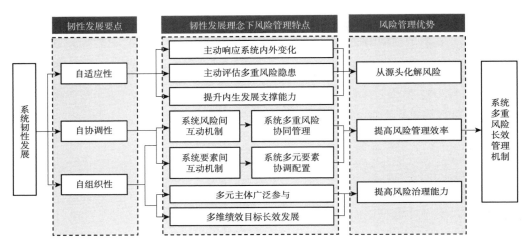

图 3-3　系统韧性发展与乡村多重风险治理的契合关系

（来源：作者自绘）

（1）治理主体从"单一化"走向"多元化 + 广泛参与"

"系统韧性发展"主张将乡村多元主体（村集体、合作社、家族、村民个体、乡贤等）纳入风险防控中，充分发挥乡村社会主体的能动性，使风险防控工作契合乡村各类主体的实际诉求，使风险防控对象能够触及乡村各类系统要素，避免了单一基层组织的行动力不足问题。

（2）治理理念从"被动处理"走向"主动响应"

"系统韧性发展"管理风险的理念是主动抵御与化解风险，从系统优化角度主动作为，包括主动评估风险隐患和韧性脆弱环节，提升系统的自适应性、自协调性、自组织性，提升乡村系统的内生发展支撑能力，从源头遏制与化解乡村多重风险的滋生发展。

（3）治理动力从"固化分立"走向"系统联系 + 自适应"

"系统韧性发展"管理风险的动力来自于乡村系统要素的内部联系和自适应性的培育。系统多重风险之间、表征风险的系统要素之间均存在内在作用关系，通过探析系统内部作用机制，提取核心要素和原生风险、次生传导机制等，可以提高风险管理效率。

（4）治理过程从"层级传导"走向"系统协作"

"系统韧性发展"管理风险的过程强调自下而上与自上而下相结合、横向协作与纵向联系相结合，强调多重风险的协同管理、系统多元要素的协调配置，避免自上而下单向的层级传导降低风险管理的灵活性与适应性。

（5）治理绩效从"单一维度"走向"多尺度+长效性"

"系统韧性发展"管理风险的绩效不局限于风险的处理效果，而是强调多元绩效评价标准——多重风险隐患降低、多元韧性水平提升、系统要素的良性互动与协调配置等，强调建立乡村系统多重风险化解及系统可持续发展的长效机制。

总之，基于系统内固性、储备性和资源动员性的系统韧性发展理论，通过提升乡村主体的主动适应能力、内生发展能力和系统协调水平，主动抵御和化解乡村系统多重风险，是实现乡村系统多重风险的长效、可持续管控目标的重要途径。

3.2.2 基于系统风险治理的乡村韧性发展目标及构成

基于系统韧性发展理念，立足解决当前城市边缘区乡村发展风险，研究提出城市边缘区乡村系统韧性发展目标，即提升不依附于外源干预的内生发展能力、形成基于要素协调配置的共生发展格局。以此为基础，解析乡村系统韧性的具体构成"产业培育—社会治理—民生发展—生态支撑—要素协调"，为建构城市边缘区乡村系统韧性规划理论框架提供理论支撑与目标导引。

3.2.2.1 基于系统风险治理的边缘区乡村韧性发展目标

复杂适应系统是复杂的、非线性的和自组织的动态演进系统，不存在永恒的均衡状态；应用于城乡规划学领域的韧性发展理念，是基于复杂适应系统视角的演进韧性范式，是社会生态系统为回应压力和限制条件而激发的一种学习、适应和改变的能力。因此，乡村系统韧性发展，必然是以内生发展驱动为主、系统内部要素协同共生的发展模式。

（1）提升不依附于外源干预的内生发展能力

依附于外源干预的乡村发展，是急于求成、不可持续的发展模式：政府资金输血式投入——可能并不适应乡村的资源禀赋和真实发展诉求，导致资源浪费，乡村自身也不具备持续运营的能力；市场资金全包式经营——虽然有可能取得较高经济效益，但村民既不能主导发展方向，也难以完全融入其中，一旦市场资金撤出，乡村发展将难以为继。

乡村内生发展驱动，是基于自身资源禀赋，重塑现代语境下乡村独特价值，培育乡村社会自治能力、产业自组织能力，通过小微渐进式的学习、适应，提升乡村主体的自我发展能力。培育乡村内生发展能力，是实现乡村特色、稳定、可持续发展的重要基础，因此也是乡村系统韧性发展目标之一。

（2）形成基于要素协调配置的共生发展格局

城市边缘区乡村系统要素配置空间失衡，是乡村系统多重风险发生的主要原因之一。因此，基于乡村各类系统要素真实状况与乡村真实发展诉求，通过公共服务设施及基础设施要素的按需供给、土地流转模式及组织引导制度的科学设计、非农产业及就业岗位的合理布局，实现基于要素协调配置的共生发展格局，是乡村系统韧性发展的另一主要目标。

3.2.2.2 基于系统风险治理的边缘区乡村系统韧性构成

乡村系统韧性（演进韧性）水平，反映了乡村主体的抗风险能力，韧性水平越高，抗风险能力越强，具体可表示为系统的功用性、稳定性、可持续性、协调性等特征。其中，功用性（高效性）是指系统发展的绩效，实现乡村产业兴旺、民生富足，是韧性发展的重要内涵之一，贫困落后不是乡村韧性发展；稳定性（多样性、灵活性、冗余性）是指系统发展的相对稳态，只有具备抵抗外界冲击、实现稳定发展的能力，才是韧性发展，具体体现在乡村产业与就业的多样性、社会结构与生态格局的稳定性等；可持续性（创新性、适应性、自治性）是指系统动态适应与演进，包括乡村社会、产业发展的自治能力与创新能力，也包括生态文化资源、公共设施的支撑能力；协调性（共生性、联动性）是指实现乡村系统要素间的协调配置，构建系统要素共生格局（图3-4）。

根据城市边缘区乡村系统韧性发展目标，"内生发展支撑"韧性与"系统要素协调"韧性是城市边缘区乡村系统韧性的主要构成内容。

（1）"内生发展支撑"韧性：化解乡村内生发展秩序瓦解风险

城市边缘区乡村"内生发展支撑"韧性，主要包括乡村产业培育韧性、社会治理韧性、民生发展韧性和生态支撑韧性。

1）产业支撑：乡村产业培育韧性。由乡村集体或居民自主经营、主导经营，基于自身资源禀赋，丰富农作方式和非农产业类型，延长产业链条，精细化地参与城乡产业分工体系，培育特色产品，增强学习与创新能力，形成稳定发展、创新迭代的高品质内生型乡村产业体系，有效应对城镇化冲击下的乡村产业风险。

2）社会支撑：乡村社会治理韧性。乡村社会自治能力是保障乡村独立与内生发展、保护乡

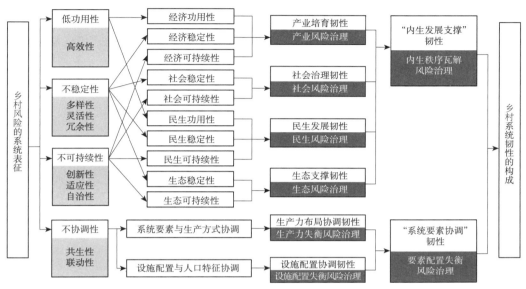

图 3-4　城市边缘区乡村系统韧性构成与系统风险治理的关系
（来源：作者自绘）

村特色价值的基础，可以提升乡村处理公共事务的效率、有效整合乡村经济发展资源、增强乡村集体行动能力和凝聚力，也是实现乡村治理体系和治理能力现代化的内源保障，有效应对城镇化冲击下的乡村社会风险。

3）民生支撑：乡村民生发展韧性。良好的民生支撑条件，是留住原居民、吸引劳动力的有力保障。表现为便捷可达的交通区位、高品质的公共服务、完善的市政基础支撑和多元的就业选择等，有效应对城镇化冲击下的乡村民生风险。

4）生态支撑：乡村生态支撑韧性。乡村生态环境资源，是乡村保持区别于城市的独特价值、实现向城市主动输出和参与城乡产业分工的基础条件，是建构区域生态格局、保障城乡生态安全的重要载体。主要包括稳定的土地利用格局和生态景观格局、充足的生态空间资源等，有效应对城镇化冲击下的乡村生态风险。

（2）"系统要素协调"韧性：化解乡村系统要素配置失衡风险

城市边缘区乡村"系统要素协调"韧性，主要包括系统要素与生产方式相协调、设施建设与人口特征相协调等方面。

系统要素与生产方式相协调，是指劳动力析出水平、土地流转、居民点集聚度等乡村系统要素与乡村生产方式相协调，如根据农作半径和农业用工量特点，合理布局居民点，避免"一刀切"集中化布局；根据劳动力析出水平特点布局适当类型的非农产业，充分吸收本地就业等。

设施建设与人口特征相协调，是指公共服务设施、公共交通设施、道路系统等设施供给与乡村人口的实际需求相协调，如根据城乡兼业人口的数量（判断乡村往来城区稳定客流的依据），合理布局公共交通设施和道路系统规划建设；根据劳动力析出状况，合理配给公共服务设施等。

3.2.3 边缘区乡村系统风险及韧性治理的空间格局研究

城市边缘区乡村地区空间范围广、村庄数量多且类型丰富，不同村庄之间的系统风险要素存在显著的空间差异性。如果脱离乡村多样性，泛泛地研究城市边缘区乡村系统多重风险及韧性发展模式，则研究成果缺乏针对性及多元适应性，难以确保韧性发展理念的落地实施。城市边缘区乡村各类系统风险要素，所呈现出的空间分异与聚类特征（识别系统风险格局），是在不同空间范围内制定针对性的韧性优化方案（重构系统韧性格局）的工作基础 ①。

1）城市边缘区乡村系统风险格局，是指表征乡村系统风险的各类要素在空间上的差异性、聚类及演变，其研究目的在于识别城市边缘区乡村系统风险的空间演化及分异规律、提取基于多重风险特征的乡村类型、解析影响乡村系统风险格局的形成机理，为针对性地提出系统风险治理策略、基于系统风险化解的城市边缘区乡村韧性格局重构奠定基础。

2）城市边缘区乡村系统韧性格局，是指乡村不同空间范围内差异化的系统韧性发展基础和韧性发展模式；重构系统韧性格局，则是基于多重风险格局特征及系统风险要素格局的形成机制，制定针对性的韧性优化策略，形成乡村系统韧性高水平均衡格局，从而实现城市边缘区乡村系统风险的长效治理目标。

3.2.4 基于系统风险治理的边缘区乡村韧性规划理论框架

基于"识别问题—分析问题—解决问题"的科学问题研究思路，研究架构"风险格局识别—韧性发展评价—韧性格局重构—韧性规划响应"的总体理论框架（图3-5）。

"风险格局识别"，即通过典型实例数据分析，识别城市边缘区乡村系统风险格局的演化分异

① 1854年，英国伦敦暴发霍乱疫情，长期未能找到发病源地，后来医生John Snow将患者居住地点标注在含有道路、建筑、饮用水源等地理信息的图纸上，发现布罗多斯托水井周边患者高度聚集，政府禁止使用该水井后，有效地杜绝了新患者出现。这是利用空间信息规律解决问题的典型案例。事实上，任何事物均有其空间属性，研究系统要素的空间格局特征，有助于探寻要素间的相互作用规律、聚类特征，为各类要素及系统整体优化方案的制定提供依据。

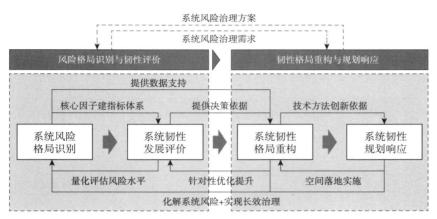

图 3-5　基于系统风险治理的城市边缘区乡村系统韧性规划理论建构思路
（来源：作者自绘）

与空间聚类规律。这是基础内容，为系统韧性发展评价提供基础数据支持和村庄基础分类支撑。

　　"韧性发展评价"，即采用风险形成机制的核心因子建构韧性评价指标体系和评价模型，量化解析乡村系统抗风险能力薄弱空间及其聚类规律，便于针对性地提出乡村系统韧性格局重构策略。

　　"韧性格局重构"，即针对韧性评价中反映出的韧性不足（系统高风险）区域及成因，结合系统风险格局形成机制，提出城市边缘区乡村系统韧性格局优化策略，重构高水平均衡化的系统韧性格局，化解乡村系统风险。

　　"韧性规划响应"，即在现行空间规划体系内创新规划方法，为系统韧性提升策略的空间落地实施提供抓手，从而实现城市边缘区乡村公共资源统筹布局、多尺度规划策略精准传导和系统风险长效治理目标。

3.3　城市边缘区乡村"系统风险格局识别"方法建构

　　城市边缘区乡村系统风险格局识别，包括明确研究空间层次（以中观格局识别为核心内容，以宏观格局识别为基础）；划定研究空间范围（结合多元划分方法，综合划定宏观、中观层面城市边缘区乡村空间范围）；明确风险格局识别所需要的多源数据类型及其对应的调查分析方法；从产业发展风险格局、社会治理风险格局、民生保障风险格局、生态安全风险格局、系统要素协调风险格局等角度，识别风险格局演化分异的特征；归纳提取乡村系统风险空间聚类规律，形成村庄分类成果，为后续韧性评价研究提供类型学支持（图 3-6）。

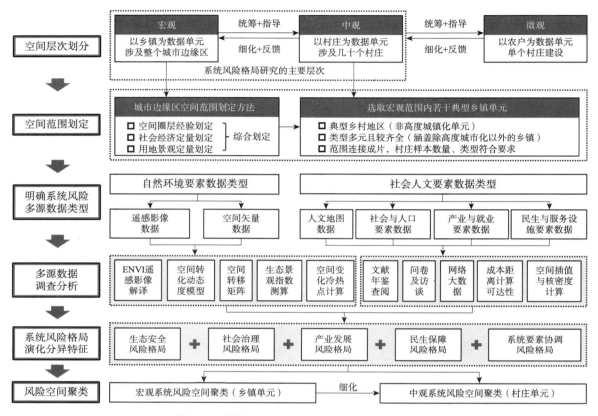

图 3-6 城市边缘区乡村系统风险格局识别理论框架
（来源：作者自绘）

3.3.1 边缘区乡村系统风险格局识别的空间层次划分

城市边缘区乡村系统风险格局研究的空间层次涉及宏观、中观和微观三个层次（表 3-7）。鉴于既有研究"重微观、轻宏观"的特点，以及现行空间规划体系缺少对宏观、中观要素协调配置和村庄精细化分类指导的问题，本书将宏观和中观层面作为城市边缘区乡村系统风险格局研究的重点，为乡村地区公共资源精准适配、系统风险治理及微观层面村庄建设规划提供指导。

微观层次的空间样本是以农户为单元，主要用于村庄内部社会经济结构及村民生计生活研究，在既有研究中较为常见，其缺点是对城乡及村庄之间公共资源的合理高效分配缺乏支持、难以化解要素配置错位带来的风险，不是本书中系统风险格局的主要空间层次。宏观与中观层面在研究范围、数据类型、技术特点、研究目的等方面不尽相同，形成"宏观—中观"互为补充、层层深入的逻辑关系。

城市边缘区乡村系统风险研究的空间层次及其意义　　　　表 3-7

空间层次	空间范围	数据精度	研究内容	研究意义
宏观层面	覆盖城市边缘区乡村地区；常为几十个乡镇/几百个以上村庄	乡镇	系统风险与韧性的整体格局	实现区域/城乡公共资源统筹与精准配置；指导中观层面典型范围选取与韧性格局重构
中观层面	城市边缘区部分乡村地区；常为几个乡镇/几十个以上村庄	村庄	局部典型系统风险及韧性格局	实现村庄之间公共资源统筹与精准配置；指导微观村庄规划建设，促进多尺度乡村规划衔接
微观层面	城市边缘区的一个或几个村庄	农户	居民生计与生活	适用于村庄内农户行为分析，非乡村系统风险格局研究的典型尺度

来源：作者自绘

3.3.1.1 宏观层面城市边缘区乡村系统风险格局研究

宏观层面研究范围覆盖整个城市边缘区乡村的空间范围，通常涉及几十个乡镇，涵盖几百个乃至更多的行政村，自然环境要素数据采集范围广、样本全，有利于生态环境类风险要素格局的全面分析研究。宏观层面上的城市边缘区乡村地区实例，研究目的侧重于识别整体城市边缘区乡村系统风险格局、提取乡镇单元风险聚类结论、指导中观层面典型范围选取与系统韧性格局重构，为实现区域及城乡公共资源统筹与精准配置提供支撑。

3.3.1.2　中观层面城市边缘区乡村系统风险格局研究

中观层面研究是选取局部典型乡村地区展开深入调研，空间范围通常为城市边缘区一个或几个乡镇，涵盖几十个（或更多）行政村单元。中观层面的城市边缘区乡村实例，数据精度更高，可获取的系统风险数据类型更为全面（中观尺度下以行政村为单元获取各类风险要素数据较为可行），从而为科学合理地划分村庄类型、深入解析乡村系统风险格局形成、制定针对性的系统韧性优化策略等研究内容奠定基础。研究目的侧重于识别局部典型系统风险格局、提取村庄单元风险聚类结论、促进"宏观—中观—微观"多尺度乡村规划衔接，为实现村庄之间公共资源统筹与精准配置提供支持。

3.3.2　边缘区乡村系统风险格局研究的范围划定方法

3.3.2.1　国外城市边缘区范围界定方法

国外学者关于城市边缘区范围界定方法的研究，自1936年德国地理学家路易斯提出"城市边缘区"概念后不断深入探索，相继提出定性判断、经验划分与构建指标、定量划分等方法[119]。

在定性判断和经验划分方面，麦凯恩和恩莱特主张将城市与乡村之间的边缘带划分为内边缘带与外边缘带两类，其中内边缘区为 10—15km，外边缘区则延伸至 25—50km[120]；洛斯乌姆将城市中心区周边 10km 的环形区域作为城市边缘区；卡特认为城市建成区在向周边区域拓展的过程中，会出现相对稳定的阶段，与该阶段对应的空间边界为"稳定线"，这条线向外可划为城市边缘区[121]。

在构建指标和定量划分方面，洛斯乌姆提出将非农人口和农业人口之比作为指标界定边缘区空间范围，认为该指标小于 0.2 的区域为乡村地区，位于 0.3—1.0 之间则是半乡村区，位于 1.1—5.0 之间则是半城市区，大于 5.0 则是城市中心区[122]；加拿大地理学家布莱恩特提出以非农业人口占总人口的比重来定量化划分城市边缘区的范围[123]；德赛提出一种综合指数，包含聚集指数和郊区化指数，其中综合指数大于 0.5，则划归城市边缘区，小于 0.5 则划归乡村腹地区域[124]。

3.3.2.2　国内城市边缘区范围界定方法

国内对城市边缘区范围界定方法的研究，最早始于 20 世纪 80 年代末广州市规划局对广州城市边缘区边界的划定研究，截至目前已形成包括定性判断、经验划定、指标体系建构与数学模型计算、遥感影像解译和 GIS 分析等多种方法[125]。

定性判断的方法主要为根据城市郊区范围划定城市边缘区范围；经验划定的方法主要为结合具体行政边界及铁路、河流、交通干道等天然或人工界线来划定城市边缘区边界；定量研究方法主要包括构建指标体系并采用数学模型计算方法、结合遥感影像和地理信息系统定量计算方法等（表 3–8）。

3.3.2.3　本书中宏观层面城市边缘区研究范围界定方法的选取

综合国内外城市边缘区研究范围界定方法，主要包括定性的经验判断和定量的指标体系数学模型、遥感与地理信息系统分析等。其中定性研究和经验判断的优点是操作简单明确，边界能够兼顾行政界线和空间的完整性，缺点是准确性不足；定量化的指标体系建构和数学模型计算，其优点是客观性较强、准确度较高，缺点是采集数据难度大，尤其是对于大城市边缘区，其空间范围广、数据类型庞杂，且对数据来源的空间精度要求高（如以村庄、社区为单元），致使操作难度较大；遥感与地理信息系统分析，客观性较强、准确度较高，空间直观性较好，且能运用信息技术高效使用数学模型计算，缺点是遥感解译中的地类划分具有一定的主观性。

国内城市边缘区范围定量化的界定方法总结 表 3-8

方法	基于数学模型的定量化分析			基于遥感技术的定量化分析		
	人口密度梯度率	断裂点分析	地域特征属性指标分析	遥感与景观紊乱度分析	遥感与突变检测分析	遥感解译和 GIS 分析
代表学者	顾朝林[126]	陈佑启[127]	李世峰[128]	程连生[129]	章文波[130]	钱建平[131]
研究城市	上海	北京	北京	北京	北京	荆州
临界边界	人口密度梯度的突变点	社会经济指标衰减的突变点	地域特征属性值的边缘区取值范围	景观紊乱度转折点	城市用地占比的突变点	信息熵范围值
指标	人口密度	经济水平、结构、密度、联系	人口、用地、经济、社会	五类用地 18 个景观指标	三类用地 14 项指标	信息熵值
技术适用范围	以村镇为单位的人口数据精度高	社会、经济、交通数据精度高	人口、用地、经济、社会数据齐全	遥感技术、Fragstats 和 GIS 技术	遥感技术和 GIS 技术	遥感技术、GIS、ERDAS Imagine 技术

资料来源：作者自绘

因此，本书中采取定性与定量相结合的方法，兼顾准确性、客观性和可操作性。定性的经验判断主要为基于空间圈层的大城市内外边缘区边界划分，定量方法主要为基于 GIS 的空间可达性分析（关键指标为城郊居民与城市中心区通勤时长）、基于遥感解译和 GIS 技术的城市边缘区用地分析。

使用定性和定量方法均需要确保行政边界与空间完整性——保持行政边界完整性，既有利于各类以行政区划为单元的统计数据实现空间落位和后续深入研究，也有利于政策制定、规划编制及实施管理[132]。

3.3.3 边缘区乡村系统风险格局研究涉及的数据类型

城市边缘区乡村系统风险由各类系统要素具体表征，因此，研究所涉及的数据类型为乡村系统构成要素所对应的数据类型，其中涵盖了城市边缘区乡村的自然环境类要素数据和社会人文类要素数据两大类要素数据。

各类数据分别表征"产业风险—社会风险—民生风险—生态风险—要素失衡风险"等系统风险类型，部分数据可以表征多种风险（如建设用地数据涉及生态、社会、产业等风险），部分数据之间通过组合分析可以表征要素失衡风险（如劳动力析出水平和主要非农产业等）（图 3-7）。

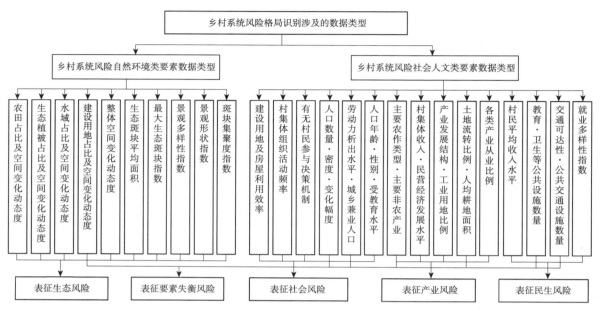

图 3-7 乡村系统风险格局识别涉及的数据类型
（来源：作者自绘）

3.3.3.1 乡村系统风险的自然环境类要素数据类型

获取与分析城市边缘区乡村系统风险的自然环境类要素数据，旨在了解乡村生态风险的空间格局特征，既包含每类风险要素数据在城市边缘区乡村范围的整体变化趋势，也包括在城市边缘区不同范围、不同类型的乡村所表现出来的空间分异规律。系统风险的自然环境类要素数据主要包括遥感影像数据、空间矢量数据等类型。

1）遥感影像数据。本书涉及的遥感影像数据是多波段影像，研究目的是通过解译遥感影像数据，获取乡村各类自然环境要素（如水域、自然植被、农田、建设用地等）的位置、面积等空间格局矢量数据。

2）空间矢量数据。本书涉及空间矢量数据主要包括城市边缘区乡村地区水域、自然植被、农田（大田作物区、设施农田等）、建设用地（生活空间、产业空间、交通设施等）等类型。研究目的为通过分析不同年份、不同空间单元的各类空间矢量要素位置、面积、密度、连续度、集聚或离散度以及它们的变化趋势等，解析城市边缘区乡村系统风险的生态风险格局演化分异及聚类特征。

3.3.3.2 乡村系统风险的社会人文类要素数据类型

城市边缘区乡村系统风险的社会人文类要素数据可以反映乡村居民的生活、生产中的风险状态。获取并分析社会人文要素数据，旨在了解乡村社会、产业、民生等系统风险类型的空间格局演变及分异特征。

1）人文地图数据（基础数据），是乡村系统风险的社会人文类要素分析的基础数据，主要包括行政区划地图、道路交通设施等。获取行政区划地图，便于将社会人文数据与空间单元相关联；获取道路交通设施数据，旨在分析乡村交通可达性的空间变化及分异特点，并为分析各类风险要素数据与交通可达性相互作用关系、解析民生风险格局提供基础数据支撑。

2）产业与就业类数据（产业风险数据），主要包括乡村农作类型、土地流转水平、农业从业比例、非农产业类型、集体或民营经济水平、村集体收入、劳动力析出水平、就业多样性等。获取产业与就业类要素数据，旨在分析乡村产业结构、产业发展水平、人力资源分布特点、职住空间关系等，为进一步识别产业风险、民生风险并探究风险格局形成机制提供基础数据支撑。

3）社会与人口类数据（社会风险数据），主要包括村集体活动频率、村民小组覆盖率、村民参与决策机制（反映社会自治能力）、房屋空置率（反映空间利用效率）、常住人口数、年龄结构、性别结构、教育水平、人口密度等。获取社会与人口类要素数据，旨在分析乡村社会风险格局，并为解析社会风险格局形成机制提供数据支撑。

4）民生与服务设施类数据（民生风险数据），主要包括乡村教育和医疗卫生设施数据、公共交通数据、居民年均收入、交通可达性数据等。获取民生与服务设施类要素数据，旨在分析乡村民生风险格局，为进一步解析民生风险格局演化分异机制提供数据支撑。

5）乡村生活及生产空间数据（建设用地数据），主要包括乡村居住用地和工业用地数据，可为分析生活及生产空间利用效率、研究居民点聚集度与生产方式协调性风险、评价建设用地及产业用地利用集约性等提供数据支撑。

3.3.4 边缘区乡村系统风险格局形成机理的总体构成

影响城市边缘区乡村系统风险格局的作用机制，可以按照作用来源，初步划分为外源干预、内生触发和政策影响等主要方面（图3-8）。其中外源干预是系统外部因素对系统各风险要素格局的影响作用，可以按照作用效果，分为消极干扰与积极拉动；内生触发是系统内各要素之间相互影响作用，可以按照作用动机，分为被动适应与主动发展；政策影响是通过影响外因与内因，间接影响风险要素格局，可以按照作用途径，分为强化外因型与改变内因型。

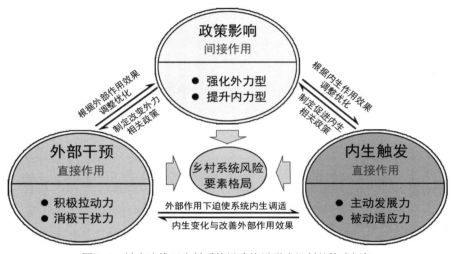

图 3-8 城市边缘区乡村系统风险格局形成机制的构成框架

（来源：作者自绘）

3.3.4.1 风险格局外源干预的主要构成框架

城镇化的快速发展与中心城市的持续扩张，对城市边缘区乡村地区系统风险要素（如产业风险、社会风险、民生风险、生态风险、要素配置失衡风险等）空间格局产生强烈的影响，这种影响改变了乡村地区系统原有的稳态，促使产生新的系统风险格局，研究将其定义为外源干预。外源干预来自于乡村系统外的城市及区域外力影响，如过境交通建设、产业植入、非乡村功能植入、系统外的就业与公共服务吸引等。

其中，不同的外源干预力产生的影响效果不同：部分外力可以为乡村系统风险产生缓解效应，如提供多元就业岗位、提升乡村居民出行便捷度等，因此将其定义为积极拉动力；部分外力对乡村地区原有产业、自然环境资源、土地利用、空间形态造成强烈干扰，如农业退化、生态破坏、传统风貌消弭、居民失业与再就业等，因此将其定义为消极干扰力（表 3-9）。

3.3.4.2 风险格局内生触发的主要构成框架

乡村系统风险格局演变和分异，与乡村系统自身的内生因素密切相关。一方面，乡村系统主体拥有从既有稳态向更高水平稳态发展进化的需求；另一方面，在外部影响作用下，乡村系统主体具有一定的恢复力和自我调整以获得新稳态的能力与潜力。来自乡村系统主体的发展与风险调适能力，是影响乡村系统风险格局演变的内生触发因素。

其中，乡村系统主体向更高水平稳态发展的动力为主动发展力，如种植结构优化、技术提

影响城市边缘区乡村系统风险格局演变与分异的主要机制构成 表3-9

机制构成	细化分类	典型代表	备注
外源干预机制	积极拉动	过境交通建设、系统外的就业及公共服务吸引	交通设施主要为高速公路、国省县道、铁路等；两者一定条件下可互相转化
	消极干扰	产业植入、非乡村功能植入	
内生触发机制	主动发展	种植结构优化、技术提升、产业链条延伸、社会经济组织增效、配套设施建设	配套设施主要包括乡村道路、市政设施、教育医疗等服务设施；两者一定条件下可互相转化
	被动适应	土地流转、劳动力析出、从业结构调整、存量空间再利用	
政策影响机制	强化外因型	财税改革和土地财政、示范镇与新型农村社区建设等	来自乡村系统外，改变空间模式、植入外部功能
	改变内因型	集体经营性建设用地入市、农村宅基地政策、土地流转政策	促进乡村系统内资源挖潜、提升经济活力

资料来源：作者自绘

升、产业链条延伸、社会与经济组织增效、配套设施建设等，是提升主体抵御、化解风险的能力；乡村系统为应对外部影响而做出的风险适应调整能力为被动适应力，如土地整合与流转、劳动力析出与兼业发展、从业结构调整、存量空间再利用等[133]。

3.3.4.3 风险格局政策影响的主要构成框架

与乡村地区发展密切相关的系列政策，可以间接影响城市边缘区乡村系统风险格局的演变与分异。其中，通过改变外部作用效果的相关政策可以称为强化外因型，如财税改革和土地财政、示范镇与新型农村社区建设、产业园区政策等；通过改变内生作用效果的相关政策可以称为改变内因型，如集体经营性建设用地入市政策、农村宅基地政策、农村土地流转政策等。

影响乡村系统风险空间格局发展政策的制定，通常与城镇化发展阶段、城乡发展的阶段性问题、国家社会经济发展新形势等背景相关，而根据政策实施对乡村系统风险格局产生的效果反馈，通过不断调整改进又会形成新的政策。

3.4 城市边缘区乡村"系统韧性量化评价"方法建构

提升系统韧性（反映系统主体抗风险能力），是实现城市边缘区乡村系统风险长效治理目标的重要途径。乡村系统韧性量化评价，是提出针对性的韧性优化策略的基础，主要包括评价体系建构和空间规律解析两部分内容。其中，评价体系建构思路为"指标体系选取—指标权重计算—评价模型建构"，首先基于系统韧性发展目标建立目标层指标，基于系统韧性构成理论建立准则层指标，基于风险格局演化中提取的有效关联因子选取指标层指标，形成评价指标体系；然后综合熵值法和层次分析矩阵计算各指标的权重；最后在数据标准化处理和信度检验的基础上，建构由三级韧性指数构成的系统韧性评价模型（图3-9）。

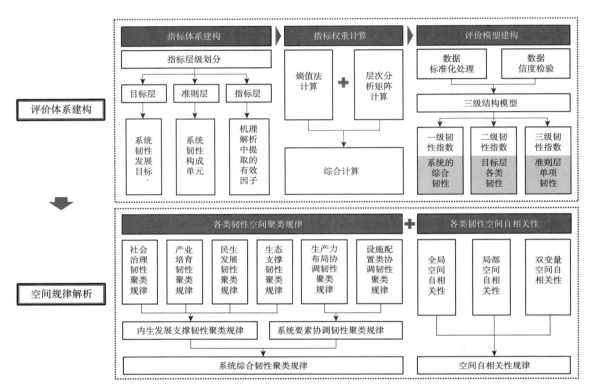

图3-9　城市边缘区乡村系统韧性发展评价理论框架
（来源：作者自绘）

基于系统韧性评价体系及系统风险格局识别中获取的基础数据，开展内生发展支撑韧性（产业培育韧性—社会治理韧性—民生发展韧性—生态支撑韧性）、系统要素协调韧性（生产力布局协调韧性—设施配置类协调韧性）及综合韧性的空间聚类分析，同时根据各单项韧性与综合韧性的"全局—局部—双变量"空间自相关性分析，提出各类韧性的空间自相关规律。

3.4.1　反映乡村抗风险能力的韧性评价指标体系建构

建立城市边缘区乡村系统韧性评价指标体系，主要包括韧性评价指标层级结构建构、韧性评价指标类型选取等内容。

3.4.1.1 反映乡村抗风险能力的韧性评价指标层级建构

城市边缘区乡村系统韧性评价指标层级主要分为目标层、准则层、指标层。其中目标层是系统韧性的核心构成，是评价指标体系的最高层级；各类目标由不同准则构成，形成评价指标体系的中间层级；各类准则分别可以被若干具体指标类型所解释，即为最基础、可测度的指标层。

（1）目标层：内生发展支撑韧性 + 系统要素协调韧性

城市边缘区乡村系统韧性发展目标包括具备不依附于外源干预的内生发展能力、实现基于要素协调配置的共生发展格局。因此，目标层的选取依据乡村系统韧性的核心构成，即内生发展支撑韧性和系统要素协调韧性。其中，内生发展支撑韧性是保护现代语境下乡村独特价值、确保乡村自我可持续发展能力的重要保障；系统要素协调韧性是针对城市边缘区乡村复杂多元的系统要素分布格局，建立符合乡村真实发展需求的生产关系和设施要素配置体系，实现多元类型乡村的系统要素协调、共生发展格局。

（2）准则层：边缘区乡村系统韧性的各构成单元

准则层是对目标层的细化和解释，准则层可以反映某一方面韧性发展水平，为解析乡村系统韧性发展问题的主导因素提供依据。根据城市边缘区乡村系统韧性构成结论，内生发展支撑韧性可以细化为产业培育韧性、社会治理韧性、民生发展韧性、生态支撑韧性；系统要素协调韧性可以细化为生产关系类要素与生产方式相协调、设施类要素配置与人口特征相协调。

（3）指标层：直接观测变量

指标层是对准则层的细化和解释，是可以直接测度的基础变量数据，乡村系统韧性的量化取值即由指标层的数据加权叠加而成。具体指标类型，需根据其解释的准则类型特征、其对应数据的可获取性以及该指标是否为边缘区乡村系统风险格局的有效影响因子而综合判断确定。

3.4.1.2 反映乡村抗风险能力的韧性评价指标类型选取

依据乡村系统风险格局演化分异的影响机制分析结论，筛选与乡村系统抗风险能力、系统风险要素格局相关的有效影响因子，同时结合各类准则层指标具体特征，选择合适的解释变量（评价指标类型）。

1）产业培育韧性：如过高的工业比重、过多的外部产业植入不利于乡村特色价值塑造和内生发展能力培育，因此采用人均工业用地、主要非农产业类型、外部产业用地比例反映乡村产业的内生适应能力；依据亩均经济效益赋值的主要农作类型，可以反映乡村农业的发展水平；集体与民营经济水平、村集体收入可以反映乡村内生经济的发展水平；技术人员比例反映出乡村经济创新能力。

2）社会治理韧性：如人均居民点面积、房屋空置率反映出村庄对建设用地、宅屋等空间资源的利用效率，低效粗放的空间利用模式不利于村庄可持续发展；人口规模及增长反映出村庄的吸引力和社会活力；人口年龄、性别结构及受教育水平，反映了村庄社会可持续发展能力及社会矛盾程度；集体活动组织、互助小组、村民参与决策机制等反映出乡村社会的自治能力。

3）民生发展韧性：如居民收入反映出乡村居民生活水平；劳动力析出水平反映出乡村就业吸引力；就业多样性可以反映乡村就业的灵活性与适应能力；中小学、医疗卫生设施、公交站和道路网络可达性可以反映乡村公共设施的支撑能力，也反映出居民生活的便捷舒适程度。

4）生态支撑韧性：如整体空间动态度反映出乡村土地利用、生态格局的稳定性；生态空间比重、生态斑块破碎化程度、耕地资源等可以反映乡村生态空间资源的丰富度和对持续发展的支撑能力；生活垃圾和污水的处理率反映出乡村人居环境的保护能力。

5）生产关系类要素与生产方式相协调：如非农产业布局应与村庄劳动力析出水平相协调，不同产业类型对劳动力吸纳能力不尽相同，协调布局有利于促进本地和就近就业；不同的农作类型对土地流转需求有所差异，合理释放土地流转需求有利于农业及非农产业发展；不同的农作类型对耕作半径需求不尽相同，与农作需求协调的居民点空间布局模式可以提升村民生产、生活的便捷度。

6）设施类要素配置与人口特征相协调：如常住人口规模决定了村庄对教育、卫生等公共服务设施的需求，设施配置与常住人口相协调，可以避免公共资源浪费或不足；城乡兼业人口规模决定了村庄对公共交通和道路可达性的迫切需求，交通设施配置与城乡兼业人口相协调，可以有效促进城市边缘区就业平衡。

3.4.2 城市边缘区乡村系统韧性评价指标权重计算

评价指标的权重计算方法主要有熵值法、层次分析法等。其中，熵值法是基于数据的离散程度，优点是可以从样本数据的客观属性出发，真实地反映样本数据中每项指标对评价结果的影响程度；缺点是不能反映每项指标对评价目标的重要程度。层次分析法是基于指标之间成对比较对评价目标的重要性，优点是能基于指标的内在含义，反映每项指标相对于评价目标的重要性；缺点是主观性较强，忽视了样本数据属性对评价结果的影响。

因此，本书综合运用熵值法和层次分析法，计算城市边缘区乡村系统韧性评价指标权重，从而使权重值兼顾样本数据属性对评价结果的客观影响性和指标含义对评价目标的重要性。

3.4.2.1 基于样本数据离散特征的"熵值法"指标权重计算

统计学中认为，某项指标的离散程度越大，则该指标对综合评价的影响（权重）越大[①]。熵值可以反映系统抗风险能力的均匀程度，熵值越小表明系统抗风险能力越有序，熵值越大表明系统抗风险能力越无序，因此可以用熵值判断评价指标的权重。

熵值法是基于数据客观属性（离散程度）的一种权重计算方法，其优点是从样本数据的属性出发，真实地反映了样本数据中每项指标对评价结果的影响程度；缺点是不能反映指标体系中每项指标对于评价目标的重要程度。

熵值法计算方法是首先在数据标准化处理的基础上，计算第 j 项指标的第 i 个单元数值（x_{ij}）占该指标所有数值的比重（p_{ij}）式（3-1）。

$$p_{ij}=\frac{x_{ij}}{\sum_{i=1}^{n}x_{ij}}, \quad i=1\cdots n, \ j=1\cdots m \tag{3-1}$$

然后计算该项指标的熵值（e_j）式（3-2），其中 $k=1/\ln(n)>0$，$e_j\geq 0$。

$$e_j=-k\sum_{i=1}^{n}p_{ij}\ln(p_{ij}), \quad j=1\cdots m \tag{3-2}$$

最后计算信息熵冗余度（d_j）式（3-3）和各项指标的权重（w_j）式（3-4）。

$$d_j=1-e_j, \quad j=1\cdots m \tag{3-3}$$

$$w_j=\frac{d_j}{\sum_{j=1}^{m}d_j}, \quad j=1\cdots m \tag{3-4}$$

3.4.2.2 层次分析矩阵指标权重计算及综合权重值确定

层次分析法[②]是通过构建评价指标之间成对比较矩阵，区分指标的重要性差异。由于指标类型超过一定数量后（超过9项以后），成对比较时会超出人对于不同事物之间差别的判断能力，易产生模糊与混乱问题，因此，层次分析法通过建构多层次指标来解决该问题：每项指标可以被下一层的若干指标解释，解释同一指标的若干指标之间建立直接的成对比较矩阵，通过专家打分法等方法确定权重；各层级的权重累积后则为每项指标对综合评价结果的权重值。

[①] 比如某项指标的样本数据取值都相等，则该指标对总体评价的影响为0，即权重值为0。

[②] 确定评价因子权重的方法有许多种，层次分析法比较适合于具有分层交错评价指标的目标系统，而且目标值又难于定量描述的决策问题。

研究采用"层次模型建构—判断矩阵赋值—指标权重计算"的具体思路，首先依据韧性评价指标体系，基于 YAAHP 平台建构城市边缘区乡村系统韧性评价指标层次模型，进而为各层级的指标成对判断矩阵赋值。研究建构定量化权重判断矩阵，将指标的重要程度分为 9 级[①]，并基于 YAAHP 平台结合专家打分成果，建立两两比较的判断矩阵。同时，应判断矩阵的随机一致性比值，如果该值在 0—0.1 内则说明上述矩阵可以作为评价的权重使用。最后计算出各要素指标的权重值，其基本原理是利用排序原理，求出矩阵的最大特征根及对应的特征向量，该向量的分量即本行指标的权重[134]。

层次分析法是通过成对比较指标对评价目标的重要性来确定权重值，因此其优点是能基于指标的内在含义，反映每项指标相对于评价目标的重要性；缺点是主观性较强，忽视了样本数据属性对评价结果的影响。

因此，本书综合运用熵值法和层次分析矩阵两种计算方法，从而在一定程度上消解两种权重计算方法各自对评价结果的不利影响。

3.4.3　城市边缘区乡村系统韧性评价模型建构

3.4.3.1　数据的标准化处理及信度检验

由于各类评价指标的量纲存在显著差异，不能直接加权计算，因此研究采用标准化处理方法，消除城市边缘区乡村系统韧性评价指标体系中的量纲影响。综合各种标准化处理方法的适用范围，研究选取极值法对原始数据矩阵 X 进行无量纲化处理，得到新的数据矩阵 Y[135]。

其中，对于正向指标类型（即数值越大则韧性水平越高），其处理方法为式（3-5）；对于负向指标类型（即数值越大则韧性水平越低），其处理方法为式（3-6）。式中 X_{ij} 为评价指标体系中的原始数据，Y_{ij} 为标准化处理后的无量纲数据，$\text{Max}(X_{ij})$、$\text{Min}(X_{ij})$ 分别表示第 j 类指标的所有 i 个数据中最大值和最小值。

$$Y_{ij} = \frac{X_{ij} - \text{Min}(X_{ij})}{\text{Max}(X_{ij}) - \text{Min}(X_{ij})} \tag{3-5}$$

$$Y_{ij} = \frac{\text{Max}(X_{ij}) - X_{ij}}{\text{Max}(X_{ij}) - \text{Min}(X_{ij})} \tag{3-6}$$

在数据标准化处理的基础上，需要通过 SPSS 平台采用克朗巴哈系数检验各项指标数据（无

---

① 这是由于人对于不同事物之间差别判断能力最多分为 9 级，超过 9 级易产生模糊与混乱问题。

量纲）内部的一致性水平①，判断数据信度。克朗巴哈系数计算方法为式（3-7）。式中 α 为克朗巴哈系数，K 为评价指标体系的指标类型数目，σ_X^2 为总数据样本的方差，σ_{Yi}^2 为某观测数据样本的方差。

$$\alpha = \frac{K}{K-1}\left(1 - \frac{\sum_{i=1}^{K}\sigma_{Yi}^2}{\sigma_X^2}\right) \qquad (3-7)$$

3.4.3.2 韧性量化评价模型建构

研究采用综合评价法[136]建构城市边缘区乡村系统韧性评价模型，即韧性指数等于其对应的各类指标的标准化数据与指标的权重值乘积之和。其中，综合（一级）韧性指数 R 计算方法为式（3-8），式中 W_j 为第 j 项指标对综合韧性指数的权重值，P_{ij} 为第 i 个评价单元的第 j 项指标的标准化值。

$$R = \sum_{j=1}^{m} W_j P_{ij} \quad (i=1,\ 2\cdots n,\ j=1,\ 2\cdots m) \qquad (3-8)$$

二级韧性指数 R_2（评价指标体系中的目标层）计算方法为式（3-9），式中 U_j 为第 j 项指标对该二级韧性指数的权重值，P_{ij} 为第 i 个评价单元的第 j 项指标的标准化值，s 为该二级韧性指数对应的指标数量。

$$R_2 = \sum_{j=1}^{s} U_j P_{ij} \quad (i=1,\ 2\cdots n,\ j=1,\ 2\cdots s) \qquad (3-9)$$

单项（三级）韧性指数 R_3（评价指标体系中的准则层）计算方法为式（3-10），式中 V_j 为第 j 项指标对该单项韧性指数的权重值，P_{ij} 为第 i 个评价单元的第 j 项指标的标准化值，t 为该单项韧性指数对应的指标数量。

$$R_3 = \sum_{j=1}^{t} V_j P_{ij} \quad (i=1,\ 2\cdots n,\ j=1,\ 2\cdots t) \qquad (3-10)$$

3.4.4 城市边缘区乡村韧性空间聚类及自相关分析方法

3.4.4.1 城市边缘区乡村系统韧性空间聚类规律解析

为针对性地提升城市边缘区乡村系统抗风险能力，研究基于系统韧性评价体系及系统风险格局识别中获取的基础数据，开展内生发展支撑韧性（社会治理韧性—产业培育韧性—民生发

---

① 克朗巴哈 α 系数的值在 0—1 之间。如果 α 系数低于 0.6，则说明内部一致信度不足；0.7—0.8 之间表示数据具有相当的信度，0.8—0.9 之间说明数据信度非常好。

展韧性—生态支撑韧性）、系统要素协调韧性（生产力布局协调韧性—设施配置协调韧性）及综合韧性的空间聚类分析。

在单项韧性的空间聚类分析中，重点观察高韧性、低韧性村庄的空间分布规律，及不同类型村庄间该单项韧性水平的差异性（如图3-10中单项韧性评价01的高值区集中于A型和C型村庄，低值区集中于B型、D型和E型村庄）。

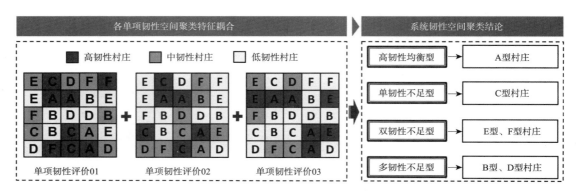

图3-10　城市边缘区乡村系统韧性空间聚类规律分析原理
（来源：作者自绘）

综合各类单项韧性空间聚类特征，可以分为高韧性均衡型、单韧性不足型、双韧性不足型、多韧性不足型四个系统韧性集聚类型，并提取对应的主要村庄类型，根据各类村庄系统风险特征，解析韧性不足的成因。其中单韧性不足型需要解析具体存在问题的某一项韧性特征，双韧性不足型还需要研究两项存在问题的韧性类型之间的互动机制，多韧性不足型则需要结合系统动力机制结论，进行全面的系统性修复与提升。

3.4.4.2　城市边缘区乡村系统韧性空间自相关规律解析

基于各单项韧性与综合韧性的"全局—局部—双变量"空间自相关性分析，研究提出各类韧性的空间自相关规律。其中全局空间自相关性分析是检验各类韧性在全局范围是否存在显著空间自相关作用，并识别空间自相关的热点区域。

局部空间自相关性分析，首先识别"高—高"自相关和"低—低"自相关区域，并提取各自对应的村庄类型；然后基于对应村庄类型的系统风险特征，并结合乡村系统风险格局演化动力机制结论，综合判断村庄间系统韧性的"高—高"及"低—低"自相关作用机制（图3-11）。

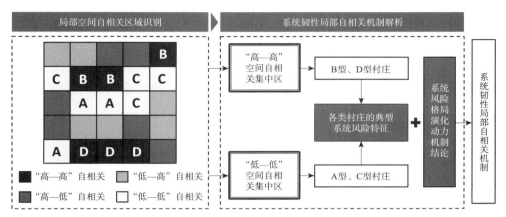

图 3-11　城市边缘区乡村系统韧性局部空间自相关机制分析原理
（来源：作者自绘）

双变量空间自相关性分析，是通过分析各类单项韧性、目标韧性与系统综合韧性间的空间自相关性，解析某类单项韧性变化对周边区域系统韧性水平的整体影响，为有针对性地建构韧性格局优化提升策略提供依据。

3.5　城市边缘区乡村"系统韧性格局重构"方法建构

城市边缘区乡村系统韧性格局重构，是建立在乡村系统风险格局识别及韧性评价、乡村系统风险格局形成机制解析成果的基础上，分别形成"乡村独特价值重塑 + 系统要素协调配置""内生培育 + 外源协同 + 制度设计"两条路径。通过将上述两条路径耦合，建构基于系统风险构成角度（化解风险源）和风险机理分解角度（切断风险链）的策略矩阵，并依据系统风险聚类和韧性空间聚类结论，确立村庄分类精准施策的原则。研究基于上述技术框架，提出"产业培育—社会治理—民生发展—生态支撑"与"内生培育—外源协同—制度设计"耦合的系统韧性综合优化策略要点（图 3-12）。

3.5.1　基于乡村系统风险治理的韧性格局重构路径选择

基于城市边缘区乡村系统风险格局识别及韧性评价结论，可以从系统风险（系统韧性薄弱环节）化解的角度（化解风险源），建构系统韧性优化策略，如在内生发展支撑韧性（产业、社会、民生、生态）和系统要素协调韧性等方面提出乡村系统韧性提升策略；基于城市边缘区乡

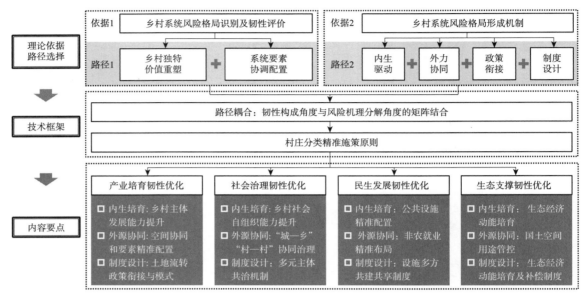

图 3-12　城市边缘区乡村系统韧性格局重构理论框架
（来源：作者自绘）

村系统风险格局形成机制，可以从内生驱动要素优化、外部动力要素协同、政策衔接与制度设计保障等方面（切断风险链）提出乡村系统韧性提升策略。上述两条路径均为提出系统韧性重构策略的主要依据。

3.5.1.1　路径一：通过改善乡村韧性薄弱（高风险）环节，提升韧性水平

（1）系统韧性优化目标：化解系统多重风险 + 改善系统韧性薄弱环节

当前，城市边缘区乡村系统风险主要表现为乡村内生发展秩序瓦解[①]和系统要素配置空间失衡，这一方面是由于快速城镇化时期城市外延扩张对城市边缘区乡村形成巨大的冲击，另一方面也与自上而下、先城后乡的规划布局理念密切相关。城市边缘区乡村地区存在系统韧性水平空间分布不均衡、低韧性水平村庄空间聚类特征多元及成因复杂等问题。因此，化解系统多重风险、改善系统韧性薄弱环节，是重构城市边缘区乡村系统韧性格局的基本目标和主要抓手。

（2）实现目标的路径选择：乡村独特价值重塑 + 系统要素协调配置

基于城市边缘区乡村系统风险特征和系统韧性评价结论，实现乡村系统韧性格局重构与优

[①]　主要包括：劳动力和智力支持不足、传统社群结构瓦解、社会自治能力薄弱等社会风险；乡村主体经营能力不足、产业内生发展动力较弱等产业风险；设施配置失衡或滞后、就业单一与收入较低等民生风险；自然生态空间被挤占、区域及城市生态安全空间体系被破坏等生态风险。

化目标的主要路径为重塑乡村独特价值、实现系统要素协调配置。

一方面，通过恢复城市边缘区乡村多元化的内生发展秩序，强化乡村自身的社会文化特色、产业特色、生态环境特色，提升社会凝聚力和自治能力、产业自经营能力、民生保障水平、生态支撑水平，塑造乡村独特的文化产品、经济产品和空间产品，对外形成独特的影响力与吸引力，从而根据乡村主体差异化的特色定位，对城市乃至区域产生主动的输出与互动作为，转变原有的城乡依附关系。

另一方面，针对乡村系统部分要素配置空间失衡的风险问题[①]，通过乡村系统要素格局的重构与协同配置，强化各类公共服务设施及基础设施要素的按需供给、居民点模式及土地流转模式的科学设计、非农产业及就业岗位的合理布局，实现基于系统要素协调配置的共生发展格局。

以上两方面的优化工作，主要体现为针对不同村庄实际发展条件与发展诉求，精细化地制定产业培育韧性、社会治理韧性、民生发展韧性和生态支撑韧性的差异化提升策略（要素协调配置策略可以分解到上述各单项韧性优化策略中，如设施类协调配置可以融入民生发展韧性中的公共设施配置部分，土地流转与农作需求协调可以融入产业培育韧性中的土地流转制度设计部分，非农就业布局与劳动力析出相协调可以融入民生发展韧性中的就业平衡体系建构部分）。

3.5.1.2 路径二：通过改善乡村系统风险格局的影响机理，提升韧性水平

城市边缘区乡村系统风险格局演化分异的影响机制，是乡村系统发展及多重风险发生的内在规律，掌握并运用规律可以提高系统韧性优化效率，所以改善系统风险格局影响机制是重构系统韧性格局的重要抓手和关键途径。城市边缘区乡村系统风险格局主要受外源干预、内生触发和政策共同影响，因此，系统韧性优化策略主要围绕内生培育、外源协同、政策衔接与制度设计等展开。

（1）从"外源干预＋内生适应"的被动变化走向"内生驱动＋外源协同"的主动发展

传统的城市边缘区乡村发展受到外力的干预较强，居民点迁并、工业区扩张、旅游地产开发、公共服务设施及基础设施配置、非农就业布局等外力作用常常忽视乡村多元的发展条件、真实的发展诉求，由此产生"产业建设—社会治理—民生保障—生态安全—要素协调"等乡村系统多重风险。面对风险，乡村居民选择通过另寻就业途径、向公共服务富集区域迁移等被动适应，政府选择应急处理社会事件、施以物资救济等短期被动的化解方法，无助于长期有效地管控系统风险、促进乡村可持续的高质量发展。

---

① 如非农就业布局与劳动力析出水平空间错位、居民点空间布局与农作需求相冲突、公共服务设施布局与人口需求空间错位、道路及公共交通设施布局与城乡兼业需求空间错位等。

系统韧性发展强调培育乡村内生发展动力，通过提升乡村系统自组织、自协调、自适应能力，从源头化解系统多重风险。强调内生"驱动"，根据城市边缘区乡村系统风险格局演化机制，生产方式与生产关系要素是核心作用源，改进生产方式、促进生产关系要素与生产方式相协调，是推动乡村系统整体韧性提升的关键；同时通过优化系统其他要素，反过来促进生产方式与生产关系要素的优化。强化外源"协同"，即根据乡村系统风险实际差异化的治理需求和内生优化方向，精准施力，合理布局公共资源，促进系统协调发展。

（2）从被动的"政策落实＋资源分配"走向主动的"政策衔接＋制度设计"精准定制

传统的城市边缘区乡村发展，重视政策的层层分解落实和自上而下均等化的公共资源分配，忽视了基于乡村差异化的发展基础和多元化的发展诉求，以及针对性的政策衔接和精准定制的制度设计，导致许多政策存在推行难度大或对乡村生产及社会民生发展产生破坏作用等问题[①]。

系统韧性发展强调主动衔接和优化政策影响力，结合城市边缘区各种类型村庄的实际发展需求，因村施策；同时，通过灵活的制度设计，为政策的落地实施提供抓手，如国家层面将"三权分置"作为乡村土地流转的重要政策基础[②]，但由于各村庄农作类型不同、流转需求不同、村民从业及经营方式的喜好不同，需要通过设计"市场主导—村集体主导—合作社主导—农户自主导"等多元流转模式，为城市边缘区多元村庄的土地流转提供精准定制的制度保障。

3.5.2 乡村系统风险治理与韧性格局重构策略矩阵

3.5.2.1 基于"系统风险构成"与"风险格局形成机制分解"的路径耦合

研究基于城市边缘区乡村系统风险构成及韧性评价结论，改善韧性薄弱（高风险）环节，提出"产业培育—社会治理—民生发展—生态支撑"的系统韧性格局重构方向；基于乡村系统风险格局形成机制分解，阻止风险发生机制，提出"内生培育—外源协同—制度设计"的系统韧性优化路径。综合上述两种优化路径，形成城市边缘区乡村系统韧性格局重构策略的总体框架（图3-13）。

研究将从产业培育韧性、社会治理韧性、民生发展韧性和生态支撑韧性四个角度分别提出优化策略，每个角度优化策略均涉及内生能力培育、外源干预协同、政策衔接与制度设计三方面内容。其中，产业培育韧性优化策略涉及乡村系统内生作用源"生产方式与生产关系"要素，

① 比如不考虑农作类型特征，一刀切地推行土地整体流转，在部分流转需求较小的村庄实施效果不尽如人意；再如不考虑居民实际生产生活需求，推行迁村并点和居民点集中建设，给部分村民带来严重不便。
② 参见2016年中共中央办公厅、国务院办公厅印发的《关于完善农村土地所有权承包权经营权分置办法的意见》。

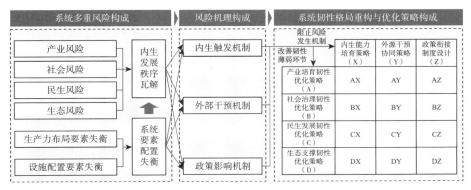

图 3-13　城市边缘区乡村系统韧性格局重构策略的总体原理框架
（来源：作者自绘）

有助于促进其他单项韧性的优化，是提升乡村系统综合韧性的基础部分；内生能力培育策略是实现乡村系统风险长效管控和可持续发展目标的关键，是提升乡村系统综合韧性的核心内容，外源干预及制度设计应与内生能力培育相协同。

3.5.2.2　村庄分类精准施策原则

同时，研究结合前述系统韧性评价结论，提取中低韧性空间单元，分析绝对数量主导、次要数量主导和少数存在的低韧性村庄的具体类型，并结合每类村庄发展阶段、基础条件、系统风险成因等，因村施策，分类提出针对性的系统韧性提升策略（图 3-14）。

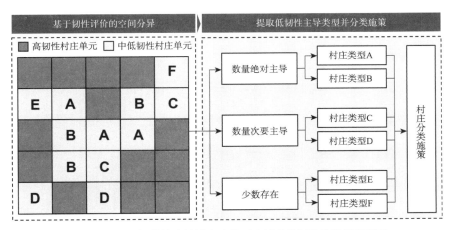

图 3-14　基于评价结论的城市边缘区乡村系统韧性分类施策原理
（来源：作者自绘）

3.5.3 城市边缘区乡村韧性格局重构策略的内容要点

3.5.3.1 产业韧性格局重构：内生培育 + 外源协同 + 制度设计

首先是乡村产业韧性内生培育，主要涉及乡村主体发展能力提升。提升城市边缘区乡村自身内生发展能力，可以从根本上化解乡村产业风险、培育产业韧性。这主要包含两个途径：一是通过乡村本体特色价值强化，主动参与城乡乃至区域产业体系分工，形成特色产业网络节点；二是通过提升乡村主体经营能力，形成乡村自身的产业经营人群和经济组织，奠定产业长效发展的基础。基于以上两个途径，结合具体村庄类型的系统风险特征，因村施策，提出乡村主体发展能力提升策略。

其次是乡村产业韧性外源协同，主要涉及产业空间协同和要素精准配置。合理的外源协同布局，有利于促进城市边缘区乡村产业培育韧性的联动提升，其中包括契合乡村产业发展需求的生产性服务设施布局、基于乡村资源禀赋特征和多元发展需求的城乡产业空间协同布局等策略。同时，城市边缘区村庄主导产业类型的多元性决定了其对生产服务设施需求的差异性，基于乡村产业特点和实际需求，精准配置相关的生产性服务设施，既有利于促进乡村生产发展，又可以避免公共资源的浪费。

再次是乡村产业韧性制度设计，主要包括土地流转制度的多元适配。乡村产业发展对土地具有较强的依赖性，乡村特色价值更与土地资源密切相关。结合国家及地方最新的土地流转政策，针对城市边缘区各类村庄差异化的发展条件和发展诉求，设计灵活多元的土地流转模式，从而促进土地资源整合、生产力提升和乡村经济组织发展[137]，实现乡村产业韧性水平提升与格局优化目标（图 3-15）。

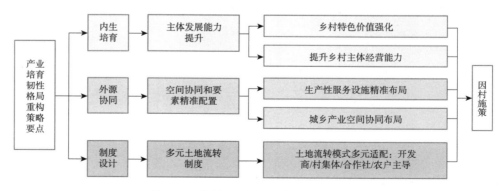

图 3-15 乡村产业韧性格局重构策略要点
（来源：作者自绘）

3.5.3.2　社会韧性格局重构：内生培育＋外源协同＋制度设计

首先是社会治理韧性内生培育，主要涉及乡村社会自组织能力提升。提升乡村社会自组织水平，是从内生动力角度提升乡村社会治理能力的主要方向。其中，通过乡村基层管理及合作组织建设，培育成熟的社会网络，是提升乡村社会自组织能力的基础保障；乡村组织及村民的适应性学习和创造力培育，是提升乡村社会自组织能力的关键举措。同时，基于城市边缘区各类村庄社会风险的差异性，分类提出针对性的社会自组织能力提升策略。

其次是社会治理韧性外源协同，主要涉及区域共同治理体系建设。乡村社会治理体系的外源协同布局，有利于促进城市边缘区乡村社会治理韧性的整体联动提升，其中包括"城—乡"协同和"村—村"协同治理体系建设等两方面策略。针对不同类型村庄系统风险特点和发展诉求，区域协同治理的侧重点会有所差异。

再次是社会治理韧性制度设计，主要包括乡村多元主体共治机制。我国乡村社会风险从"问题处理"走向"综合治理"，其本质是从行政本位转为社会本位，由过去自上而下的政府单一管理模式走向政府、集体、村民、社会团体等多元主体共同治理模式。参与主体的多元化、治理方式的多样化，是乡村社会治理的发展趋势。在落实国家关于城乡社会治理的政策和战略目标基础上，结合城市边缘区多元乡村类型风险特征，设计针对性的多元主体共治机制（图3-16）。

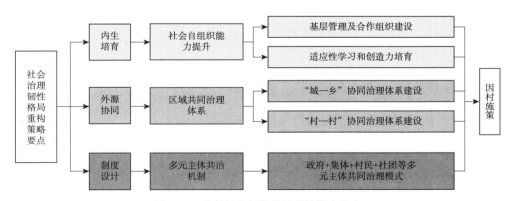

图 3-16　乡村社会韧性格局重构策略要点
（来源：作者自绘）

3.5.3.3　民生韧性格局重构：内生培育＋外源协同＋制度设计

首先是民生发展韧性内生培育，主要涉及公共设施的精准配置。基于城市边缘区乡村实际发展诉求，高效、精准配置乡村公共设施，是提升村民生产生活便捷度与舒适度、避免公共资源浪费的关键举措，是化解设施配置不协调风险、民生风险的主要途径。针对不同类型村庄对公共服务、交通、市政设施的多元化需求，分别制定基于村民公共服务需求的"乡村生活圈"建构策略、乡村交通需求主导的"网络化"发展策略、适应村庄市政服务需求的"多元化"配置策略，实现乡村公共设施的精准配置目标。

其次是民生发展韧性外源协同，主要涉及非农就业的精准布局。基于乡村劳动力析出规律和不同产业的就业岗位供给特征，精准布局乡村非农就业岗位供给方案，为不同类型村庄制定针对性的非农就业引导策略，实现城市边缘区乡村劳动力吸纳平衡和就近就业目标，是化解乡村劳动力析出与非农就业供给不协调风险、优化乡村民生韧性格局的重要措施。

最后是民生发展韧性制度设计，主要包含公共设施的多方共建共享制度。乡村公共设施支撑能力是乡村民生发展的重要保障，但长期以来乡村公共设施建设受困于资金不足的问题。结合城市边缘区多元类型村庄的发展特征，响应国家关于乡村发展中"引入多元建设主体"的战略要求，针对性地提出多元化的乡村公共产品多方共建共赢机制，引入社会资本，盘活乡村资源，促进多方共赢（图 3-17）。

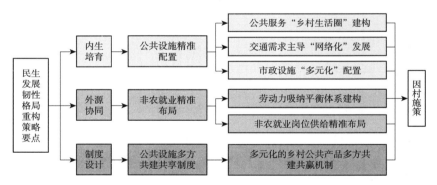

图 3-17　乡村民生韧性格局重构策略要点
（来源：作者自绘）

3.5.3.4　生态韧性格局重构：内生培育 + 外源协同 + 制度设计

首先是生态支撑韧性内生培育，主要涉及生态经济动能的培育。从城市边缘区乡村生态韧性内生动力培育角度，应重点发掘乡村生态经济动能，协调生态资源与利用的关系，使村民科学利用生态资源获取合理的经济收益，提升乡村主体保护生态资源的主观能动性，避免乡村生态保护成为政府单边行为，避免生态保护成为乡村社会经济风险源之一，建立可持续、可推广的乡村生态保护模式。

其次是生态支撑韧性外源协同，主要涉及国土空间的用途管制。城市边缘区生态空间受到城镇化冲击作用较大，在城市外延扩张的压力下表现出显著的脆弱性，乡村生态空间保护工作需要强有力的外源保障。一是需要基于城乡整体安全视角，综合识别城市边缘区乡村生态安全格局；二是以此为基础结合国土空间用途管控原则，划分乡村生态空间分区，并提出分级管控策略。

再次是生态支撑韧性制度设计，主要包括生态经济动能培育及生态补偿制度。城市边缘区乡村生态支撑韧性制度设计，主要围绕两方面开展：一是促进生态经济动能培育，提升乡村生态保护发展的内生动力；二是通过高效精准的生态补偿，有效保障生态空间管控过程中的村民合理权益。对不同类型村庄生态空间资源禀赋、社会经济发展诉求的差异性，针对性地设计技术指导支持、配套设施用地指标扶持、公共设施支持制度，以及具体的生态补偿方案（图3-18）。

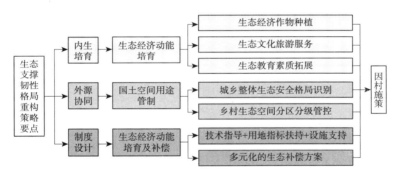

图3-18 乡村生态韧性格局重构策略要点
（来源：作者自绘）

3.6 城市边缘区乡村"系统韧性规划响应"方法建构

城市边缘区乡村系统韧性规划响应，是与我国现行空间规划体系相结合，针对宏观及中观层面规划对乡村系统风险研究不足、"等级化"与"均等化"设施布局不适应多元村庄差异化发展需求[138]（要素配置失衡风险）等问题，以满足城市边缘区乡村系统韧性格局重构策略的空间落地需求为目标，基于"分类指引、空间落地、精细管控、动态评估"原则形成的规划方法理论内容，确保城市边缘区乡村系统风险治理策略于空间规划体系内落地实施。

规划内容分为"宏观统筹—中观精控—微观落实"：其中宏观层面规划方法侧重整体统筹与分区指引，以乡镇为基本单元，划分系统发展分区和乡镇单元类型，分区分类布局产业服务设施、就业供需体系、民生服务设施、生态空间格局，并形成单元分类规划导则，指导中微观层面规划编制；中观层面规划方法侧重村庄分类布局和指标管控，以行政村为基本单元，分类制定产业培育韧性、社会治理韧性、民生发展韧性、生态支撑韧性的空间布局方案和指标管控内容，并建立乡村系统韧性规划实施导则、动态评价与智慧管理平台，对村庄的系统风险化解和韧性发展水平提升进行长期有效管理；微观层面是传导落实宏观、中观规划要求、管控指标及布局方案，在空间策划、居民点与设施布局、生态空间设计、景观提升等方面予以落实（图 3-19）。

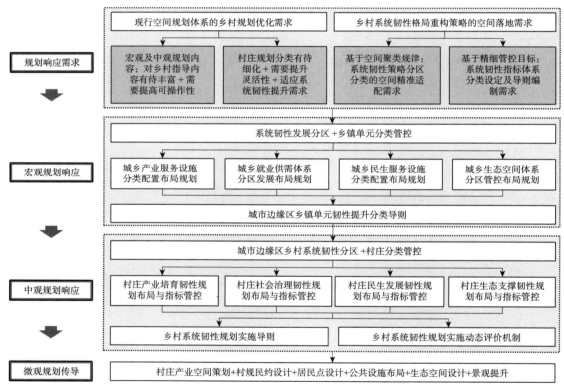

图 3-19　城市边缘区乡村系统韧性规划响应理论框架
（来源：作者自绘）

3.6.1　解决现行规划不适应乡村风险治理需求的问题

3.6.1.1　现行空间规划体系缺乏对乡村系统风险的研究

现行市县级国土空间总体规划涉及乡村发展的内容较少，主要集中于规划任务和规划原则，如"实现基本公共服务常住人口全覆盖""以 TOD 模式为导向，优化全域产业空间布局""加强小城镇特色化发展，发挥其服务农村地区的作用""因地制宜确定村庄分类，制定差异化政策指引和建设标准"等[①]。但对于乡村发展过程中存在的风险类型、风险空间分布缺乏针对性研究，难以提出基于风险治理的空间及设施规划布局应对方案。

现行乡镇级国土空间总体规划关注空间管控、乡村居民点建设用地控制和"乡镇政府驻地—中心村—基层村"等级结构划分[②]，缺乏对各村庄产业、社会、民生、生态、系统要素协调性等系统风险的识别及评估，难以形成化解乡村风险的镇域乡村公共资源统筹布局方案、指标管控方案，无法从风险治理角度指导村庄详细规划编制。

3.6.1.2 现行规划不适应多元村庄差异化发展需求，产生要素配置失衡风险

现行国土空间规划对于"三线"[③]有明确的划定方法技术体系和边界内管理方法。事实上，在"三线"范围之间还存在着大量的空间，这类空间属于一般农业农村地区，是城市边缘区乡村地区除去"三线"范围后的主体空间（图3-20）。

尽管现行国土空间规划对"三线"范围内空间布局及管理方法有明确的内容，如城镇开发边界内城镇各类功能、设施、空间布局规划等，但对"三线"范围外的一般农业农村地区采用简单的"等级化"（中心村——一般村）与"均等化"（设施全覆盖），导致规划方案不适应多元村庄差异化需求，产生要素配置失衡风险。事实上，一般乡村地区范围广、资源禀赋差异大、生产方式多样，风险类型多元，对服务设施、交通设施、产业空间、居民点等空间资源布局的需求多元，在公共资源相对有限的前提下，亟待通过系统风险要素聚类研究，制定分类精准适配方案，实现乡村公共资源高效合理配置，有效指导"三线"范围外的一般乡村地区空间与设施布局，有效化解要素配置失衡风险。

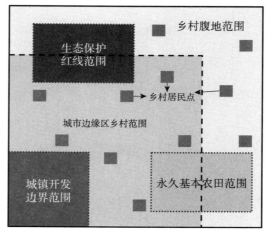

图 3-20 国土空间规划"三线"范围与城市边缘区乡村范围的空间关系

（来源：作者自绘）

---

① 参见自然资源部《市县国土空间总体规划编制指南（2019年送审稿）》。
② 参见河北省自然资源厅《河北省乡镇国土空间总体规划编制细则（2020年试行）》。
③ 国土空间规划"三线"是指生态保护红线、永久基本农田、城镇开发边界。

3.6.1.3 村庄规划分类较粗、灵活性不足，管控内容不适应系统韧性提升需求

现行的村庄规划编制规程还普遍存在一些问题，如分类标准采用国家《乡村振兴战略规划（2018—2022年）》中的四大类型[①]，但是该分类方法较粗，难以指导乡村公共资源具体配置；村庄规划标准在发展控制指标（附表4）、土地利用结构和公共设施配置（附表5）等方面，对不同类型村庄的差异化发展条件、村庄间的设施共享等考虑不足，采用统一的标准，不适应城市边缘区乡村多元化发展诉求；对于乡村系统韧性提升所涉及的乡村产业内生培育与空间协同、社会自组织能力提升及区域共治、公共设施及非农就业精准布局、生态经济动能培育与外源保障等内容缺少研究，不适应城市边缘区乡村系统韧性优化需求（图3-21）。

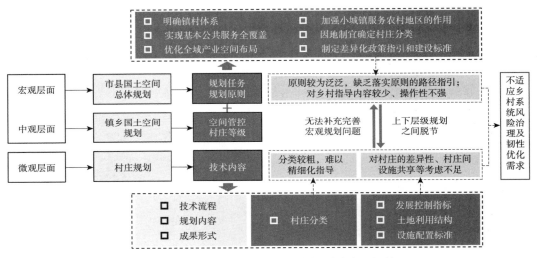

图 3-21　现行空间规划体系的乡村相关内容及问题
（来源：作者自绘）

3.6.1.4 基于乡村系统风险治理的现行空间规划内容优化方向

由于现行规划内容缺乏对乡村系统风险的研究，不适应多元村庄差异化发展需求，易产生要素配置失衡风险，且村庄分类简单，难以为公共资源精准、高效配置提供有效指导，管控内容不适应系统韧性提升需求，因此有必要结合乡村系统风险治理需求，从区域协同、城乡统筹、多元村庄差异化发展需求等角度入手，全面识别乡村产业、社会、民生、生态等风险格局，细化乡村地区分区分类，从空间、设施等要素布局方案设计方面，精准指导乡村产业、社会、民

---

① 四类村庄分别为：集聚提升类、城郊融合类、特色保护类、搬迁撤并类。

生、生态等韧性布局——从而提高宏观、中观层面韧性治理策略可操作性、各层级规划间的衔接性，提升国土空间规划在乡村系统风险治理方面的指导能力。

3.6.2 满足乡村系统韧性重构策略的空间落地需求

城市边缘区乡村系统韧性格局重构策略，从内生培育、外源保障、制度设计等方面，提升乡村产业培育韧性、社会治理韧性、民生发展韧性和生态支撑韧性。一方面，各类韧性提升策略需要结合村庄发展实际，分解到具体每个村庄，并根据空间聚类特征，设计一定范围内协同、共享的空间规划方案，确保结合空间布局得以应用实施，成为行之有效的策略；另一方面，各类村庄需要根据实际发展条件，设定合理的韧性管控指标体系，从而实现精细的量化管理目标，并通过导则等规划成果形式，使韧性提升策略能够转化为空间实施管理的工具（图 3-22）。

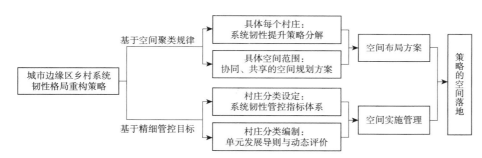

图 3-22 城市边缘区乡村系统韧性格局重构策略的空间实施落地
（来源：作者自绘）

3.6.2.1 基于空间聚类规律：韧性策略分区分类的空间精准适配

根据前述城市边缘区乡村系统韧性评价方法，一方面，基于系统韧性及各单项韧性的空间分布规律、空间自相关规律，划定韧性提升的空间发展分区，便于分区制定针对性的协同与共享的空间规划方案；另一方面，基于村庄发展类型的系统韧性聚类规律，将系统韧性提升策略分解到具体村庄，如产业配套设施、民生服务设施等要素在各村庄的布局方案，从而实现韧性策略的空间精准适配。

3.6.2.2 基于精细管控目标：韧性指标体系分类设定及导则编制

精细化管控和指导规划实施落地，是规划编制的重要落脚点。一方面，需要按照村庄分类设定系统韧性管控指标体系，便于科学量化衡量村庄的韧性发展绩效；另一方面，应当按照村庄分类编制单元发展导则，为村庄的系统韧性发展提供精细化指导，同时建立动态评价机制，便于系统韧性发展的长效管控与监测。

3.6.3 城市边缘区乡村系统韧性规划方法的要点

基于我国现行空间规划体系中乡村风险治理版块的优化需求，以及城市边缘区乡村系统韧性格局优化策略的空间落地需求，研究从"宏观统筹 + 中观精控 + 微观落实"多个层面架构系统韧性规划方法体系，改善现行国土空间规划对乡村系统风险治理指导不足的问题，同时实现多尺度规划衔接，为乡村系统韧性格局重构策略的应用实施提供抓手。其中，宏观韧性规划内容为市县国土空间总体规划中的城乡公共设施及空间布局、乡村振兴研究专题等提供支撑，优化方向为城乡统筹及乡镇单元间的精准配置；中观韧性规划内容为乡镇国土空间规划中的乡村公共资源配置、指标管控和乡村研究专题等提供支撑，优化方向为村庄间资源精准适配和内生动力培育（图 3-23）。

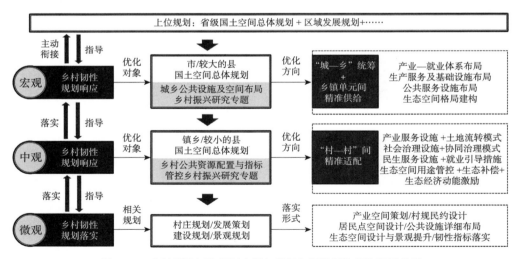

图 3-23 乡村系统韧性规划内容与现行空间规划体系的衔接关系
（来源：作者自绘）

3.6.3.1 宏观层面乡村系统韧性规划响应方法

宏观层面城市边缘区乡村规划，是通过建构与完善乡村产业服务设施、就业空间体系、民生服务设施、生态安全格局等具体空间布局方法，对"三线"范围外的一般农业农村地区空间布局形成有效补充（图3-24）。

宏观城市边缘区乡村系统韧性规划，针对乡村系统风险特征、韧性薄弱环节，落实乡村系统韧性格局重构策略。规划方法侧重整体统筹与分类指引，以乡镇为基本空间单元，遵循空间协同与资源共享原则，划分系统发展分区和乡镇单元韧性发展分类，分区分类布局产业服务设施、就业空间体系、民生服务设施、生态空间格局，并形成单元分类规划导则，指导中微观层面规划编制。

宏观城市边缘区乡村系统韧性规划应当与市县两级国土空间总体规划同步编制，通过融入城乡公共设施和空间布局、乡村振兴等相关专题，规划研究成果可以为国土空间总体规划"三线"范围外设施及空间布局内容提供支撑，为统筹"城镇—乡村—生态"区域空间布局提供决策依据，为不同乡镇单元间差异化的公共资源精准配置、内生发展能力培育策略等提供参考，为中观层面（若干镇域乡域）乡村系统韧性发展提供指导。

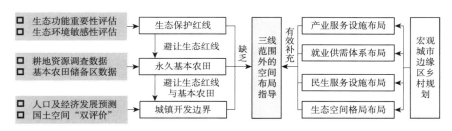

图3-24 城市边缘区乡村规划是对国土空间"三线"范围外布局内容的有效补充
（来源：作者自绘）

3.6.3.2 中观层面乡村系统韧性规划响应方法

中观层面城市边缘区乡村系统韧性规划，是以宏观层面乡村系统韧性规划成果为依据，侧重村庄分类布局和指标管控，以行政村为基本空间单元，首先明确村庄系统韧性优化分区和发展类型，进而分类制定产业培育韧性、社会治理韧性、民生发展韧性、生态支撑韧性的空间布局方案和指标管控内容，实现对微观村庄规划的精细化指导。

其中，产业培育韧性规划是核心，可以为社会组织、民生设施建设提供原生动力，为民生就业提供支撑，重点需明确各村庄产业配套设施、主题特色类型；社会治理韧性规划是关键，可以为产业、民生发展及生态保护利用提供组织基础和凝聚力，重点需明确各村庄社会组织建设类型、区域协同治理设施类型；民生发展韧性规划是目标，包括村民生活富裕、职住平衡、公共服务高效便捷等，重点需明确各村庄公共服务设施及非农就业空间布局生态支撑韧性规划是基础，可以为产业韧性培育提供生态经济载体，为社会和民生发展提供环境支撑，重点需明确各村庄生态空间管制区划、生态经济类型（图3-25）。

同时，通过编制系统韧性规划实施导则、建构规划实施动态评估指标体系、建立规划信息管理平台，形成城市边缘区乡村系统韧性规划实施的动态评价与智慧管理机制，实现对村庄系统风险化解和韧性水平提升的长效管理。

中观城市边缘区乡村系统韧性规划应当与县级或乡镇级国土空间总体规划同步编制，通过融入乡村公共资源配置、指标管控体系、村镇体系布局、乡村振兴等相关专题，规划研究成果可以为国土空间规划"三线"范围外功能、设施、空间布局提供支撑，为统筹"城镇—乡村—生态"区域空间布局提供决策依据，为不同村庄单元间差异化的公共资源精准配置、内生发展动力培育策略等提供参考，为微观层面村庄发展策划及规划建设提供指导。

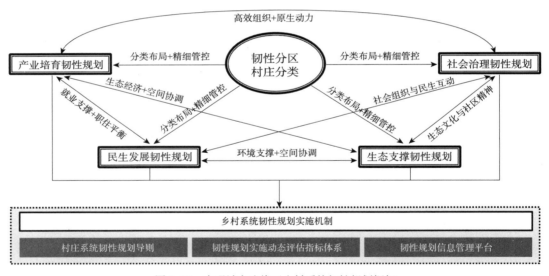

图3-25 中观城市边缘区乡村系统韧性规划框架

（来源：作者自绘）

3.7 本章小结

城市边缘区乡村系统风险结构为"内生发展秩序瓦解 + 系统要素配置失衡"，其中"内生发展秩序瓦解"主要表现为产业自组织水平弱化、社会治理能力下降、民生设施不足和就业不稳、生态安全格局破坏等方面；"系统要素配置失衡"主要包括生产关系与生产方式类要素不协调、设施配置与人口特征类要素不协调等。

系统韧性发展理论，强调通过提升乡村主体的主动适应能力、内生发展能力和系统协调水平，主动抵御和化解乡村系统风险，是实现乡村系统风险长效治理的重要途径。城市边缘区乡村类型多元，各村庄系统风险要素存在显著的空间差异性，因此，识别系统风险的空间分异与聚类规律、解析系统风险格局的形成机制，是制定针对性的韧性优化策略、确保韧性规划落地实施的重要支撑。

基于上述思路，研究建构了"风险格局识别—韧性发展评价—韧性格局重构—韧性规划响应"的理论研究与实践探索框架："风险格局识别"，即通过典型实例数据分析，识别城市边缘区乡村系统风险格局的演化分异与空间聚类规律；"韧性发展评价"，即采用核心因子建构韧性评价指标体系和评价模型，解析系统韧性发展薄弱空间及其成因；"韧性格局重构"，即针对韧性评价结论，基于系统韧性构成和系统风险格局形成机制，提出城市边缘区乡村系统韧性格局重构策略；"韧性规划响应"，即基于乡村系统韧性重构策略的落地实施需求、现行空间规划体系乡村相关研究发展需求，分类施策、精准布局、量化管控，提出"宏观统筹＋中观精控＋微观落实"乡村系统韧性规划响应技术方法。

风险识别：城市边缘区乡村系统风险格局演化与聚类特征

　　"风险识别"是城市边缘区乡村系统风险与韧性研究的基础环节，精准识别系统各类风险演化分异特征、聚类规律，是解析系统风险复杂机理并提出韧性格局优化策略的重要基础。

　　本章依据第 3 章"城市边缘区乡村韧性规划理论"的"风险格局识别"理论内容，以天津为实证，运用"空间圈层定性判断＋空间可达性定量分析＋用地遥感解译分析"方法综合划定天津城市边缘区乡村空间范围，并基于表征乡村系统风险的具体数据类型及其对应的多源数据调查分析方法，分别从宏观、中观两个层面识别天津城市边缘区乡村系统风险（产业—社会—民生—生态—系统协调性）格局，解析乡村系统风险要素的空间演化分异特征与聚类规律，为后续乡村系统韧性评价提供实证数据支撑与类型学支持。

4.1 城市边缘乡村系统风险格局研究框架与典型实例选取

4.1.1 城市边缘区乡村系统风险格局研究框架

城市边缘区乡村系统风险格局演化分异与聚类规律研究，是以"宏观—中观"层面乡村系统风险多源数据获取及分析为核心，从产业发展、社会治理、民生保障、生态安全、系统要素相协调等多方面识别城市边缘区乡村系统风险格局，并提取空间聚类规律、归纳乡镇或村庄类型。

研究首先确定城市边缘区乡村系统风险格局的典型实例选取原则并选定目标城市；然后划定宏观层面具体空间范围，依据宏观系统风险格局研究对数据类型的需求，运用多源数据技术获取和分析相关数据，识别宏观层面各类风险的空间演化分异特征，并得出宏观层面乡镇单元聚类结论；进而选取乡镇单元类型全面的典型中观范围，运用多源数据获取及分析技术识别中观层面各类风险的空间演化分异特征，并总结基于中观风险格局特征的村庄单元聚类规律（图4-1）。

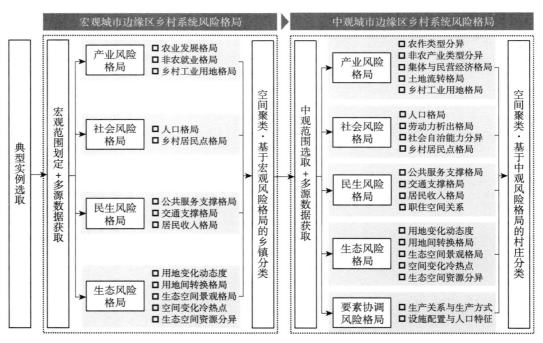

图4-1 城市边缘区乡村系统风险格局演化分异与聚类规律研究框架
（来源：作者自绘）

4.1.2　乡村系统风险格局识别的多源数据获取与分析方法

基于系统风险格局研究涉及的具体数据类型及特征，研究选取多元化的数据获取与分析方法（如 ENVI 遥感影像处理、GIS 空间要素转化分析、Fragstats 景观格局指数变化、社会调查、网络大数据等），数据分析成果可为城市边缘区乡村系统风险聚类、系统风险格局形成机制、系统韧性评价等研究提供支撑。

4.1.2.1　乡村系统风险格局的多源数据获取途径

（1）乡村系统风险要素的遥感影像数据获取与解译

城市边缘区乡村系统风险的自然环境要素数据包括多时间节点下的目标区域遥感影像数据，主要通过地理空间数据云平台下载获取，并通过 ENVI 遥感影像数据处理技术，将原始遥感影像数据解译为可供 GIS 平台处理的空间矢量数据。

基于地理空间数据云[①]，可获得城市边缘区乡村多历史时间节点下的空间遥感影像数据（主要选取 Landsat 系列数据，根据目标数据的历史年份等属性特征，选择适合的卫星数据集，如针对 2018 年天津城市边缘区乡村空间遥感数据，选择 Landsat 8 卫星数字产品）。

基于 ENVI 软件[②]解译城市边缘区乡村遥感影像数据，主要包括图像恢复、数据压缩、影像增强、图像分割、变化检测、图像分类等内容[139]。其中，为提高分类的准确度，本书采用监督分类法，即通过创建训练样本、执行监督分类、分类评价和评价后处理，形成较为精确的空间要素分类。在创建每类地物的样本前，选择最能突出该类地物的波段组合（如 Landsat 8 遥感影像数据中最能凸显植被的波段组合为"5+4+3"），这样可提升每类地物样本的精确性。

（2）传统社会调研分析

社会调研方法类型多元、手段灵活且便于贴近乡村生活，是城市边缘区乡村系统风险社会人文类要素数据的主要获取渠道。本书中主要涉及文献查阅、问卷调查、访谈记录等具体的传统社会调研方法类型。

1）文献查阅。文献查阅方法主要包括查阅各类统计年鉴或统计公报等统计类文献（图 4-2）、万能地图下载器等地图类文献（图 4-3）及其他图书、论文、互联网资料等文献。其中，通过统计年鉴和统计公报等文献可获取村镇人口数量、耕地面积、乡镇居民收入及产业结构等数据；通

---

① 地理空间数据云是由中国科学院建设并运行维护的地理空间数据检索及下载服务平台。

② ENVI 是遥感图像处理平台，专业光谱分析能力突出，可以与 GIS 平台有效衔接，提升数据处理效率。

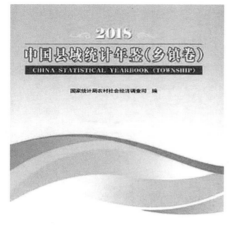

图4-2 《2018中国县域统计年鉴（乡镇卷）》
（来源：作者自摄）

图4-3 运用万能地图下载器查阅并下载矢量地图数据
（来源：作者自绘）

过全能电子地图可获取历史地图数据；通过万能地图下载器可获得乡镇行政区划矢量地图及道路交通设施数据等。根据上述基础数据，还可以进一步计算出新的数据，如根据行政区划地图、人口数据、耕地面积可以计算人口密度、人均耕地面积等。

2）问卷调查。城市边缘区乡村系统风险格局研究涉及的问卷调查主要包括：在宏观研究层面，向研究范围内各乡镇、街道办发放问卷，调查对象为乡镇或街道的农村工作干部，调查内容为三农发展情况；在中观研究层面，向研究范围内各行政村发放问卷，调查对象为了解本村发展情况的村干部及村民，调查内容为乡村社会经济及民生类要素数据；在微观研究层面，向村庄内村民发放抽样调查问卷，调查对象为部分村民，调查内容为村民发展基础、发展意愿等内容（微观层面非本书重点研究的空间层次，抽样调查仅为辅助检验中观研究结论）（表4-1）。

城市边缘区乡村系统风险格局研究涉及的问卷调查类型及内容　　　表4-1

研究空间层次	研究范围	问卷发放的对象	问卷调查的内容
宏观层面	十几乃至几十个乡镇或街道	各个乡镇或街道的农村工作干部	各乡镇三农发展情况：农业生产数据、涉农二三产数据、农村人口数据、农村居民收入、农村就业数据等
中观层面	几十个村庄	了解本村发展情况的村干部及村民	各村庄各类社会人文要素数据：如人口、劳动力析出、农作类型、土地流转、非农产业、居民收入、公共设施等
微观层面	一个或几个村庄	抽样调查部分村民	村民发展基础及意愿[140]：家庭收入、村民就业选择、消费选择、教育医疗选择、土地流转意愿、居住意愿等

资料来源：作者自绘

本书旨在识别城市边缘区乡村系统风险格局，主要涉及城市边缘区乡村地区宏观层面和中观层面的数据获取与分析，因此分别针对宏观和中观层面研究需求，设计调查问卷获取相关信息（附表1、附表2）。

3）访谈记录。访谈记录方法是对文献查阅和问卷调查等方法的重要补充。有些数据难以通过文献查阅和问卷调查获取，如村庄的集体或民营经济发展水平等；有些通过文献查阅或问卷调查获取的数据仍需进一步验证其可靠性，如劳动力析出水平、居民平均收入、土地流转比例、乡村服务设施等。因此，通过和各个村庄的村干部或村民进行座谈，了解各村庄最真实的发展情况[141]，并对文献查阅和问卷调查获取的数据进行校验。

本书主要涉及城市边缘区乡村系统风险宏观和中观层面的数据获取与分析，因此一方面需要通过和市、区、镇级政府相关部门干部座谈，了解各区县、街镇"三农"发展条件和特点，收集相关数据；另一方面需要深入乡村，与乡村干部及村民座谈，了解乡村社会、经济、民生等真实发展情况和发展诉求，收集并核对系统风险中的相关社会人文类要素数据。

（3）网络大数据辅助研究

伴随着信息技术的发展，大数据技术日益成为各行各业获取并分析基础数据的重要手段。在城市边缘区乡村系统风险的社会人文要素数据研究中，网络大数据可以为多元类型要素数据的获取提供有力的补充。如利用百度慧眼平台数据，可以区分居住人口、就业人口的空间分布特征，解析人群的年龄、性别、学历构成，查看人群工作日及假日的出行空间分布特征等。

尽管网络大数据可提供的数据类型丰富、可视性强，但由于数据来源存在一定的局限性（使用产品的用户群体不能完全代表研究范围内所有人群），因此本书中将网络大数据获取及分析技术作为乡村系统风险的社会人文类数据获取与分析方法的重要补充与辅助方法，用以丰富数据获取渠道（如难以通过传统调研方法获取的乡村居民职住空间关系数据）和校验数据分析结论（如公共服务设施分布总体格局）。

4.1.2.2 自然环境类风险要素数据的分析内容及方法

（1）自然环境类的风险要素演变趋势分析内容

城市边缘区乡村系统风险的自然环境类要素格局演变趋势分析，是以空间矢量数据为基础，运用 GIS 和 Fragstats 软件分析研究范围内不同时期各风险要素变化动态度、要素间的空间转换分布、生态景观格局变化等内容，为乡村生态风险格局研究奠定基础。

1）生态空间资源丰富度与生态风险

基于遥感解译的空间矢量数据，运用 GIS 统计不同年份的各类用地面积，进而分析研究范围内乡村水域、自然植被、农田、建设用地等要素在各个时期的面积变化数量、变化幅度、变化趋势，并通过对比每类要素在不同时间节点的空间分布，判断每类生态空间资源规模变化产生的生态风险格局特征。

2）生态空间变化动态度：基于稳定性的生态风险解析

基于 GIS 平台，运用要素空间转化动态度模型，可以定量分析城市边缘区乡村地区各类生态空间变化的速率，从稳定性角度解析生态风险格局。其中包括单一要素用地变化动态度和综合用地变化动态度两个指标。其中，单一要素用地变化动态度，是指研究范围内，某一类要素用地规模在一定时期内的变化速度，若某类生态空间动态度高，则表示其稳定性低，具体表达为式（4-1）。

$$K = \frac{U_a + U_b}{U_1} \times \frac{1}{t_2 - t_1} \times 100\% \qquad (4-1)$$

式中：K 为单一要素用地变化动态度；$t_2 - t_1$ 为研究时段时长；U_1 为研究范围内某一要素类型空间的初始年份面积；U_a 为该要素类型空间在该研究时段内增加的面积（绝对值）；U_b 为该要素类型空间在该研究时段内减少的面积（绝对值）；$U_a + U_b$ 为该研究时段内该类要素空间面积的动态变化总量。

综合用地变化动态度，是指研究范围内，所有要素类型用地规模在一定时期内的总体变化速度，具体表达为式（4-2）。综合用地变化动态度反映了研究时期内空间的总体稳定性，动态度越高，空间越不稳定，生态风险越高。

$$LC = \frac{\sum\limits_{i=1}^{n} \Delta LA_{(ij)}}{\sum\limits_{i=1}^{n} LA_{(i, t_1)}} \times \frac{1}{t_2 - t_1} \times 100\% \qquad (4-2)$$

式中：LC 表示综合用地变化动态度；$\Delta LA_{(ij)}$ 表示研究时段内第 i 类要素土地转变为非 i 类要素土地的面积绝对值；$LA_{(i, t_1)}$ 为研究范围内第 i 类要素土地在监测初始时间 t_1 的面积；$t_2 - t_1$ 表示研究时段时长 [142]。

3）各类生态要素转换格局：基于稳定性的生态风险解析

城市边缘区乡村不同自然环境要素的空间变化此消彼长，必然伴随各要素间的空间转换。基于 GIS 平台展开空间叠置分析，通过将不同年份各要素空间矢量数据叠加分析，提取不同时期内某两类要素间（如农田与建设用地）空间转化的分布情况，进而总结各类生态空间向建设用地转换的格局特征。

基于 GIS 平台得出各类要素间的空间转移矩阵，用以详细解读各要素相互转化的幅度和活跃度，并通过转入转出动态度图示判断空间变化的焦点区域[143]，从稳定性角度解析生态风险格局，如生态空间转出范围越大，生态风险越高。

4）基于主要生态景观指数的生态风险解析

生态景观指数可以定量化揭示城市边缘区乡村景观格局变化趋势，反映乡村地区空间演变过程中生态景观水平的变化及问题[144]。研究主要选取能够集中反映城市边缘区乡村土地利用结构、生态景观变化特征的指数类型，如斑块类型面积、斑块密度、斑块类型面积百分比、最大斑块指数、平均斑块面积、香农多样性指数、景观形状指数等，各类生态景观指数算法及空间意义见表4-2所示，从生态斑块破碎化、景观多样性等角度解析生态风险。

城市边缘区乡村生态风险研究选取的生态景观指数及其含义　　　　表4-2

生态景观指数名称	指数定义与算法	指数的生态风险表征
斑块类型面积（CA）	某一斑块类型中所有斑块的面积之和，单位：hm^2	CA表征景观组成情况，从生态空间资源总量角度解析生态风险
斑块密度（PD）	每$1km^2$内的斑块个数，范围$PD > 0$	PD与MPS一起表征景观破碎化程度，直接反映生态风险水平
斑块类型面积百分比（PLAND）	某一斑块类型总面积占整个景观面积的百分比，单位：%	表征每类斑块在景观中的优势度，从生态空间占比角度解析生态风险
最大斑块指数（LPI）	某一斑块类型中的最大斑块占整个景观面积的比例，单位：%	LPI趋于0，说明该斑块类型的最大斑块极小，破碎度较高；LPI=100，说明整个景观只有一种斑块，多样性不足
平均斑块面积（MPS）	某一斑块类型的平均斑块大小，单位：hm^2	MPS与PD一起表征景观破碎化程度，直接反映生态风险水平
香农多样性指数（SHDI）	各斑块类型的面积比乘以其值的自然对数之后的负值	表征景观组成的丰富度，从景观多样性角度解析生态风险
景观形状指数（LSI）	景观中所有斑块边界的总长度除以景观总面积的平方根，再乘以正方形校正常数，范围$LSI > 1$	反映景观的形状复杂程度，LSI越接近1，说明整体景观形状越简单；从景观边界复杂度角度解析生态风险

资料来源：作者根据《城市与区域规划空间分析方法》整理绘制

研究基于Fragstats平台，针对城市边缘区乡村生态风险格局研究特点，选取景观水平与类型水平上的指标类型。通过整理不同年份的景观格局指数，形成景观格局指数对比分析表格，基于景观破碎化程度、生态景观斑块形状复杂度、景观多样性的变化特征等[145]角度解析乡村生态风险格局。

（2）自然环境类的风险要素空间分异特征分析内容

城市边缘区乡村系统风险的自然环境类要素格局分异特征，是以行政村为单元，通过对各类要素的规模、变化速率及幅度进行统计，对比分析村庄间生态风险差异性特征。主要分析内

乡村韧性规划理论与方法——以城市边缘区为例

容包括基于 GIS 空间插值法分析空间变化冷热点分布，基于 GIS 图层相交法分析各村庄用地面积分异特征和空间变化动态度分异等。

1）生态空间变化冷热分异：基于稳定性的生态风险格局解析

首先基于 GIS 平台，计算研究范围内各行政单元的各类单一要素空间变化热度和综合变化热度。在 GIS 平台中关联数据后，运用反距离权重法进行插值分析，可生成自然环境各要素空间变化及综合变化的冷热点分布格局。生态空间变化热点所在的村庄，空间稳定性差，生态风险较高[146]。

2）生态空间比重及变化幅度分异：基于资源丰富度、空间稳定性的生态风险格局解析

基于 GIS 平台制作各要素用地面积比重的空间分异、空间变化幅度分异的专题地图，将村庄边界矢量图层与研究范围内目标年份（如 2018 年）、目标要素（如农田）的用地空间矢量图层相交，计算各村庄目标要素用地的面积、比重和变化幅度，对比各村庄间的生态要素用地面积比重差异、空间变化幅度差异，为分析乡村生态风险格局特征提供基础依据。

4.1.2.3　社会人文类风险要素数据的分析内容及方法

基于 GIS 平台分析社会人文类风险要素数据，如运用成本距离计算方法分析空间可达性、运用插值法分析人口密度空间变化、运用核密度计算方法分析乡村服务设施布局等，从多个维度识别城市边缘区乡村系统风险中的社会风险、产业风险、民生风险等格局特征。

1）基于成本距离的乡村交通可达性计算：民生风险格局识别

空间可达性是影响城市边缘区乡村居民生产、就业、生活的重要因素，较低的交通可达性给村民生产、生活、就业等带来诸多不便，是民生风险的主要构成要素。研究基于"成本距离计算"方法，定量分析各村庄与城市中心区之间的交通可达性①。

基于成本距离计算的交通可达性分析方法，是利用遥感影像解译数据和 GIS 数据处理平台，提取各类用地矢量数据，并通过全能电子地图下载器下载历史年份地图，核准并分离各历史年份下各级道路，在 GIS 平台中为通过各级道路、铁路、河流、农田的时间成本合理赋值，并计算成本数据文件；最终运用"成本距离"计算功能，得出空间可达性分析结论数据。

2）基于空间插值法的乡村人口密度计算：社会风险格局识别

人口密度变化反映社会与经济活力，人口密度低或有降低趋势，说明存在一定的社会风险。人口密度统计数据可以采用空间插值法进行可视化分析，其优点是临近的空间单元之间过渡更

---

① 其基本原理为：地图数据中包含许多像元，通过不同类型像元的单位距离所需的成本不同；将各像元的中心作为结点，各结点通过多条连接线与其相邻结点连接，连接线上所有像元到最近的源像元的累积成本即为空间交通成本。

为连续和自然，便于观察人口密度在空间上的渐次变化趋势。研究采用空间插值法中的"反距离权重法"，假定映射变量会随着与其采样点之间的距离增加而减小，如为乡村居民点人口密度进行插值分析时，采样居民点为高值点，外围村域空间人口密度下降，反距离权重法采用加权平均距离计算公式，更高的幂值可使邻近数据受到更大影响，而较小幂值将对距离较远的周围点产生更大影响，从而使得过渡更加平滑[147]。

3）基于核密度的乡村服务设施覆盖范围计算：民生风险格局识别

村民对服务设施获取的便捷度越低，村庄的生活吸引力越差，则风险程度越高。城市边缘区各村庄单元的服务设施要素数据，如果采用经济地理格局专题地图表达，则不能准确反映该村庄单元对服务设施获取的便捷程度（例如某村庄虽然没有中小学或卫生设施，但与邻村或相邻镇区的服务设施距离较近，因此其服务设施支撑水平不应为零）。因此，研究基于 GIS 平台，采用核密度分析法，通过计算每个输出栅格像元周围的点要素密度，可视化分析点状分布的各类公共服务设施对不同空间范围的服务支撑水平。

4.1.3 城市边缘区乡村典型研究实例的选取原则

城市边缘区乡村实证案例应具备高度典型性，具体包括研究目标城市与研究范围的典型性、研究范围空间层次的合理性、乡村样本的多样性等内容。

4.1.3.1 目标城市与研究范围具有高度典型性

本书研究对象限定为位于城市边缘区的乡村，其农业生产方式、产业结构、居民就业及服务选择等诸多方面受邻近城市影响显著，因此目标城市应具备一定规模，对周边乡村地区具有明显的辐射影响力。研究空间范围的选取也应具有典型性与代表性，既要避免范围过大，比如将城市地区或与城市联系较弱的乡村腹地划入研究范围；又要避免范围过小，造成研究对象类型过于单一。

4.1.3.2 研究范围空间层次具有合理性

实证案例应包含宏观、中观两个空间层次，分别对应目标城市整个边缘区乡村地区（边缘区空间范围应与目标城市规模及辐射影响范围相一致）和局部边缘区乡村地区（村庄样本数量约为几十个且可以村庄为单元获取社会人文类要素数据）。其中，中观层面乡村样本应在宏观边缘区乡村中具有较强的代表性。

4.1.3.3　乡村样本满足要素多元性与类型多样性

所选实证案例的乡村样本应包含多种自然环境要素（如水域、林草地、一般农田、设施农田、多种建设用地等）和社会人文要素（如多种农作类型、产业类型、设施类型等）；乡村类型应丰富多样，具有较强的代表意义，如近郊型与远郊型、农业主导型与非农主导型、生态敏感型与非敏感型等。

4.1.4　典型实例：天津城市边缘区概况与范围划定

研究基于城市边缘区乡村实证目标城市及其边缘区乡村范围的选取原则，同时结合天津城市边缘区乡村地区的典型性和数据获取的可行性，选定天津作为实证研究的目标城市，并依据城市边缘区空间圈层理论、土地利用现状和空间可达性分析结论，划定宏观层面的天津城市边缘区乡村系统风险格局研究范围。

4.1.4.1　天津发展概况及典型乡村系统风险

（1）天津总体概况：城市能级高＋对城市边缘区影响力强

本书选取天津城市边缘区乡村区域作为实证研究案例。天津位于我国华北平原北部、海河流域下游，是我国首批国家中心城市及四大直辖市之一，中国北方最大的开放城市和工商业城市，京津冀协同发展的主要引擎，城市发展定位为全国先进制造研发基地、北方国际航运核心区、金融创新运营示范区和改革开放先行区[①]。天津市域陆域总面积 1.19 万 km²，截至 2019 年末全市常住人口为 1562 万人（城市人口规模全国排名第五），2019 年 GDP 总额 14104 亿元[②]（城市经济规模全国排名第十）。

天津作为人口规模和经济规模位居全国前列的特大城市，城市周边乡村受到城市辐射影响作用力度强、范围广，生态空间、土地利用、产业、文化、农业种植方式、民生发展水平等要素类型多元，可用于城市边缘区乡村系统风险及韧性格局研究的村镇样本数量多、类型丰富，有利于展开全面、深入的调查研究。

（2）天津乡村概况：社会经济重要构成部分＋受城市影响作用典型

天津市域 2018 年城镇化率为 83.2%，在全国范围内属于城镇化发展水平较高的城市，但由于人口基数较大，乡村尚有常住人口 262.79 万人、村民委员会 3556 个，第一产业产值为 172.71

---

① 参见 2015 年中共中央政治局会议审议通过的《京津冀协同发展规划纲要》。

② 数据来源于 2020 年国家统计局官网 http://www.stats.gov.cn。

亿元，第一产业从业占比为 6.7%[①]，未来乡村地区仍为天津社会经济发展的重要构成部分，是生态安全、粮食安全、特色景观资源的主要空间载体，是天津实现高质量发展目标必不可缺的重要内容。

同时，天津乡村地区深处京津冀城镇群腹地，与北京、天津、唐山等大城市相邻，市域内各村庄距离中等城市中心城区不超过 30km，距离大城市中心城区不超过 70km，发展受到城市空间扩展、城市市场需求、城乡产业分工、城乡就业流动的广泛影响，可作为城市边缘区乡村研究的典型实证范围。

（3）乡村典型系统风险：特色资源锐减 + 城乡差距显著

近年来天津城镇化率增速趋缓，由加速增长转为缓慢增长（图 4-4），根据城镇化率增长经验曲线规律，天津已完成快速城镇化阶段，进入成熟或高质量城镇化阶段。经过了快速城镇化阶段，城镇空间急剧扩张（城市建设用地面积由 2003 年 487km² 增长到 2018 年 951km²）、村庄数量大幅减少（1997—2018 年间村委会数量减少 282 个，乡镇政府数量减少 90 个）、耕地资源持续减少、农业发展增速总体呈下降趋势[②]（图 4-5），支撑乡村内生可持续发展的生态空间资源、产业资源、特色景观资源等受到强烈冲击，易产生典型的系统多重风险。

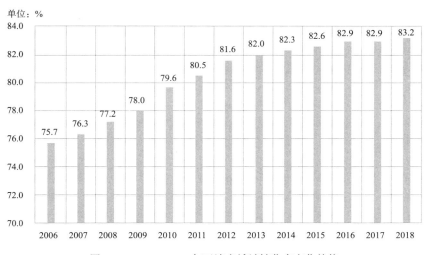

图 4-4　2006—2018 年天津市域城镇化率变化趋势
（来源：作者自绘）

---

① 数据来源于 2019 年的天津市统计年鉴。
② 数据来源于 1998—2019 年的天津市统计年鉴。

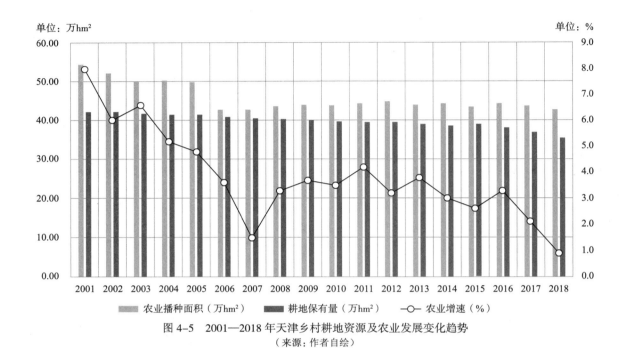

图 4-5 2001—2018 年天津乡村耕地资源及农业发展变化趋势
（来源：作者自绘）

同时，天津城镇与乡村之间的发展差距还在逐步扩大。在城镇与乡村的人均可支配收入差距方面，由 2001 年的 4761 元扩大到 2018 年的 19911 元（图 4-6），尽管乡村居民收入逐年稳步增长，但增长速度远不及城镇居民收入，收入水平是反映乡村发展质量的重要指标，显著的城乡居民生活水平差距是乡村系统风险治理需要解决的重要问题。

此外，天津城镇与乡村之间的公共服务设施建设水平也存在显著差距。在教育事业发展方面，2018 年乡村每千人中的中小学教师数量约为城镇水平的三分之一（图 4-7）；在医疗卫生事业发展方面，2018 年乡村每千人中的医护人员数量仅为城镇水平的 22.7%，并且近年来乡村每千人中的医护人员数量呈现下降趋势，与城镇水平之间的差距还在不断扩大 [1]（图 4-8）。乡村公共服务设施发展滞后，降低了乡村民生保障水平，是系统风险的典型来源之一。

总之，天津乡村系统风险具有典型性，在乡村特色资源锐减和城乡发展差距持续扩大的背景下，有必要结合城市边缘区乡村地区实证分析，识别乡村系统风险格局具体特征与聚类规律、解析系统风险格局成因与动力机制，为提出基于系统风险治理的城市边缘区乡村韧性优化策略提供支撑。

---

① 数据来源于 2019 年的天津市统计年鉴。

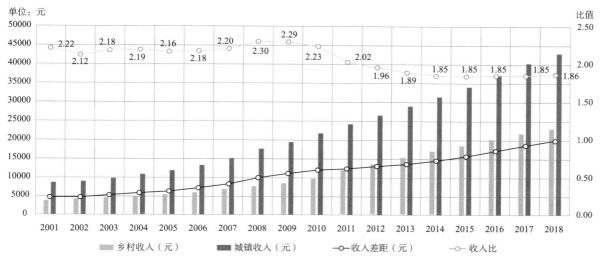

图 4-6 2001—2018 年天津城乡人均可支配收入对比及变化趋势
（来源：作者自绘）

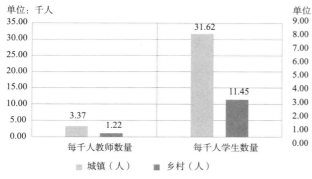

图 4-7 2018 年天津城乡每千人中的中小学师生
数量对比
（来源：作者自绘）

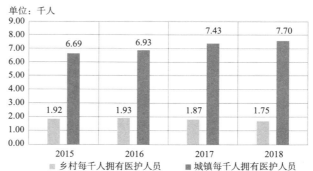

图 4-8 2015—2018 年天津城乡每千人拥有医护人员数量
对比及变化趋势
（来源：作者自绘）

4.1.4.2 宏观层面天津城市边缘区研究范围界定

（1）交通可达性空间覆盖范围依据

与中心城区之间的空间可达性是衡量一个地区是否位于城市边缘区范围的重要指标，它关系到该地区与城市中心区之间居民通勤的便捷程度，是体现中心城区对外辐射影响作用范围的重要方面。研究通过万能地图下载器，下载天津中心城区及其周边道路网、铁路、水系、绿地和各级行政边界（不包含行政村）等数据，然后运用 GIS 平台成本距离法计算空间可达性（图 4-9）。其中与中心城区通勤时间在 30min 以内的区域，是居民就业与消费选择受城市中心区影响较为明显的区域，将作为城市边缘区研究范围界定的重要参考依据。

（2）土地利用空间变化依据

土地利用变化情况是区分城市中心区、边缘区和乡村腹地区域的直观表达形式。研究通过地理空间数据云下载2018年天津中心城区及其周边区域遥感影像数据，并基于ENVI软件技术解译遥感影像数据，得到包括城镇建设用地、乡村居民点用地、农田、水域、自然植被等主要地类的土地利用格局（图4-10）。

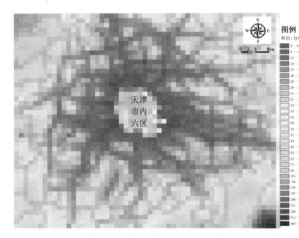
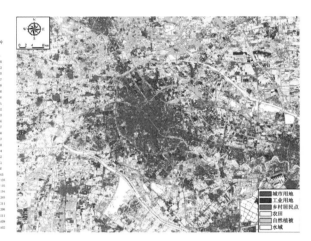

图4-9　天津城市周边区域与中心城区（市内六区）的空间可达性分析
（来源：作者自绘）

图4-10　基于遥感解译的2018年天津中心城区周边区域土地利用现状
（来源：作者自绘）

研究选取城镇建设用地比重作为判断城市边缘区范围的评价指标，基于上述现状土地利用数据，运用GIS平台以乡镇（街道）为行政单元计算得出城镇建设用地比重的空间分异格局。其中城镇建设用地比重较低的单元可以作为划定乡村腹地区域的重要依据。

（3）空间圈层经验校正

在定量化计算城市边缘区界线的同时，应考虑城市中心区影响辐射周边区域的空间圈层范围，因为部分符合空间可达性和城镇建设用地指标的区域，是超出城市中心区影响圈层范围、空间距离过远的区域，该类区域并非研究目标城市所影响的边缘区范围。根据国外学者麦凯恩和恩莱特、弗里德曼关于大城市边缘区的内、外边缘带圈层范围的经验数值（内边缘为10—15km，外边缘延至25—50km），取其外边缘带低值25km，结合天津中心城区（市内六区）自身半径为5—8km，由此，研究以天津中心城区和平区为圆心，以30km为半径形成天津城市外边缘空间圈层。天津城市边缘区研究范围应基本位于该圈层所涵盖的空间范围内。

（4）宏观层面天津城市边缘区研究范围划定

综合上述空间可达性分析、城镇建设用地比重分析和空间圈层分析等定量计算及经验判断等方法，明确了宏观层面天津城市边缘区研究范围（图4-11），即天津环城区域（涉及8个区县的48个乡镇或街道行政单元）。其中，有部分区域既满足城市外边缘空间圈层约束，又符合交通可达性、城镇建设用地比重等量化指标条件，但由于其属于其他城市建成区（武清城区、静海城区、滨海新区城区），故排除在宏观层面天津城市边缘区乡村研究范围之外。

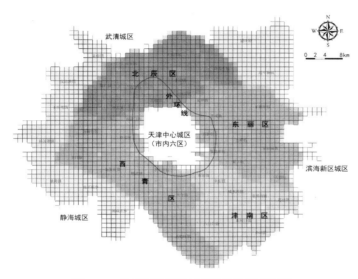

图4-11 宏观层面天津城市边缘区研究范围
（来源：作者自绘）

4.1.4.3 天津环城区域实例的典型性与代表性

天津环城区域环绕天津市中心城区（市内六区），与中心城区空间距离为0—25km，包括天津环城四区（西青区、津南区、东丽区、北辰区）全域及周边5个区县的部分乡镇或街道，总面积2585km²，包含共计48个乡镇（街道）行政单元，2018年末总人口约为346万人，其中农业人口约84万人。

选取天津城市边缘区作为宏观层面研究实例，在目标城市、空间范围及研究样本数量和类型等方面具有较强的典型性与代表性。

1）目标城市的典型性与代表性。天津作为我国首批国家中心城市及四大直辖市之一、北方第二大城市，在我国城镇群空间战略发展和社会经济发展格局中占据重要地位，其中心城市的人口规模及经济规模，对城市周边区域产生强烈的影响与辐射作用，为城市边缘区乡村产业发展、居民就业、空间演变、设施配给等提供多元选择，是研究城市边缘区乡村系统风险格局演变课题的典型城市实例。以天津作为目标城市，对于我国平原城市、北方城市、大城市及城镇群核心城市等多种类型下的城市边缘区乡村地区研究均具有较强的代表性。

2）空间范围及样本的典型性与代表性。本书关于宏观层面天津城市边缘区空间范围选取，采用了定量计算与定性经验判断相结合的方法，通过空间可达性计算、遥感影像解译土地利用空间差异并计算城镇建设用地比重、城市内外边缘空间圈层经验判断等多种方法耦合分析，最终确定基于乡镇（街道）行政单元的宏观层面天津城市边缘区研究范围。以上方法兼顾了研究范围的科学性和后续研究的可操作性，研究范围涵盖了环绕整个天津城市的内边缘、外边缘多元类型乡镇空间单元，研究样本数量充足、类型丰富，具有较强的代表性。

4.2 天津宏观城市边缘区乡村系统风险格局识别与聚类特征

宏观层面样本范围较广，有利于从城市边缘区全域层面识别乡村系统多重风险的空间演化分异特征。通过分析表征产业风险、社会风险、民生风险、生态风险的各类要素空间演变趋势、分异特征，总结宏观城市边缘区乡村系统风险聚类规律，为进一步选取中观层面研究样本提供依据。

研究表明，在产业、社会及民生风险方面，城市外延扩张影响强烈的区域（近郊及空间发展轴线）主要表现为传统聚落消失、工业用地蔓延、外来人口集聚，由此产生乡村社会治理难度升高、产业内生动力弱化等风险；城市扩张影响较弱的区域则主要表现为人口增长乏力、公共设施支撑不足带来的社会及民生风险。在生态风险方面，生态空间不稳定性和斑块破碎化加剧，高生态风险区域逐步扩散，影响范围从近郊向远郊推移，城市近郊研究中初期建设用地比重较小的单元及城市空间拓展主轴线上的单元，生态风险从低向高变化的趋势最为突出。

4.2.1 产业风险格局：内生特色褪去＋局部非农滞后

研究基于年鉴的农业人口数据和非农就业数据[①]、遥感影像解译数据（农田耕地及工业用地数据），分别从耕地面积、农业从业人口、非农就业人口、工业用地空间布局及人均规模等角度解析乡村产业风险格局演化分异特征（图4-12）。

---

① 非农就业人口数据来自《2018中国县域统计年鉴（乡镇卷）》，农业人口数据来自2018年各区县年鉴。

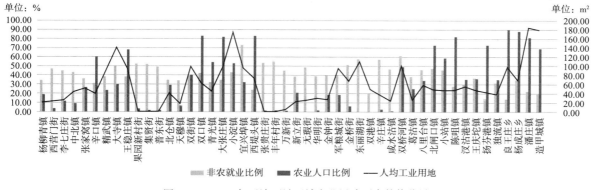

图 4-12 2018 年天津环城区域产业风险要素数值分异

（来源：作者自绘）

4.2.1.1 乡村农业资源：远多近少 + 局部乡村内生特色褪去

2018 年天津环城区域耕地面积较多的乡镇主要分布于远郊区（尤其是镇域面积较大的乡镇）；耕地面积较少的乡镇主要分布在近郊区和部分位于城市发展主轴的远郊区乡镇，产业以非农经济为主，农业生产痕迹逐渐褪去，已实现较高程度的城市化发展（图 4-13a）。2018 年天津环城区域人均耕地面积同样呈现出从近郊向远郊逐渐增多的趋势；同时，部分乡镇虽然耕地面积居中，但由于人口数量大，因此人均耕地面积较小（如杨柳青镇）；反之部分耕地面积居中、人口较少的乡镇人均耕地面积较大（如良王庄乡）（图 4-13b）。乡村耕地资源锐减使得内生型特色产业发展基础弱化，增加了乡村产业发展的不确定性与风险水平。

4.2.1.2 农业人口及比重：西高东低 + 东部城市化进程快 + 产业面临重构

根据 2018 年天津环城区域农业人口数量及比例统计（图 4-13c、图 4-13d），农业人口较多的乡镇主要位于中远郊和少数近郊区；农业人口比例较高的乡镇则主要集中于中远郊，农业在经济发展中仍扮演重要角色。农业人口比例较低的乡镇在中心城区东侧集聚趋势显著，已完成较高程度的人口城市化进程，城市发展对这一区域冲击最为强烈，乡村社会与产业结构、类型等均面临重构。

4.2.1.3 非农就业人口及比重：东高西低 + 西部非农产业发展滞后

根据 2018 年天津环城区域非农就业人口数量及比例统计（图 4-13e、图 4-13f），非农就业人口数量较多的乡镇主要分布于近郊区；非农就业人口比例较高的乡镇则集中于中心城区东侧，"东高西低"的格局更加明显。非农就业人口数量较少和比例较低的乡镇均分布于中心城区西侧，其中部分非农就业人数较多的乡镇，由于人口基数大，非农就业比例反而不高（如杨柳青镇）。非农就业人口比例低反映了非农产业发展相对滞后，乡村产业活力相对不足。

4.2.1.4 乡村工业用地：从"线性延伸"到"面域扩展"+乡村产业粗放扩张后面临转型压力

乡村工业用地的规模、比重、空间布局，与乡村产业结构、产业发展质量、可持续性及特色培育等密切关联。研究基于遥感影像解译数据，运用 GIS 平台分析天津环城区域乡村工业用地的演变特征和人均用地面积[①]的分异特征。

1988—2018 年天津环城区域工业用地急剧扩张：从仅在临近中心城区和京津走廊的区域有少量斑块，到整个环城区域广泛分布（图 4-13g）。其中 1998—2008 年工业用地急剧扩张，新增用地集中于近郊区，并沿主要交通廊道线性延伸；2008—2018 年工业用地扩张范围进一步蔓延，由线性延伸转为面状铺开，除近郊继续集聚外，中远郊出现大量用地，在中心城区与滨海新区之间形成工业集聚区。

2018 年人均工业用地面积较低的乡镇多分布于紧邻中心城区的区域，是高度城市化的城市生活街区；人均工业用地面积较高的乡镇集中于近郊或京津、津滨主轴线上以第二产业为主的乡镇，该类区域乡村产业经过了粗放扩张后面临较大的转型压力（图 4-13h）。

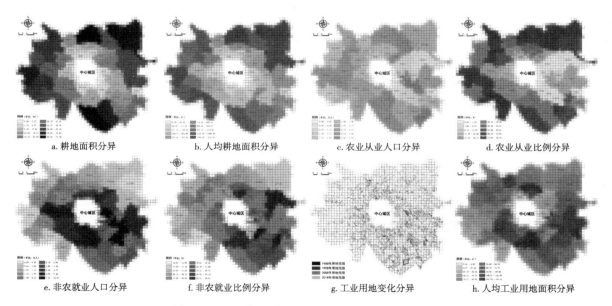

a. 耕地面积分异   b. 人均耕地面积分异   c. 农业从业人口分异   d. 农业从业比例分异

e. 非农就业人口分异   f. 非农就业比例分异   g. 工业用地变化分异   h. 人均工业用地面积分异

图 4-13　2018 年天津环城区域产业风险要素空间分异
（来源：作者自绘）

[①] 人口数据来自《2018 中国县域统计年鉴（乡镇卷）》的常住人口数据。

4.2.2 社会风险格局：人口极化 + 远郊外流 + 近郊混杂

宏观城市边缘区乡村社会风险格局研究涉及的数据类型，主要包括人口类数据和乡村居民点用地数据。人口数据可以直接反映城市边缘区各乡镇单元社会发展特征与发展类型，研究基于第六次人口普查人口数据和多类年鉴人口数据[148][149]，从常住人口数量、常住人口变量与变化幅度、常住人口密度、外来人口数量及比例①等角度解析乡村社会风险格局演变与空间分异特征（图 4-14）。

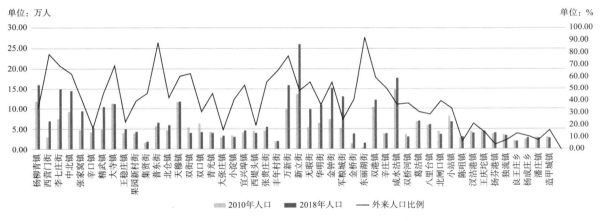

图 4-14   2018 年天津环城区域社会风险要素数值分异
（来源：作者自绘）

4.2.2.1 常住人口分布空间极化：人口流动性增加社会治理难度

2010 年天津环城区域常住人口规模较大的乡镇主要分布于近郊区（如双港镇）和津滨轴线（如新立街），此外，区政府驻地所在街镇人口规模较大（如杨柳青镇）；常住人口规模较小的乡镇主要分布于远郊区（如良王庄乡）和部分面积较小的街镇单元（图 4-15a）。2018 年天津环城区域各乡镇常住人口与 2010 年相比，呈现如下变化特征：人口向近郊区（如西营门街）和津滨轴线（如军粮城街）进一步集聚，较多的外来人口冲击了原有社群结构，增加了社会治理难度；部分中远郊乡镇由人口规模较大的单元降为规模中等或较小的单元（如双口镇，图 4-15b），人口流出带来社会治理的人力基础不足，也会增加社会治理难度。

---

① 2018 年常住人口数据来自《2018 中国县域统计年鉴（乡镇卷）》，2010 年历史人口及本地户籍人口数据来自《中国2010 年人口普查分乡、镇、街道资料》；常住人口变量变幅、密度、外来人口数量及比例根据以上数据推算得出。

4.2.2.2 常住人口数量变化：远郊人口流出削弱社会治理基础 + 近郊人口集聚冲击传统治理体系

2010—2018 年天津环城区域常住人口增量较大的乡镇主要分布于近郊区西侧与东侧（如万新街）、津滨主轴（如军粮城街）、区政府驻地所在街镇（如杨柳青镇）。常住人口变化幅度与人口变量格局基本一致，其中部分乡镇尽管增量不大，但由于人口基数小，人口增幅极高（如东丽湖街），部分乡镇尽管增量大，但由于人口基数大，人口增幅居中（如咸水沽镇）（图 4-15c），人口快速集聚冲击了乡村传统治理体系[150]；常住人口减量较大的乡镇主要位于中远郊区域，远郊人口流出削弱了社会治理基础。

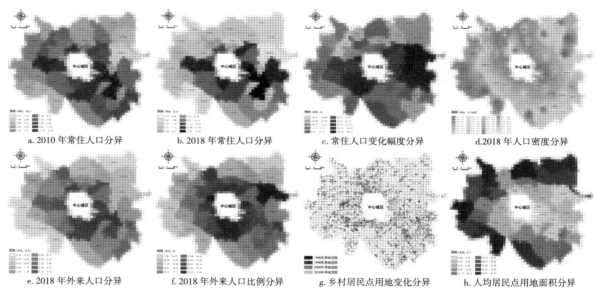

a. 2010 年常住人口分异　　b. 2018 年常住人口分异　　c. 常住人口变化幅度分异　　d.2018 年人口密度分异

e. 2018 年外来人口分异　　f. 2018 年外来人口比例分异　　g. 乡村居民点用地变化分异　　h. 人均居民点用地面积分异

图 4-15　2018 年天津环城区域社会风险要素空间分异
（来源：作者自绘）

4.2.2.3 常住人口密度：近郊与主轴集聚产生的传统社会瓦解的风险突出

对比 2010 年和 2018 年天津环城区域常住人口密度空间分布情况（图 4-15d），常住人口密度最高的区域均出现在近郊区西北（京津主轴）和东南（津滨主轴）；常住人口密度次高区域均出现于近郊区和中远郊区临近京津、津滨主轴的区域。相比于 2010 年，2018 年常住人口密度高值区由城市近郊向中远郊拓展，其中津滨主轴区域的乡镇人口密度提升显著（如军粮城街），人口快速集聚带来传统社会瓦解的风险突出。

4.2.2.4 外来人口分异带来社会组织分异：传统社会型 + 新社区型 + 混杂融合型

根据 2018 年天津环城区域外来人口（非本地户籍）统计（图 4-15e），外来人口主要集中分布于城市近郊区、区政府驻地所在街镇、京津及津滨主轴区域等，外来人口数量呈现出由近郊向远郊逐渐减少的趋势。

2018 年天津环城区域外来人口比例由近郊向远郊逐渐降低的趋势更为显著，且位于京津及津滨主轴上的乡镇外来人口比例较大。部分乡镇尽管外来人口较多，但由于人口基数大，外来人口比例居中（如杨柳青镇）；部分乡镇尽管外来人口不多，但由于本地人口基数小，外来人口比例较大（如东丽湖街）（图 4-15f）。以外来人口为主的新社区，面临传统社会组织瓦解和新社区组织重构问题；本地与外来人口混杂的社区，面临社会融合发展问题。

4.2.2.5 居民点空间演化分异：乡村特色加速消失 + 风险范围向远郊扩散

乡村聚落反映乡村特色，其规模、比重、空间布局，与乡村社会治理、农作方式、城镇化发展等密切关联。研究基于天津环城区域遥感影像解译数据，运用 GIS 平台分析乡村居民点空间的演变特征和人均用地面积①的空间分异特征。

通过 1988—2018 年天津环城区域乡村居民点用地叠合分析（图 4-15g），乡村聚落消失较集中的区域为城市近郊区和京津、津滨主轴区域。其中，1988—1998 年乡村聚落消失区域集中于近郊区；1998—2008 年乡村聚落消失区域蔓延，且部分中远郊区域乡村聚落出现大规模减少趋势；2008—2018 年乡村聚落消失区域进一步扩散，并在中心城区与滨海新区之间区域高度强化，至 2018 年该区域乡村居民点已基本消失。乡村聚落特色加速消失，反映出支撑乡村内生发展的空间载体被破坏[151]，乡村社会、人文景观等要素发展面临较大风险。

2018 年人均乡村居民点用地面积较高的乡镇主要分布于中心城区西侧和东北侧的中远郊区域，居民生活空间形态仍以传统乡村聚落为主；人均乡村居民点用地面积较低的乡镇多分布于近郊区和与滨海新区之间的区域，这与 1988—2018 年间乡村居民点用地集中消失的区域在空间上高度耦合，反映出这些乡镇单元在空间形态上已高度城市化，乡村传统空间聚落特色逐渐消弭（图 4-15h）。

4.2.3 民生风险格局：局部设施滞后 + 收入分化显著

公共设施支撑力和居民收入水平是反映城市边缘区村镇民生风险水平的重要指标。研究基于百度慧眼平台数据，对天津环城区域公共服务设施、商业设施进行空间热力分析，从设施分

---

① 人口数据来自《2018 中国县域统计年鉴（乡镇卷）》的常住人口数据。

布角度识别民生风险特征；基于各区县年鉴获取各乡镇农村人均收入数据，从村民收入的空间分异角度识别民生风险特征（图4-16）。

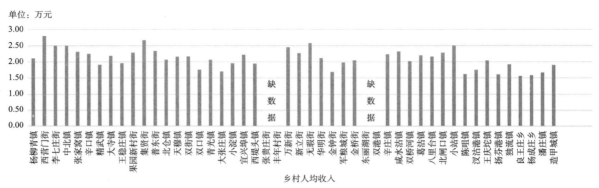

图 4-16　2018 年天津环城区域民生风险要素数值分异
（来源：作者自绘）

4.2.3.1　公共服务设施空间分布：等级分布 + 传统乡村地区发展滞后

研究基于百度慧眼平台数据，选取教育、医疗、体育和行政服务等设施类型，识别天津环城区域公共服务设施空间格局（图4-17a），可以看出设施主要分布于近城区和区政府驻地所在乡镇，按"城—区—镇—村"等级分布、逐层衰减；中心城区西南侧和东北侧的远郊传统乡村地区公共服务设施覆盖度较低。

4.2.3.2　商业设施空间分布：中心城区向外线性放射 + 极不均衡

同理研究选取餐饮、购物、休闲和生活服务等商业设施类型，识别天津环城区域商业设施格局（图4-17b），可以看出商业设施与公共服务设施分布基本一致，且商业设施沿主要交通廊道线性延伸的趋势更显著，如中心城区向西沿西青道至杨柳青镇、向西北沿京津路至双街镇、向东沿津塘路至无瑕街等，形成若干条商业设施服务带。线性服务带以外区域设施分布较少，空间活力不足。

4.2.3.3　村镇交通可达性：部分远郊村镇仍显不足

乡村交通可达性是民生发展水平的重要表征。研究基于 1988 年和 2018 年天津环城区域历史地图相关数据，运用成本距离计算方法，识别天津环城区域村镇交通可达性（图4-17c、图4-17d），对比分析三十年间可达性演变趋势。

138

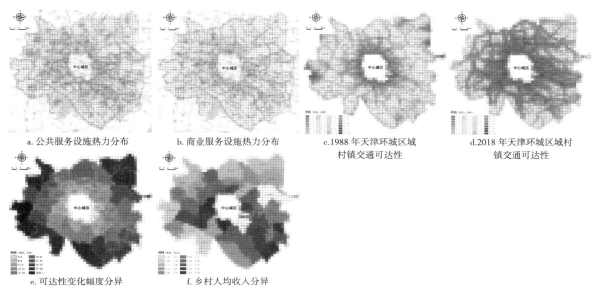

a. 公共服务设施热力分布　　　b. 商业服务设施热力分布　　　c.1988 年天津环城区域
　　　　　　　　　　　　　　　　　　　　　　　　　　　　　　村镇交通可达性

d.2018 年天津环城区域村
镇交通可达性

e. 可达性变化幅度分异　　　　f. 乡村人均收入分异

图 4-17　2018 年天津环城区域民生风险要素空间分异
（来源：作者自绘）

（1）1988—2018 年天津环城区域村镇可达性演变趋势

1988 年天津环城区域到中心城区可达性较高的区域（通勤时间小于 15min）范围较小，紧邻中心城区环状分布；与中心城区通勤时间在 30min 以内（两栖就业通勤时间较为舒适）的区域集中于近郊，并沿主要交通走廊向中远郊放射式延伸，末梢很难到达远郊乡镇；远郊部分村镇与中心城区通勤时间超过两个小时。

2018 年天津环城区域到中心城区的可达性显著提升。可达性较高的区域范围基本覆盖近郊乡镇单元，并沿主要交通走廊向中远郊放射式延伸；通勤时间在 30min 以内的区域由"线性放射"向"网状拓展"转化，基本覆盖中远郊所有乡镇驻地和大部分乡村居民点。可达性较低的乡村地区主要位于远郊的非主要交通廊道区域，通勤时间超过半小时，不利于乡村与城区的联系，可达性仍需改善。

（2）2018 年天津环城区域各乡镇可达性空间分异特征

2018 年天津环城区域各乡镇与中心城区的可达性呈现明显的圈层结构：近郊乡镇与中心城区通勤时间多在 15min 以内，中远郊通勤时间多在 30min 以内，部分远郊乡镇的通勤时间在 30min 以上，交通可达性仍需改善，不足以支持部分村庄居民城乡兼业就业需求（图 4-17e）。

4.2.3.4　农村人均收入：发展不平衡不充分

农村人均收入水平直接反映了城市边缘区乡村生活水平，研究基于各区县统计年鉴，识别2018年天津环城区域各乡镇农村人均收入（图4-17f，其中空白区域因无农业人口未纳入统计范围）。可见，农村人均收入极不均衡，发展不平衡不充分的风险较为典型。其中，农村人均收入较高的乡镇多分布于城市近郊区和城市发展主轴上，也有部分中远郊乡镇农村人均收入较高（如辛口镇），说明尽管村民收入会受到区位和城镇化发展水平影响（如土地用途转变、享受地租红利等），外边缘区和农业生产仍占有主要地位的乡村地区，也有机会提高收入、化解低收入带来的民生风险。

4.2.4　生态风险格局：广压缩＋强动态＋破碎化

根据第3章城市边缘区乡村系统风险的自然环境类要素数据获取及分析方法，基于地理空间数据云下载1988—2018年天津环城区域遥感影像数据，并运用ENVI对各历史年份的遥感影像数据逐一解译，分别得出1988年、1998年、2008年和2018年的天津环城区域各类用地矢量数据；进而使用GIS和Fragstats平台，从多个维度展开生态风险格局演变和空间分异特征研究。

4.2.4.1　生态风险格局演化特征：空间广泛压缩＋不稳定范围蔓延＋斑块破碎化

（1）生态风险加剧：各类生态空间均被压缩＋农田被侵占最多

基于1988—2018年天津环城区域遥感影像的解译数据统计（图4-18），各类生态空间面积均出现不同程度的下降趋势：其中水域面积在1998—2008年间出现大幅度下降；农田面积在整

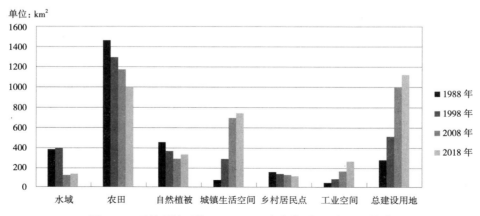

图4-18　天津环城区域1988—2018年各类用地空间面积统计

（来源：作者自绘）

个研究期内呈现持续下降趋势；自然植被面积先下降后回升，但相比初始年份仍有明显下降。

建设用地总面积在 1988—2008 年间加速增长，之后增长速度放缓；乡村居民点面积呈现持续下降趋势；工业用地面积呈现出加速增长趋势。

根据天津环城区域各类用地面积变化统计（表 4-3），1988—1998 年间，城镇生活空间在各类用地增量中占主导，农田与自然植被面积减少量较大；1998—2008 年间，城镇生活空间面积急剧扩大，水域、农田、自然植被等面积均大量减少，说明该时期城市建设加速扩张，高度压缩生态空间；2008—2018 年间，建设用地增长放缓，工业用地在各类用地增量中占主导，农田成为面积减少最显著的类型。综合 1988—2018 年，城镇生活空间和工业用地增长迅速，生态空间和乡村居民点面积均出现不同幅度的下降，其中水域和农田被侵占的面积最多。

1988—2018 年天津环城区域不同时期各类用地面积统计表（单位：km²）　　　表 4-3

时间	自然环境要素			建设环境要素			总建设用地
	水域	农田	自然植被	城镇生活空间	乡村居民点空间	工业空间	
1988 年	387.70	1466.20	456.04	71.11	156.45	47.39	274.95
1998 年	395.55	1303.01	369.17	291.79	136.45	88.90	517.14
2008 年	124.61	1174.25	289.79	695.28	132.82	168.13	996.23
2018 年	138.08	994.48	331.22	742.04	116.01	263.05	1121.10
1988—1998 年变量	7.85	−163.19	−86.87	220.68	−20.00	41.51	242.19
1998—2008 年变量	−270.94	−128.76	−79.38	403.49	−3.63	79.23	479.09
2008—2018 年变量	13.47	−179.77	41.43	46.76	−16.81	94.92	124.87
1988—2018 年总变量	−249.62	−471.72	−124.82	670.93	−40.44	215.66	846.15

资料来源：作者基于 GIS 软件计算结果绘制

1）基于建设用地演变的生态风险格局特征：外延扩张 + 线性集聚

新增建设用地主要分布于中心城区周边及中心城区与滨海新区之间的地带；1998—2008 年新增建设用地最多；2008—2018 年新增建设用地分布最为分散。此外，建设用地沿交通廊道线性拓展的趋势较为明显，如中心城区向北沿京津公路、向东沿津滨大道、向南沿 205 国道等方向，呈现显著的线性集聚特征（图 4-19a）。

根据天津环城区域建设用地面积变化指数分析（表 4-4），1988—1998 年和 1998—2008 年扩张幅度较大，增幅均接近一倍；城镇建设用地在扩张的同时，伴随部分乡村居民点建设用地消失，增加了生态风险和特色人文景观消失的风险。

1988—2018 年天津环城区域建设用地面积变化指数 表 4-4

指标名称	1988—1998 年	1998—2008 年	2008—2018 年	1988—2018 年
消失面积（km²）	20.24	8.52	19.01	47.77
扩张面积（km²）	262.43	487.61	143.88	893.92
消失速度（km²/ 年）	2.02	0.85	1.90	1.59
消失幅度	7.36%	1.65%	1.91%	17.37%
扩张速度（km²/ 年）	26.24	48.76	14.39	29.80
扩张幅度	95.45%	94.29%	14.44%	325.12%

资料来源：作者基于 GIS 软件计算结果绘制

2）基于农田演变的生态风险格局特征：城进田退 + 由近及远扩散

农田消失范围空间分布广泛，其中在中心城区东南方向较为集中；1988—2008 年农田消失范围主要集中于中心城区和滨海新区之间，以及部分环绕中心城区的地带；2008 年以后农田消失范围空间分布更为分散和广泛（图 4-19b），以农田为特色的生态空间被大幅压缩（表 4-5），且由此产生的生态风险范围由近及远不断扩散。

1988—2018 年天津环城区域农田空间面积变化指数 表 4-5

指标名称	1988—1998 年	1998—2008 年	2008—2018 年	1988—2018 年
消失面积（km²）	168.30	167.74	187.28	523.32
扩张面积（km²）	5.11	38.98	7.51	51.60
消失速度（km²/ 年）	16.83	16.77	18.73	17.44
消失幅度	11.48%	12.87%	15.95%	35.69%
扩张速度（km²/ 年）	0.51	3.90	0.75	1.72
扩张幅度	0.35%	2.99%	0.64%	3.52%

资料来源：作者基于 GIS 软件计算结果绘制

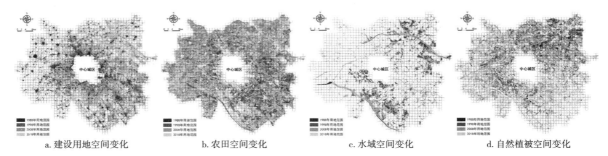

a. 建设用地空间变化　　b. 农田空间变化　　c. 水域空间变化　　d. 自然植被空间变化

图 4-19　1988—2018 年天津环城区域各类用地变化

（来源：作者自绘）

3）基于水域演变的生态风险格局特征：两端集中 + 先退后进

水域空间消失的范围主要分布于中心城区东北方向永定新河两侧、西南方向独流减河与中心城区之间的区域，这两片区域是天津环城区域水系湿地最为集中的区域，也是快速城镇化过程中水系湿地被破坏最为严重的地区（图 4-19c）。

根据天津环城区域水域面积变化指数分析（表 4-6），1988—2008 年期间是水域空间消失最快的阶段，考虑到这一阶段也是建设用地扩张最为迅速的时期，说明该时期建设用地对水域空间的侵占较为严重。

1988—2018 年天津环城区域水域空间面积变化指数　　　　　　　　表 4-6

指标名称	1988—1998 年	1998—2008 年	2008—2018 年	1988—2018 年
消失面积（km²）	10.57	271.78	8.91	291.26
扩张面积（km²）	18.42	0.84	22.38	41.64
消失速度（km²/ 年）	1.06	27.18	0.89	9.71
消失幅度	2.73%	68.71%	7.15%	75.13%
扩张速度（km²/ 年）	1.84	0.08	2.24	1.39
扩张幅度	4.75%	0.21%	17.96%	10.74%

资料来源：作者基于 GIS 软件计算结果绘制

4）基于自然植被演变的生态风险格局特征：风险北高南低

自然植被消失较集中的区域主要分布于中心城区东北侧，其次为中心城区北侧和西侧（图 4-19d）。这些区域自然植被覆盖度较高，在快速城镇化过程中被侵占的面积相对较多，由此带来的生态风险较高。根据天津环城区域自然植被面积变化指数分析（表 4-7），1988—2008 年间自然植被消失速度较快，是生态风险快速升高的时期。

1988—2018 年天津环城区域自然植被空间面积变化指数　　　　　　　　表 4-7

指标名称	1988—1998 年	1998—2008 年	2008—2018 年	1988—2018 年
消失面积（km²）	90.13	83.53	20.02	193.68
扩张面积（km²）	3.26	4.15	61.45	68.86
消失速度（km²/ 年）	9.01	8.35	2.00	6.46
消失幅度	19.76%	22.63%	6.91%	42.47%
扩张速度（km²/ 年）	0.33	0.42	6.15	2.30
扩张幅度	0.71%	1.12%	21.21%	15.10%

资料来源：作者基于 GIS 软件计算结果绘制

（2）空间变化动态度：生态空间不稳定性突出 + 水域变化最剧烈

研究基于 GIS 平台，运用单一用地变化动态度模型（式 4-1）和综合变化动态度模型（式 4-2），计算天津环城区域各类用地及综合变化动态度（表 4-8）。

1988—2018 年天津环城区域单一要素空间及全部要素综合变化动态度　　表 4-8

空间类型	1988—1998 年		1998—2008 年		2008—2018 年		1988—2018 年	
	动态变化总量（km²）	动态度（%）	动态变化总量（km²）	动态度（%）	动态变化总量（km²）	动态度（%）	动态变化总量（km²）	动态度（%）
农田	173.41	1.183	206.72	1.586	194.79	1.659	574.92	1.307
水域	28.99	0.748	272.62	6.892	31.29	2.511	332.90	2.862
自然植被	93.39	2.048	87.68	2.375	81.47	2.811	262.54	1.919
建设用地	282.67	10.281	496.13	9.594	162.89	1.635	941.69	11.416
综合变化	578.46	2.238	1063.15	4.113	470.44	1.820	2112.05	2.723

资料来源：作者基于 GIS 软件计算结果绘制

1988—1998 年间，天津环城区域建设用地的空间变化总量最高，其次为农田；建设用地的变化动态度也最大，其次为自然植被；说明该时期建设用地侵占大量农田并造成自然植被剧烈变化。1998—2008 年间，天津环城区域建设用地的空间动态变化总量最高，变化动态度最大，其次均为水域；说明该时期建设用地扩张致使水域空间大幅度减少。2008—2018 年间，天津环城区域农田空间动态变化总量最高，其次为建设用地；说明该时期建设用地变化活跃程度下降，农田仍是建设用地扩张的主要挤压对象。

综合 1988—2018 年间，城市边缘区建设用地空间变化最为活跃，建设用地扩张中侵占农田面积最大，受破坏最严重的、变化幅度最剧烈的则为水域空间。

（3）用地转换：建设用地侵占生态空间热点由"线性集聚"到"面状扩散"

研究通过分析各类用地之间的空间转化，即每类用地转出的空间转化为何种用地类型、每类用地转入的空间由何种用地类型转化而来，提取各用地之间的主要转化方向，并判断主要方向上的转化空间分布特征。

基于 GIS 平台计算 1988—2018 年天津环城区域各类用地空间相互转化的转移矩阵（表 4-9），分析表明，各类用地间的主要转化方向（即转化量最大）为农田、水域、自然植被等生态空间向建设用地转化。

研究基于 GIS 平台提取天津环城区域内，各历史时期的上述三个主要空间转化方向的转化空间分布数据。1988—1998 年间生态空间向建设用地转化范围较小，沿线性空间分布（如津滨

1988 \ 2018	水域空间	农田空间	自然植被空间	建设用地
水域空间	96.44	11.23	44.42	235.61
农田空间	7.49	942.88	16.43	499.40
自然植被空间	26.91	7.85	262.36	158.91
建设用地	7.24	32.52	8.01	227.18

1988—2018 年天津环城区域各类用地空间转移矩阵（单位：km²）　　　　表 4-9

资料来源：作者基于 GIS 软件计算结果绘制

大道），空间转出类型主要为农田和自然植被（图 4-20a）；1998—2008 年间生态空间向建设用地转化范围扩大，并由"线性集聚"转向"面状扩散"，集中于中心城区周边及与滨海新区之间的区域，空间转出类型主要为水域和农田（图 4-20b）；2008—2018 年间生态空间向建设用地转化范围进一步向远郊扩散，用地转化的空间分布更为均衡，部分远郊区域成为空间转化的热点区域，空间转出类型主要为农田（图 4-20c），生态空间被侵占的范围不断蔓延。

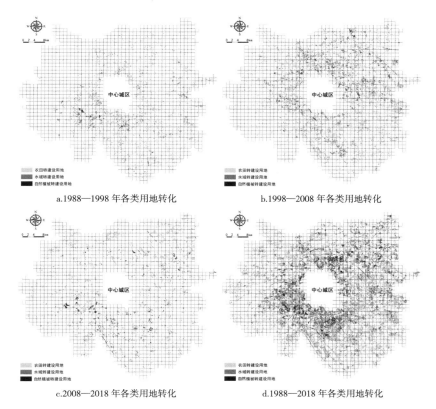

a.1988—1998 年各类用地转化　　　　　　　b.1998—2008 年各类用地转化

c.2008—2018 年各类用地转化　　　　　　　d.1988—2018 年各类用地转化

图 4-20　1988—2018 年天津环城区域主要用地空间转换位置分布

（来源：作者自绘）

综合 1988—2018 年间，各生态空间向建设用地转化范围主要集中于中心城区周边及与滨海新区之间的区域，且呈现由近郊向远郊逐渐扩展的趋势。其中农田转出范围较为广泛，水域转出范围集中于永定新河流域、独流减河与城区之间的区域，自然植被转出范围主要集中于近郊区（图 4-20d）。建设用地侵占生态空间热点由"线性集聚"到"面状扩散"，生态风险范围持续蔓延。

（4）生态景观变化趋势：生态斑块破碎化加剧 + 多样性下降

生态景观格局指数可以从景观格局变化的角度反映城市边缘区生态风险格局演变特征。研究选取景观水平上与类型水平上的斑块面积（CA）、斑块面积百分比（PLAND）、斑块密度（PD）、最大斑块指数（LPI）、景观形状指数（LSI）、平均斑块面积（MPS）、香农多样性指数（SHDI）等，运用 Fragstats 平台计算天津环城区域生态景观指数（表 4-10），对比分析各类生态空间景观格局变化特征。

1988—2018 年天津环城区域景观水平与类型水平上主要景观格局指数对比　　　　表 4-10

时间	项目	CA（km²）	PLAND（%）	PD（个/km²）	LPI（%）	LSI	MPS（m²）	SHDI
1988 年	总体	2584.89	100	28260.89	10.70	63.83	35.38	1.3414
	水域	387.70	15.00	3462.78	1.72	48.43	43.31	—
	农田	1466.20	56.72	4497.54	10.70	60.52	126.12	—
	自然植被	456.04	17.64	12471.45	0.55	89.60	14.17	—
	建设用地	274.95	10.64	7829.12	0.34	56.75	13.59	—
2018 年	总体	2584.89	100	38069.85	12.75	86.55	26.27	1.3373
	水域	138.08	5.34	2947.07	0.40	70.15	18.13	—
	农田	994.48	38.47	11248.42	5.12	84.69	34.20	—
	自然植被	331.22	12.81	14120.35	0.24	122.58	9.07	—
	建设用地	1121.10	43.37	9754.01	12.75	68.77	44.47	—

资料来源：作者根据 Fragstats 软件计算结果绘制

1）生态空间景观破碎化趋势显著。研究范围内总体斑块密度显著升高，说明景观斑块数量增多；总体景观的平均斑块面积下降，说明整体景观斑块破碎化趋势显著。其中水域、农田、自然植被的平均斑块面积和最大斑块指数均大幅下降，说明生态景观斑块破碎化趋势显著；建设用地平均斑块面积和最大斑块指数明显上升，说明建设用地形态由乡村小尺度分散式演变为城市大尺度整合式。

2）景观斑块的复杂程度有所上升。根据景观形状指数，无论是研究范围总体景观形状指数，还是各类空间的景观形状指数，均呈现出明显的上升趋势，说明伴随着各类生态空间景观斑块破碎化，景观斑块的边界形状趋于复杂化。

（5）生态风险格局整体演变趋势总结

研究从空间面积变化、空间变化动态度、要素空间之间相互转化、景观格局变化等方面总结宏观层面城市边缘区乡村生态风险格局整体演变特征（表 4-11），可见城市边缘区生态空间不稳定性和斑块破碎化逐渐加剧，高生态风险区域逐步扩散，影响范围从近郊向远郊推移。

宏观城市边缘区乡村生态风险格局整体演变特征   表 4-11

	生态空间			建设用地			整体变化特征	风险格局影响
	水域	自然植被	农田	城镇社区	乡村	工业		
面积变化	降幅最大	总体减少、先降后升	持续减少、减量最大	持续增长、增速放缓	持续减少、速度较缓	加速增长	从社区扩张主导到工业用地扩张主导；农田和水域为主要侵占对象	生态空间压缩，生态支撑能力下降
空间动态度	下降动态最大	下降动态主导	下降动态主导	增长动态最大			整体格局变化先快后慢，进入调整期	空间不稳定性加剧生态风险
要素间转化	主导方向为：各要素向建设用地转化			持续转入、前期显著	向城市用地转化	加速转入	"线性集聚"转向"面状扩散"，重心逐步从近郊向远郊推移	高风险区扩散，从近郊向远郊推移
景观格局变化	斑块破碎化趋势明显；景观斑块形状复杂程度升高			斑块整合度提升，形态由乡村小尺度分散式演变为城市大尺度整合式			景观多样性相对稳定且略有降低	生态斑块破碎化加剧生态风险

资料来源：作者自绘

4.2.4.2 生态风险空间分异特征：分布失衡＋近郊及城市拓展主轴的单元最不稳定

研究以乡镇为空间单元，识别城市边缘区乡村生态风险的空间分异特征，明确乡村生态风险的空间差异性和多样性，为总结城市边缘区乡村系统风险聚类规律、评价乡村系统韧性、探索乡村系统风险格局形成机制奠定基础。

（1）生态空间资源分布失衡＋变化幅度差异性显著

根据遥感影像解译的各类用地数据和乡镇（街道）行政边界数据，基于 GIS 平台计算 2018 年天津环城区域各类用地面积比重和 1988—2018 年各类用地面积变化幅度，解析各类用地的分异特征（图 4-21）。

1）基于水域分异的生态风险格局：中心城区周边风险高。2018 年天津环城区域水域面积比重呈现"西南—东北"高、"西北—东南"低的总体格局（图 4-22a），这与中心城区东北侧永定新河流域、西南侧独流减河流域的水系资源集中分布相耦合；紧邻中心城区周边区域水域面积

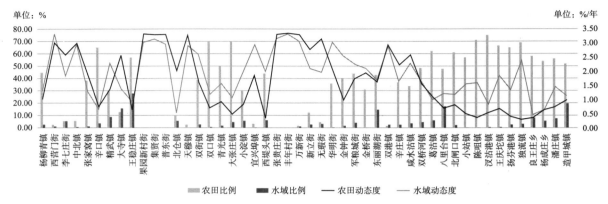

图 4-21　2018 年天津环城区域生态风险要素数值分异
（来源：作者自绘）

比重相对较低，这反映出城市扩张过程中对水域空间的保护不足。

1988—2018 年水域空间变化幅度较大的区域集中于中心城区周边和少数远郊乡镇
（图 4-22b），说明城市扩张带来边缘区水域空间的剧烈变化。部分水域比重较低且变化幅度较大
的乡镇单元，未来应成为水系生态保护与修复的重点区域。

2）基于自然植被分异的生态风险格局：中心城区周边及东部风险高。2018 年天津环城区域
自然植被面积比重较高的乡镇单元多分布于城市中远郊，呈现"西北高、东南低"的整体趋势
（图 4-22c）。紧邻中心城区的乡镇单元普遍植被面积比重较低，说明在城市建设密集的地方，自
然植被保护相对不足。

1988—2018 年自然植被空间变化幅度较大的区域集中于紧邻中心城区的乡镇及中心城区东
侧区域（图 4-22d），说明城市空间扩张带来自然植被的剧烈变化。部分自然植被比重较低且变
化幅度较大的乡镇单元（如中北镇、李七庄街），未来需重点开展自然植被的保护与修复工作。

3）基于农田分异的生态风险格局：近郊"城进田退"风险高。天津环城区域 2018 年
农田面积比重呈现显著的渐变式特征——从近郊向远郊，农田比重渐次升高（图 4-22e）。
1988—2018 年农田空间变化幅度最大的区域集中于近郊区和中心城区与滨海新区之间的区域
（图 4-22f），均为快速城镇化时期天津城市空间急剧扩张的区域。农田是乡村生产方式的特色空
间载体，这反映出城镇化过程中"城进乡退"的空间变化特征。部分近郊乡镇的农田比重不足
30%，农业生产痕迹已基本褪去（如中北镇），农田快速消失使得该类区域乡村内生产业特色、
空间特色消弭，生态资源支撑力不足。

4）基于建设用地分异的生态风险格局：近郊及城市发展主轴风险高。天津环城区域
2018 年建设用地比重较高的乡镇单元主要分布于近郊区（如中北镇）并向西北、东南方向延

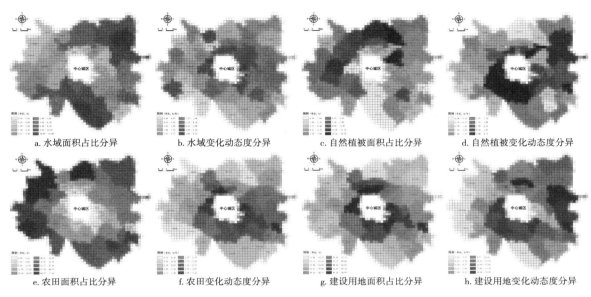

a. 水域面积占比分异   b. 水域变化动态度分异   c. 自然植被面积占比分异   d. 自然植被变化动态度分异

e. 农田面积占比分异   f. 农田变化动态度分异   g. 建设用地面积占比分异   h. 建设用地变化动态度分异

图 4-22 2018 年天津环城区域生态风险要素空间分异

（来源：作者自绘）

伸（图 4-22g），这与天津主城区建设用地空间拓展方向一致——西北方向为京津发展主轴、东南方向为津滨发展主轴。1988—2018 年建设用地空间变化幅度最大的区域主要位于中心城区西南部和部分中远郊区域（图 4-22h）。近郊及城市发展主轴区域建设用地快速变化，带来空间的不稳定性和生态空间被挤压，生态风险较高。

（2）基于稳定性的生态风险格局：风险点集中于近郊及城市拓展主轴

用地空间变化冷热点可以反映空间稳定性的分布特征。研究基于用地数据和行政边界数据，计算 1988—2018 年天津环城区域各类用地变化冷热点，从空间稳定性角度解析城市边缘区生态风险在各行政单元间的分异特征。

1）水域变化的分异特征：根据水域空间变化的冷热点分布（图 4-23a），空间变化热点（风险点）主要分布于近郊（如中北镇），反映出城市建设用地扩张对水域的挤压效应显著；水域变化冷点主要分布于远郊，其中西侧郊区最为集中。

2）自然植被变化的分异特征：根据自然植被空间变化冷热点分布（图 4-23b），热点区域（风险点）主要分布于中心城区北侧，次级热点分布于中心城区西南侧和东北侧，均为城市空间扩张的主要方向。

3）农田变化的分异特征：根据农田空间变化冷热点分布（图 4-23c），热点及次级热点（风险点）均分布于中心城区西北侧和东南侧，这与天津中心城市空间拓展方向一致。根

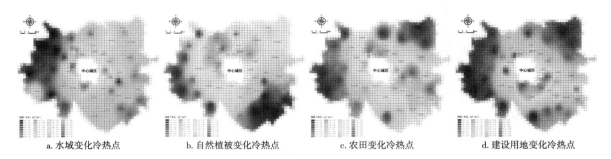

| a. 水域变化冷热点 | b. 自然植被变化冷热点 | c. 农田变化冷热点 | d. 建设用地变化冷热点 |

图 4-23　1988—2018 年天津环城区域各类用地变化冷热点分布
（来源：作者自绘）

据前述分析，城市扩张中侵占农田最多，因此农田变化活跃度与建设用地变化的空间耦合度最高。

4）建设用地变化的分异特征：根据建设用地变化冷热点分布（图 4-23d），热点（风险点）主要分布于近郊西部和东南部，次级热点主要位于中心城区北部和东南部，整体呈现环绕中心城区和"西北—东南"轴向延伸的格局。

4.2.5　宏观城市边缘区乡村系统风险格局特征总结

研究以天津环城区域为例，从产业风险、社会风险、民生风险、生态风险等角度出发，总结宏观层面城市边缘区乡村系统风险格局演变与分异特征（表 4-12）：城市外延扩张影响强烈的区域（近郊及空间发展轴线）表现为传统聚落消失、工业用地蔓延、外来人口集聚，并由此产生产业内生特色褪去与自组织能力下降、乡村社会解构风险、生态安全格局破坏等问题；部分外边缘区域则表现为劳动力外流较多、产业活力与就业供给不足、公共设施支撑较弱带来的社会及民生风险。

1）近郊区乡镇人口密度和外来人口比重大，社会解构风险、生态胁迫风险较高；农业生产痕迹褪去、非农产业较为集中，产业内生发展能力降低；近郊生活型和工业型街镇在公共设施覆盖度、用地结构等方面进一步呈现差异性（生活型的公共设施覆盖度更高，工业型的工业用地比重较高），民生风险不尽相同。

2）产业及设施投入密集（城市主轴或区政府驻地）的中远郊乡镇人口密度和外来人口比重较大，社会及生态风险较高；工业主导和工农兼备的乡镇在空间形态、用地结构、居民就业等方面进一步呈现差异性（工业型的建设用地比重高，非农就业比例大，社会及生态风险相对更高）。

宏观层面城市边缘区乡村系统风险格局特征　　　　　　　表 4-12

系统风险要素类型		系统风险要素演变与分异		对风险格局的影响
		空间演变特征	空间分异特征	
产业风险格局	耕地（农业资料）	近郊区和部分城市发展主轴的乡镇耕地面积较少		产业风险增加：乡村特色产业的空间载体消减带来内生发展能力下降
	农业人口	部分近郊和城市空间主轴方向上的远郊乡镇农业人口比例较低，受城市发展冲击显著		
	非农就业	"东高西低"，部分中远郊乡镇非农就业比例低		非农产业活力不足
	工业用地	急剧扩张；"线性延伸"转为"面域扩展"	近郊社区—远郊工农兼备型—近郊工业型	产业风险加剧，内生发展能力下降；生态风险加剧
社会风险格局	乡村居民点	空间消失热点由近郊向中远郊渐次扩展	近郊及主轴高度城市化；中远郊为传统乡村聚落	传统聚落消失、内生特色消弭带来多重风险蔓延
	人口密度及变化	高密度区域由近郊向中远郊拓展	高密度区域为近郊空间发展主轴	社会风险增加：城市外延扩张带来乡村社会人口结构重组，增加社会治理的复杂性与不稳定性
	外来人口	由近郊向远郊逐渐减少，集中分布于近郊区、区政府所在街镇、空间发展主轴线		
民生风险格局	交通可达性	高可达性范围由"线性放射"转向"网状拓展"	高可达性区域与部分城乡兼业需求村庄错位	部分村庄可达性不满足城乡兼业需求
	公共服务	集中于近郊区和区政府所在乡镇；向城市主要拓展方向轴向延伸；其余地区设施覆盖度较低		民生风险分异显著：部分乡村服务设施支撑能力不足
	商业	分布不均，沿主要交通廊道线性延伸与集聚		
	农村居民收入	收入较高的乡镇多分布于近郊区城市发展主轴上；也有部分中远郊乡镇村民收入较高		民生风险空间分异显著：部分乡村居民生活水平较低
生态风险格局	用地面积变化	由城市社区扩张转向工业用地扩张主导	生态及乡村聚落减少，城镇社区及工业用地增加	生态空间压缩，生态支撑能力下降，生态风险加剧
	空间变化动态度	整体格局变化先快后慢，进入调整期	生态空间下降动态高，建设用地增长动态大	空间不稳定性加剧生态风险
	用地之间相互转化	"线性集聚"转向"面状扩散"，重心逐步从近郊向远郊推移	中远郊非城市主轴区域风险低；近郊及主轴区域风险高	高生态风险区域逐步扩散，范围从近郊向远郊推移
	景观格局变化	景观多样性略有降低	生态斑块破碎化趋势明显	生态斑块破碎化加剧生态风险

资料来源：作者自绘

3）产业及设施投入较少的中远郊乡镇可达性较低，农业生产仍占有重要地位，公共设施覆盖度较低，民生风险较高；以农业生产为主和多元产业兼备的乡镇在非农就业、居民收入、用地结构等方面进一步呈现差异性（多元产业兼备型非农就业比例较高，用地结构更多元，产业及民生风险相对更低）。

4.2.6　基于风险格局特征耦合的宏观空间聚类

　　研究基于上述宏观层面城市边缘区乡村系统风险格局特征，进一步耦合叠加并综合分析，归纳共同点和差异性，提取基于系统风险空间聚类的乡镇单元类型，为后续中观层面研究范围及样本的选取提供依据。

4.2.6.1　城市边缘区乡村系统风险格局特征耦合

　　通过综合分析各类系统风险要素格局特征，归纳提取基于系统风险空间聚类的乡镇单元类型。由于系统要素种类多元，因此需要归并对乡镇类型有相同或相似影响意义的要素类型。研究基于系统风险要素格局特征的耦合矩阵，归并简化对提取乡镇类型产生主要影响的要素（表4-13）。

城市边缘区乡镇单元的系统风险要素格局特征耦合矩阵　　　　表 4-13

自然环境类要素 ＼ 社会人文类要素			交通可达性		生产生活空间	人口变化	产业结构	就业结构	村民收入水平		公共设施覆盖水平	
					城市化水平							
			高	低	高		低		高	低	高	低
水域 / 自然植被 / 农田	生态敏感度	高	○	●	×		●		○	○	×	●
建设用地 / 斑块破碎化		低	●	×	●		○		○	○	●	○
各类用地空间变化冷热度		热	●	×	●		×		○	○	●	○
		冷	×	●	×		○		○	○	○	○

注：● 为该情况普遍存在，○ 为该情况部分存在，× 为基本不存在该情况。
资料来源：作者自绘

　　根据前述宏观城市边缘区乡村系统风险格局演化分异特征，可以初步展开归并，即生产生活空间（比重或变化幅度）、人口变化（数量、密度及外来人口）、产业结构（农业及耕地比重）、就业结构（非农就业）等要素，均反映城市化水平，且空间分异特征具有相似性（如人均乡村居民点面积高的区域与外来人口比例低的区域、农业人口比例高的区域、非农就业比例低的区域基本耦合）；水域、自然植被、农田、建设用地和生态斑块破碎化等要素，均反映生态敏感性。

　　以此为基础展开进一步耦合工作：通过交叉分析各要素作用特征，发现部分要素并不适合作为乡镇类型提取标准（如村民收入水平，与其他要素耦合时未表现出显著规律性，且村民收入因村而异，对村庄分类更有意义），因此予以剔除；部分风险要素则与生态敏感性、城市化水平等因素影响下的空间格局分异特征具有一致性（如高生态敏感度的公共设施覆盖水平一般较低），因此予以归并。

4.2.6.2　宏观城市边缘区乡村系统风险空间聚类：乡镇单元类型归纳

基于上述宏观层面城市边缘区乡村系统风险格局特征耦合分析和归并结论，研究选取对系统风险格局产生显著影响的生态敏感性、城市化程度、产业主导等因素归纳提取乡镇类型（表4-14）。

基于宏观城市边缘区乡村系统风险空间聚类特征的乡镇单元类型划分　　　表 4-14

乡镇类型			主要特征	乡村系统风险
高度生态敏感型			影响城市生态安全的核心区域，承载安全防灾、生态涵养等职能，自然生态空间比例较高	民生风险：设施不足 社会风险：人口流出
非高度生态敏感型	高度城市化	生活型	空间及人口高度城市化，以居住为主，可达性好，公共设施覆盖度高，外来人口及非农就业比例高	非典型乡村系统风险
		生产型	空间及人口高度城市化，以工业为主的复合功能片区，可达性好，外来人口及非农就业比例高	
	半城半乡型		部分城市化、部分保留传统乡村聚落，空间变化动态度高，产业类型多元，空间类型丰富	社会风险：结构重组 产业风险：内生不足 生态风险：空间挤压
	传统乡村主导	农业主导型	位于城市中远郊，以传统乡村聚落和自然生态空间为主，农业人口比重大，外来人口比例及空间变化动态度较低	社会风险：人口外流 产业风险：单一落后 民生风险：设施不足及收入水平低
		工业主导型	以传统乡村聚落、村镇工业空间和农田等自然生态空间为主，外来人口及非农就业比例居中	生态风险：空间挤压 产业风险：转型淘汰
		复合型	以传统乡村聚落和农田为主，包含城镇社区、工业、自然生态等多元空间及产业类型	民生风险：设施不足

资料来源：作者自绘

宏观城市边缘区乡镇类型主要包括高度生态敏感型和非高度生态敏感型。其中，高度生态敏感型是自然植被、水系湿地等集中分布区域，是蓄滞洪区和各类地质灾害主要影响区域，其城市化程度较低，工业生产及非农就业比重较小，主要为设施配置不足带来的民生风险和人口外流带来的社会风险。非高度生态敏感型可以进一步分为高度城市化、半城半乡、传统乡村主导等类型。

高度城市化类乡镇一般位于城市近郊区和城市主轴线，是中心城区向外拓展的主要区域，其空间和人口已经高度城市化，外来人口及非农就业比例高。该类乡镇可以细化为生活型和生产型两类，其中生活型乡镇是以居住用地为主形成城市郊区生活社区，公共设施覆盖度高；生产型乡镇则是以工业用地为主形成城市郊区工业园区，混合部分居住用地，但生活性公共设施支撑力较低。

半城半乡型乡镇一般位于连续的城市建成区与外围农田、乡村聚落的交界处，部分区域空间和人口已经城市化（一般是靠近中心城区一侧），部分区域还保留传统乡村空间。这类乡镇正处于中心城区空间外沿扩张的"进行时"①，当前空间变化的动态度较高，产业类型多元，空间类型丰富，同时易产生结构重组带来的社会风险和生态空间挤压带来的生态风险[152]。

传统乡村主导类乡镇一般位于城市中远郊，以传统乡村聚落和农田等自然生态空间为主。该类乡镇可以细化为农业主导型、工业主导型和复合型：其中农业主导型，常见的社会风险为人口外流，产业风险为类型单一发展滞后，民生风险为设施不足及居民生活水平低；工业主导型，常见的生态风险为生态空间被挤压，产业风险为低能低效、产业转型压力大；复合型，包括空间复合（城乡社区、工业区、生态景观）和产业复合（一、二、三产业），系统风险相对较小，部分区域民生设施覆盖度较低。

按照上述宏观层面城市边缘区乡镇类型，划分天津环城区域乡镇类型，可以看出高度城市化型乡镇主要位于中心城区近郊区（如中北镇）和西北京津空间发展轴（如北仓镇）、东南津滨空间发展轴（如新立街）；半城市半乡村型乡镇临近高度城市化型乡镇（如杨柳青镇）；传统乡村主导型乡镇主要分布于城市中远郊，其中农业主导型分布于北侧和西南侧（如良王庄乡），工业主导型分布于西侧和东北侧（如西堤头镇），复合型分布于西侧和东南侧（如小站镇）；高度生态敏感型乡镇则位于远郊区西南部及东北部（如潘庄镇）。

高度城市化型乡镇单元在人口构成、空间形态、设施配置等方面与中心城区相似，将逐渐演变为新城区，不适宜作为典型城市边缘区乡村地区展开研究；高度生态敏感型、传统乡村主导型、半城市半乡村型乡镇单元，在受到中心城市不同程度辐射影响的同时，仍保有一定的乡村聚落形态、涉农产业、多元生产方式和自然生态空间，属于较典型的城市边缘区乡村地区，因此研究将在该范围内选取典型样本，以村庄为单元展开中观层面乡村系统风险格局的深入分析。

---

① 相应的，高度城市化类乡镇可看作是城市空间外沿扩张的"过去时"或"完成时"；而传统乡村主导类乡镇却未必成为城市扩张的"将来时"，尤其是新时期下快速城镇化阶段已经过去，特大城市已步入"增存并行"乃至"减量发展"的新阶段，城市边缘区乡村地区已不再是城市建设拓展的备用空间和附属品。

4.3　天津中观城市边缘区乡村系统风险格局识别与聚类特征

　　研究依据第3章中的"风险格局识别"相关理论，通过分析以行政村为单元的系统风险要素类型，精细化识别乡村系统"产业—社会—民生—生态—要素协调"多重风险格局特征，并归纳村庄风险聚类，为后续探析边缘区乡村系统风险格局演化分异的影响机制、量化评价乡村系统韧性提供支撑。

　　研究基于宏观城市边缘区乡村系统风险格局特征和乡镇单元风险聚类，在天津环城区域范围内，选取具有高度代表性的典型乡村作为中观城市边缘区乡村系统风险格局研究实例。研究表明，产业风险格局表现为局部产业活力低、产能落后或自组织培育能力不足；社会风险格局表现为近郊因城镇扩张冲击导致社会结构瓦解、远郊因人口流失而自治基础削弱；民生风险格局表现为局部设施支撑不足、局部收入水平较低、职住空间不协调；在生态风险方面，乡村生态空间不稳定性和斑块破碎化逐渐加剧，高风险范围从近郊向远郊推移，镇区周边、工业园区和主要交通廊道沿线的村庄生态风险从低向高变化趋势显著。

4.3.1　基于宏观系统风险聚类的中观范围选取

　　中观城市边缘区乡村系统风险格局特征研究，是在宏观研究的基础上，缩小空间研究范围、细分空间研究单元、提高数据精度、扩展数据类型而展开的深入研究，因此需要合理选取研究范围，使空间样本可以涵盖典型城市边缘区乡村类型。研究基于前述宏观分析结论，选取具有典型乡村特征、乡镇单元类型多元、空间范围连续、村庄样本充足的四镇乡村地区作为中观层面研究实例。

4.3.1.1　基于宏观风险聚类结论的中观层面实证范围选取

　　为确保中观实例具有较强的代表性，研究结合宏观天津城市边缘区乡镇类型划分成果，确定以下乡村范围选取原则：①应位于典型乡村地区，不包含城市边缘区的高度城市化型乡镇单元；②乡镇类型多元且较为齐全，基本可以涵盖除高度城市化型以外的乡镇类型；③研究范围内各乡镇应连接成片，便于整体分析；④研究范围内行政村数量符合中观层面样本数量要求（至少几十个，兼具数据获取的可行性和规律呈现的必要性）。

　　由此，研究选取天津城市边缘区西部的三个镇（杨柳青镇、辛口镇、独流镇）和河北省霸州市扬芬港镇（以下简称四镇）的村庄作为中观层面案例研究范围（图4-24）。其中杨柳青镇

155

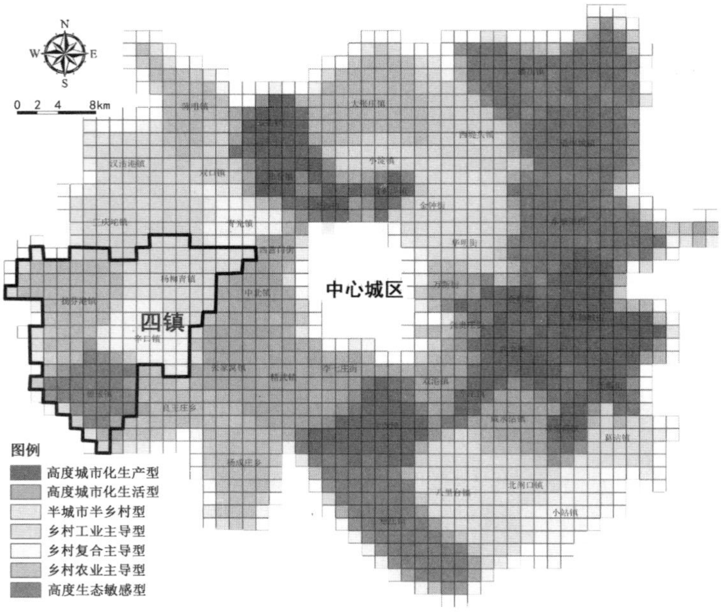

图 4-24　中观实例范围涉及城市边缘区乡镇类型示意
（来源：作者自绘）

属于半城半乡型，辛口镇属于传统乡村主导复合型，独流镇属于高度生态敏感型，扬芬港镇属于传统乡村主导农业型，研究范围基本涵盖了除高度城市化型以外的乡镇类型（传统乡村的主导工业型主要特征在复合型中已有体现）。同时研究范围空间连接成片，包含的行政村样本数量（93 个）符合中观层面城市边缘区乡村系统风险格局研究的样本数量要求。

4.3.1.2　四镇乡村地区实证的典型性与代表性

四镇乡村地区实例范围选取，在空间区位的重要性与示范意义、乡村样本的风险要素多元性与类型多样性等方面具有显著的典型性与代表性，有利于挖掘城市边缘区乡村系统风险格局的典型特征及形成机制，提出在一定范围内具有普适性的韧性治理策略和规划技术，响应国家空间发展战略，并建构新时期下基于系统风险治理的城市边缘区乡村韧性发展格局范式。

（1）空间区位重要性与示范意义

在我国社会经济发展步入新常态、城镇化发展步入新阶段及“千年大计”雄安新区建设的背景下，四镇的空间区位具有特殊的重要性与示范意义。

1）两大国家级战略的空间交汇区：四镇位于京津冀城镇群腹地，横跨天津市与河北省，为京津冀协同发展战略中的区域乡村风险格局研究提供支撑；同时，研究范围位于天津的典型边缘区域，是践行城乡统筹发展战略、研究城乡社会生态与空间系统同构模式的典型样本。

2）区域新增长极带动的战略走廊门户区：雄安新区是京津冀城镇群区域新生空间增长极，是优化京津冀城镇群空间结构、促进多节点多廊道网络化发展的重要战略，其中在雄安新区和天津之间形成的津雄空间走廊，将成为京津冀区域继"京津—津滨"空间发展轴线之后的又一主要空间发展轴线[153]。四镇则位于津雄走廊河北段与天津段衔接处，是研究区域主要廊道门户与节点的乡村系统风险治理模式的典型样本。

3）新时期战略走廊和城市边缘乡村地区发展示范区：四镇作为津雄走廊乡村地区的主要组成部分，是新时期下探索区别于快速城镇化阶段的城镇群战略走廊（如京津走廊、津滨走廊）乡村系统风险治理模式、建构基于新技术的乡村系统风险格局科学识别方法、提出乡村系统韧性提升和高品质可持续发展目标的优化策略与规划方法的典型样本。

（2）乡村样本具备类型多样性与要素多元性

四镇范围内所包含的村庄样本数量和类型，具备形成村庄类型多样性和系统要素多元性的可能性。

1）村庄类型的多样性。依据前述分析，四镇涵盖了半城市半乡村型、传统乡村主导复合型、传统乡村主导农业型、高度生态敏感型等城市边缘区多元乡镇类型，有利于形成类型多样的村庄；在空间区位方面涵盖了近郊区（距离中心城区10km以内）和中远郊区（距离中心城区30km以内），多元的空间区位有助于形成类型多样的村庄；此外，行政村样本数量为93个，充足的样本数量为多样性的形成奠定了基础。

2）系统要素的多元性。研究范围内水系发达（大清河、子牙河、中亭河、大运河、独流减河汇聚），植被丰富，阡陌纵横，乡村居民点星罗棋布，产业空间形态多样（或集中成片、或点状分散），丰富的系统要素类型为村庄多样性的形成提供了有利条件。

4.3.1.3 四镇乡村地区发展概况

四镇乡村地区位于京津冀城镇群腹地、天津城市边缘区西部，总面积280km²，包含天津市西青区、静海区和河北省霸州市等区市的4个乡镇单元中的93个行政村单元（表4-15）。

总之，四镇村庄类型丰富，自然环境条件多样，经济发展基础与发展特色各异，空间风貌、农作类型、人口及社会结构、设施支撑水平、居民生活水平等均呈现多元发展格局（表4-16），有利于运用多源数据获取与分析方法展开深入调查，识别系统风险格局特征并剖析其形成机制，基于系统韧性视角科学评价并化解多重风险，从而提出可推广的系统韧性优化策略与规划响应方法。

四镇乡村地区发展概况   表 4-15

乡镇名称	区位	行政与人口	乡村产业特征	其他特色	空间风貌
杨柳青镇	天津西青区北部，镇区为区政府驻地，距天津中心城区 7 km	69km²，行政村 25 个，常住人口 16.12 万，其中农业人口 3.05 万	镇区及周边乡村城市化发展水平较高，乡村居民点已完成拆并；镇域西部、南部乡村仍以传统聚落和农业为主，形成以高效农业和休闲观光农业为主体的现代农业格局	历史悠久，文化底蕴深厚，曾为运河漕运重要枢纽，民间艺术类型丰富，2019 年获"中国民间文化艺术之乡"	杨柳青镇京杭大运河沿河景观
辛口镇	天津西青区西北部，镇区距天津中心城区 12 km	62km²，行政村 18 个，常住人口 5.27 万，其中农业人口 3.19 万	多数村庄以传统乡村聚落为主，出现以沙窝萝卜为代表的特色种植园区和农业科技研发基地，生态休闲旅游发展迅速，形成以都市农业为主体的一二三产业联动发展格局	乡村生态本底良好；2019 年入选全国农业强镇名单，水高庄、大杜庄、第六埠村入选全国乡村旅游重点村	辛口镇小沙沃村沙窝萝卜设施农田景观
独流镇	天津静海区北部，镇区距天津中心城区 20 km	66km²，行政村 28 个，常住人口 3.67 万，其中农业人口 1.21 万	蓄滞洪区 + 农业生产集中区，西部梨瓜特色突出，南部以胡萝卜、西红柿为特色。村镇工业有一定基础，以加工制造、食品酿造为主，是著名的"建筑之乡"	以传统聚落风貌为主，是著名的千年水旱码头、运河漕运重镇和"酒醋酿造之乡"，有深厚的历史文化积淀	独流镇八堡村村口牌楼空间风貌
扬芬港镇	河北省霸州市东端，镇区距天津中心城区 20 km	83km²，行政村 22 个，常住人口 4.10 万，其中农业人口 3.0 万	乡村产业仍以农业生产为主导，其中传统的大田作物生产比重较高；村镇工业有初步的发展，以乐器制造为突出特色；乡村服务业发展则相对滞后	各居民点呈现出典型的扁平化发展格局，"镇小村大"且"北密南疏"，各乡村居民点以传统乡村聚落风貌为主	扬芬港镇小庙村村居空间风貌

资料来源：作者自绘

4.3.2 产业风险格局：农作效益不均 + 经济活力不足

研究以四镇乡村地区为例，通过多源渠道收集并分析中观城市边缘区乡村产业风险、社会风险、民生风险的各类相关要素空间演化与分异特征（以基于 93 个行政村单元的社会调查数据分析为主[①]，图 4-25，图 4-26），为归纳提取基于中观乡村系统风险格局特征的村庄聚类规律、解析城市边缘区乡村系统风险格局演化分异动力机制、量化评价乡村系统抗风险能力等后续研

① 四镇乡村地区人口、就业、产业、土地流转、居民收入、服务设施等数据来自笔者 2019 年 5 月—6 月的社会调查数据：笔者借编制《大运河天津段乡村产业空间发展规划》之机，受天津市农村工作委员会委托，于 2019 年 5 月—6 月间对大运河天津段沿线 21 个乡镇展开调研，并对其中的杨柳青镇、辛口镇和独流镇的共计 71 个行政村单元进行深入调查，由镇领导干部组织发放问卷，由各村干部填写，发放问卷 71 份，收回有效问卷 71 份；同时，笔者借编制《霸州市扬芬港镇总体规划（2018—2030 年）》之机，于 2019 年 5 月对扬芬港镇 22 个行政村单元进行深入调查，由镇领导干部组织发放问卷，由各村干部填写，发放问卷 22 份，收回有效问卷 22 份。交通可达性、职住关系等其他数据来源在文中对应章节中予以阐述。

四镇典型村庄现状格局与空间风貌

表 4-16

典型村庄	村庄特点	现状格局	空间风貌
小沙沃村	沙窝萝卜农产品特色突出，农户合作社经营广泛	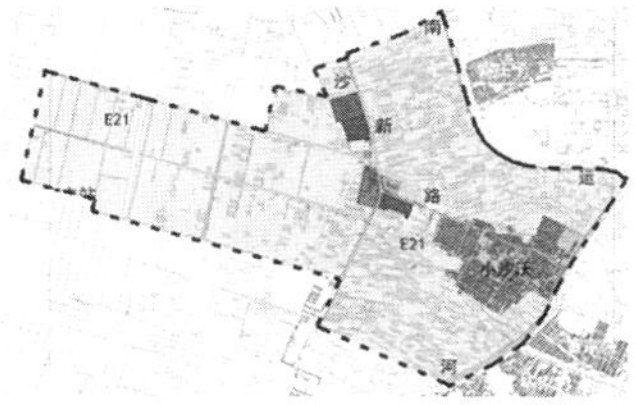	 小沙沃村沙窝萝卜采摘园
大杜庄村	全国乡村旅游重点村，葫芦园、百年枣林特色突出	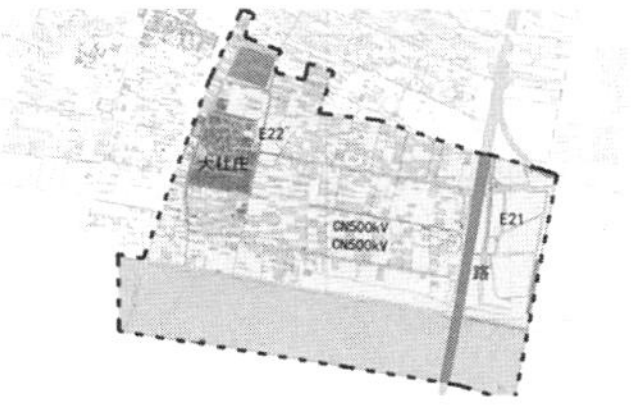	 大杜庄村葫芦园景观
水高庄村	全国乡村旅游重点村，以生态休闲、农业观光为特色的4A级景区		 水高庄村庄园景观
上辛口村	辛口镇区所在村庄之一，居民点集中建设和工业用地快速增长	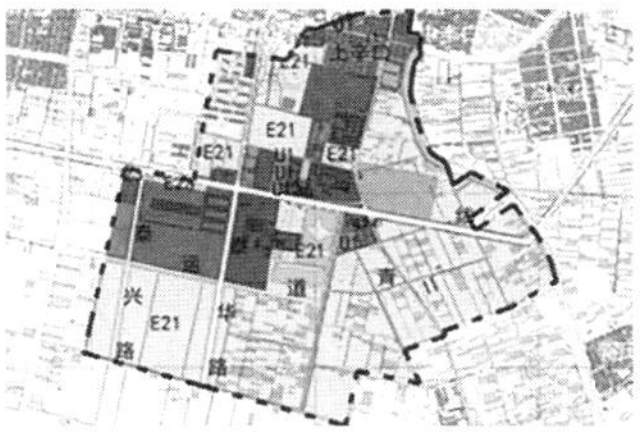	 上辛口村工业园风貌
宣家院村	村域范围较小且被铁路分割严重，设施农业和水塘湿地特色突出		 宣家院村水塘湿地景观
第六埠村	全国乡村旅游重点村，天津市菜篮子工程基地、种苗生产基地		 第六埠村独流减河滨水景观

资料来源：作者自绘

图 4-25　笔者与天津市农业农村工作委员会干部访谈
（来源：作者自摄）

图 4-26　笔者赴天津市静海区与乡村干部及村民访谈
（来源：作者自摄）

究提供基础支撑。

中观城市边缘区乡村产业风险涉及主要农作类型、土地流转比例、村集体或民营企业经济水平、主要非农产业类型、农业从业人员比例、工业用地演化分异等要素数据，研究通过识别要素数据空间分布，综合判断乡村产业风险格局特征（图4-27）。

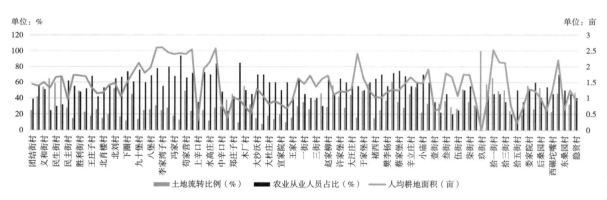

图 4-27　2018 年四镇乡村产业风险各类要素数值分异
（来源：作者自绘）

4.3.2.1　农作类型分异：经济效益分化 + 低效益带来产业风险集聚

四镇乡村农作类型包括大棚果蔬种植、大田粮食作物种植、大田经济作物种植、林果种植和特色大棚果蔬种植等。其中大棚果蔬种植主要指传统的果蔬大棚设施农业种植方式，通过人为干预创造适宜果蔬生长的环境，促进产品提质增产，并调整果蔬生产及市场供应季节；大田作物种植是指在大片田地上种植农作物，这其中包括种植粮食作物或者经济作物两大类，其中经济作物主要包括纤维作物（如棉、麻）、油料作物（如芝麻、花生）、糖料作物（如甘蔗、甜菜）、药用作物等；林果种植是指以桃李、苹果、梨瓜等为代表的果树栽植；特色大棚种植是指在传统大棚种植的基础上，或采用智能大棚等新技术提高生产效率，或结合新品种培育建立特色品牌，形成更先进、更适应市场需求的大棚种植方式。此外，少数几乎没有耕地的村庄，农作方式以自家庭院果蔬栽植为主（表4-17）。

城市边缘区乡村主要农作类型及特征 表4-17

农作类型	主导要素	主要特征	产业效益
大棚果蔬种植	劳动力密集型	劳动力需求大，地均产出较高	中高
大田粮食种植	土地密集型	季节性用工特征显著，土地需求大，地均产出低	较低
大田经济种植	土地密集型	季节性用工特征显著，土地需求大	中低
林果种植	劳动力+土地投入均衡型	劳动力与土地要素需求中等，土地收益中等	中等
特色大棚种植	技术密集型	技术及资金投入高，地均产出高，产业拓展类型丰富	较高
庭院果蔬栽植	非农主导	小规模庭院栽植，非主要收入来源	—

资料来源：作者自绘

各村庄的主导农作方式交错分布，呈现整体分散、局部集中的特点。如林果种植集中于杨柳青镇西部（如大柳滩村，华北地区最大的村级果园，形成早酥梨、油桃、冬枣、苹果等多元优质水果产品）、独流镇西部（如七堡村、八堡村、李家湾子村，以梨瓜种植为主）；特色大棚种植主要分布于辛口镇南部（如小沙沃村特色沙窝萝卜种植）、西部（如第六埠村的智能温室技术，作为全国首批农业旅游示范点，形成优质种苗培育基地）、独流镇南部（如王家营村、刘家营村、冯家村等村庄的特色蔬菜种植）（图4-28a）。

各种农作方式经济效益差异显著[①]，因此四镇乡村农作效益分布极不平衡，以大田粮食种植为代表的单一低效益农作主导的村庄广泛存在，且局部相对集中（如扬芬港镇），产业风险较为突出。

4.3.2.2　土地流转滞后于农作需求+城镇化与工业化建设影响耕地资源分布

（1）土地流转比例分异：空间差异大+部分村庄不适应农作需求

乡村土地流转比例在一定程度上反映乡村农业生产特点，通常规模化生产与集体经营模式

---

① 根据国内学者对我国华北平原乡村地区的调查研究，大棚果蔬种植的亩均纯收入为21000元，林果种植为3500元，大田粮食种植仅为1500元。

会产生较高比例的农地流转现象。根据四镇各村庄土地流转比例调查统计（图4-28b），位于镇区范围的村庄通常土地流转比例较高，这与城镇化发展程度有关；其余土地流转比例较高的村庄，空间分布较为广泛。土地流转比例较低的村庄，区位类型多元，包括辛口镇、扬芬港镇中西部部分村庄、独流镇大部分村庄等，其中扬芬港镇中西部村庄以大田种植为主，适合规模化经营提升生产效率，目前土地流转滞后于农作需求，制约了农业生产效率，带来产业发展风险。

（2）耕地资源分异：镇区周边及工业区村庄耕地较少，产业内生特色褪去

耕地是乡村发展农业的空间载体，是乡村特色产业发展基础。乡村耕地指标主要有两个：一是村庄耕地总面积，可以反映村庄第一产业发展的基础与规模；二是村庄人均耕地面积，可以反映村庄人力资源与土地资源的匹配情况。

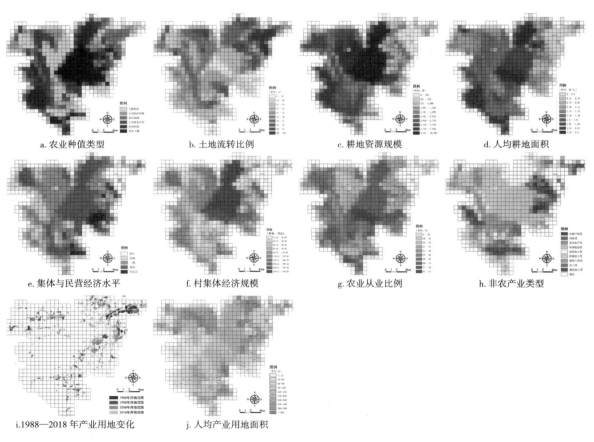

a. 农业种值类型　　b. 土地流转比例　　c. 耕地资源规模　　d. 人均耕地面积

e. 集体与民营经济水平　　f. 村集体经济规模　　g. 农业从业比例　　h. 非农产业类型

i.1988—2018年产业用地变化　　j. 人均产业用地面积

图4-28　2018年四镇乡村产业风险各类要素空间分异
（来源：作者自绘）

四镇各村庄耕地资源总量差异较大，一些村域面积较小的村庄和位于镇区及周边的村庄（如上辛口村），耕地总量较少（图 4-28c）。各村庄人均耕地资源也呈现显著的非均衡性：辛口镇西部和独流镇西南部村庄、杨柳青镇大柳滩村等，人均耕地较多；辛口镇东部和杨柳青镇东部部分村庄，人均耕地较少（图 4-28d）。镇区周边及工业区村庄耕地资源普遍较少，支持乡村产业内生发展的特色资源减少，在带来产业风险的同时也破坏了生态格局完整性。

4.3.2.3　村集体与民营经济水平分异："非均衡"+"低水平均衡"产业活力不足

乡村集体经济的发展水平、组织水平和民营企业的数量与规模，可以反映村庄经济发展活力、产业建设的能力和潜力。研究根据村庄集体经济的规模和效益、个体与民营企业的数量和效益等内容，将乡村集体或民营经济发展水平划分为非常高、较高、一般和较低四个等级。

研究表明，村集体与民营经济水平还存在"非均衡"及"低水平均衡"区域，产业活力不足。其中，辛口镇村集体与民营经济发展较好的村庄数量多、空间分布均衡（如小沙沃村沙窝萝卜合作社模式成熟，水高庄村水高庄园田园生态旅游业发展良好，第六埠村集体经营的农业生态观光园和蔬菜合作社等）；杨柳青镇除少数村庄集体经济发展水平较高外（如东碾砣嘴村有十几个集体企业和大型农贸市场，大柳滩村涉农休闲旅游经济发展良好），其余村庄较均衡（东部多数村庄受城镇化影响较强，村集体经营厂房租赁、商铺租赁等房地产业较为普遍）；独流镇各村庄差异性较大，不同发展水平的村庄在空间上交错分布（如生产街村拥有个体民营企业二十多家，而与之相邻的十一堡村民营经济发展则相对不足）；扬芬港镇除少数村庄集体经济发展水平尚可外（如褚西村和褚东村的蔬菜合作社），多数村庄集体及民营经济发展不足，在空间上呈现低水平均衡状态（图 4-28e），产业活力最低，风险水平较高。

村集体收入水平反映了村集体经济规模，是乡村实现经济自治和可持续发展目标、提升产业风险抵抗力的重要保障。2018 年四镇村集体收入最高（风险较低）的村庄集中分布于辛口镇西部和杨柳青镇西部（图 4-28f），典型特征为土地资源多、人口规模大、农业从业比例稳定（图 4-28g）、农业发展水平较高、集体经济发达；村集体收入较低（风险较高）的村庄主要有两类，一是高度城镇化且村集体部分解体的村庄（如杨柳青镇区周边），二是村庄规模较小且集体经济较弱的村庄（如于家堡村等）。

4.3.2.4　非农产业分异：二产主导村庄转型压力大+无明显非农产业村庄活力不足

乡村非农产业类型反映了村庄非农产业的发展基础和产业活力，其中第三产业发达的村庄产业活力高，风险较小；二产较多的村庄转型压力较大；非农产业较少的村庄产业活力低，风险较高。分析可得，研究范围内的乡村非农产业类型以房地产租赁、休闲旅游、食品加工、机械加工等类型居多，另有少量村庄以商业贸易、建筑工程、化工类产品制造、服装加工为主导。其中房地产租赁类产业多分布于杨柳镇区周边村庄（如拾陆街村）和辛口镇少数村庄（如上辛口村），以城镇服务业为主导，已无乡村产业特色；休闲旅游类产业主要分布于辛口镇西南部（如水高庄村）和杨柳青镇北部（如白滩寺村）；机械加工类产业主要分布于扬芬港镇区周边和独流镇中南部（如北肖楼村），面临产业转型发展压力；食品加工类产业则分布相对分散（图4-28h），亟待整合提质升级。

总体来看，四镇乡村非农产业中二、三产业空间分化较为明显：杨柳青镇和辛口镇乡村第三产业发展较快，而独流镇和扬芬港镇乡村非农产业则仍以第二产业为主。其中，第二产业中的低端制造业分布仍然较为广泛，未来面临转型升级；仍有24%的村庄无明显的非农产业发展，说明村庄产业链条的延伸建设不足，缺乏多产业类型之间的互动发展，产业活力不足带来的风险相对较高。

4.3.2.5 乡村工业用地演化分异：碎片化分散式与点状集聚式加速扩张

（1）乡村工业用地演变：加速扩张+碎片化分散式+点状集聚式

根据四镇乡村工业用地分时段变化统计（表4-18），乡村工业用地呈现加速增长趋势，2018年工业用地总面积已达到1988年的6.2倍，这从侧面反映出快速城镇化时期，城市边缘区乡村第二产业的快速扩张。

从空间范围变化看，1988年四镇乡村工业用地分布范围较小，仅在杨柳青镇区西青道两侧少量集中，其余地区均为碎片化分布；1998年强化了杨柳青镇区工业用地的集中趋势；2008年乡村工业用地有了较大范围的扩展，包括杨柳青镇域南部和西北部、辛口镇区南侧和北侧；2018年乡村工业用地分布更广泛、集中趋势更明显，杨柳青镇域南部、辛口镇区周边、扬芬港镇域北部已形成较大规模的工业园区，其余碎片化的工业用地也呈现出沿主要公路和乡村道路的线

四镇乡村地区不同时期工业用地面积变化统计表　　　　　表4-18

时间	工业用地面积（km²）	用地变化量（km²）
1988年	5.57	—
1998年	7.60	2.03（1988—1998年）
2008年	17.59	9.99（1998—2008年）
2018年	34.69	17.10（2008—2018年）

资料来源：作者基于GIS计算结果绘制

性及网状延伸趋势，在挤压生态空间的同时，强烈冲击了乡村原有的产业与居民就业体系，大量低效分散的村镇工业亟待整合与转型（图4-28i）。

（2）人均工业用地分异：镇区周边及工业区村庄产业粗放，转型压力大

人均工业用地规模可以反映乡村产业结构特点，人均工业用地规模较大的村庄通常工业占比相对较高。四镇乡村人均工业用地规模较大的村庄集中于杨柳青镇区周边、辛口镇区、独流镇域东部、扬芬港镇域北部，其中多数村庄位于镇区内部或镇区周边，人均工业用地普遍高于200m^{2}甚至超过500m^2，工业用地增长粗放，破坏了乡村内生产业体系和宝贵的空间资源（图4-28j）。

4.3.3 社会风险格局：远郊人口外流 + 近郊社群解体

中观城市边缘区乡村社会风险主要涉及人口、劳动力析出水平、集体组织能力等要素数据，研究通过识别上述风险要素数据空间特征，综合判断乡村社会风险格局特征（图4-29）。

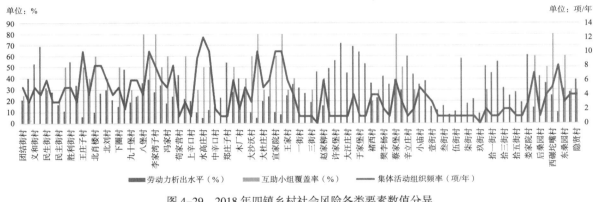

图 4-29　2018 年四镇乡村社会风险各类要素数值分异
（来源：作者自绘）

4.3.3.1 乡村人口演化分异：交通干线及镇区集聚产生人口混杂 + 劳动力析出不均

（1）常住人口分布：交通线性集聚 + 镇区周边点状集聚冲击原有社群结构

常住人口主要沿国、省、县道等交通干线和京杭运河沿线分布，并在镇区周边显著集聚。其中辛口镇常住人口分布较为均衡，在镇域范围内形多个人口集聚区；而杨柳青镇和独流镇则呈现较为明显的极化态势，外来人口集聚冲击原有社群结构（图4-30a、图4-30b）。工作人口分布格局与常住人口基本一致，但人口向镇区集中化的趋势更突出，在镇区及其周边分布的范

围有所扩大，如辛口镇区南侧工业区等。从常住人口变化来看，远郊人口增长乏力（部分村庄人口外流），而镇区周边村庄点状集聚趋势加强，导致人口混杂冲击原有社会治理体系，增加了社会治理难度（图4-30c、图4-30d）。

（2）人口变化动态度分异：镇区及周边村庄增速快，社会不稳定性增加

四镇乡村人口增长较快的村庄集中于镇区所在村庄及周边村庄，如辛口镇上辛口村、独流镇团结街村等，该类村庄人口增长动态度过高，冲击原有社群体系，社会不稳定性增加，构建新的社会治理体系、促进社会融合发展十分迫切；人口增速较慢甚至人口数量有所降低的村庄，分布于两大区域，一是扬芬港镇西部（距离中心城区较远，人口增长动力不足），二是位于杨柳青镇区和辛口镇区之间，部分人口流入镇区，该类村庄人力资源逐渐减少、人口结构趋于失衡，社会治理的人力、智力基础不足，迫切需要加强基础组织建设、增加产业和就业吸引力，化解社会风险（图4-30e）。

（3）劳动力析出分异：局部较高 + 削弱乡村社会自组织基础

劳动力析出水平[①]可以反映村庄的居民就业情况，一般劳动力析出水平较高的村庄，其就

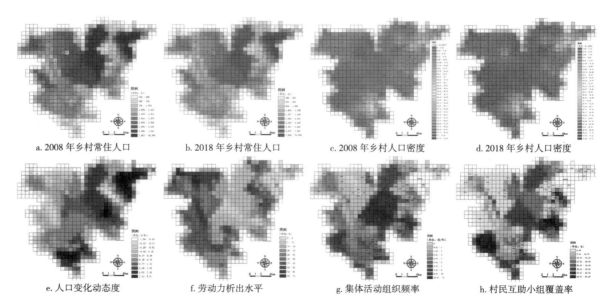

| a. 2008年乡村常住人口 | b. 2018年乡村常住人口 | c. 2008年乡村人口密度 | d. 2018年乡村人口密度 |

| e. 人口变化动态度 | f. 劳动力析出水平 | g. 集体活动组织频率 | h. 村民互助小组覆盖率 |

图4-30 2018年四镇乡村社会风险各类要素空间分异
（来源：作者自绘）

---

① 劳动力析出水平，是指村庄外出务工的劳动力数量占村庄全部劳动力数量的百分比。

业岗位供给与吸引力相对不足，社会治理及产业培育的人力基础被削弱，乡村系统风险相对较高。

2018年四镇乡村劳动力析出水平较高的村庄主要分布于扬芬港镇西北部和南部、杨柳青镇西南部、独流镇西部和东北部，涵盖了临近或远离镇区、交通干道沿线及非沿线地区等多种区位类型（图4-30f）。该部分村庄社会自组织发展的人力基础不足，迫切需要通过产业提升、社会治理的基础组织建设，提升乡村社会风险抵抗能力。

4.3.3.2 社会自治能力分异：组织建设滞后＋高度城镇化发展产生社会风险

社会自治能力反映了乡村社会的自组织水平，是乡村抵御社会风险、实现韧性发展目标的社会组织基础，为可持续的经济组织与产业发展、民生建设、生态环境保育提供支撑。研究选取村集体活动组织频率、互助小组覆盖率、村民参与决策机制等指标作为乡村社会自治能力的具体调查内容。

（1）村集体组织水平较低的类型：基层组织建设滞后＋高度城镇化发展

村集体活动组织频率反映了村庄集体的组织能力和行动能力。四镇乡村集体活动组织频率较高的村庄集中分布于辛口镇西部和中南部、杨柳青镇西部、独流镇西南部等；集体活动组织频率较低的村庄主要有两类，一是位于辛口镇东北部、杨柳青镇区周边（高度城镇化发展导致乡村集体瓦解，社会治理体系亟待转型），二是扬芬港镇区周边和镇域西部（乡村基层组织建设滞后，人力与智力基础相对较弱，亟待针对性加强基层组织建设）（图4-30g）。

（2）村民自组织水平较低的类型：社会组织建设滞后＋高度城镇化发展

互助小组覆盖率反映了村民自组织建设水平，是村民实现生活文化交流、经济合作互助的重要支撑。四镇乡村互助小组覆盖率较高的村庄集中分布于辛口镇南部、独流镇西南部等；互助小组覆盖率较低的村庄主要有两类，一是位于杨柳青镇区周边、辛口镇区和独流镇区（高度城镇化发展导致传统乡村社会解体，迫切需要重建新社区自组织体系），二是扬芬港镇大部分区域（乡村社会建设滞后，应逐步培育多元的村民自组织形式）（图4-30h）。

4.3.4 民生风险格局：设施不均＋收入分化＋职住失衡

中观城市边缘区乡村民生风险主要涉及公共服务设施、交通设施、居民收入水平、职住空间关系等要素数据，研究通过识别上述风险要素数据空间特征，综合判断乡村民生风险格局特征（图4-31）。

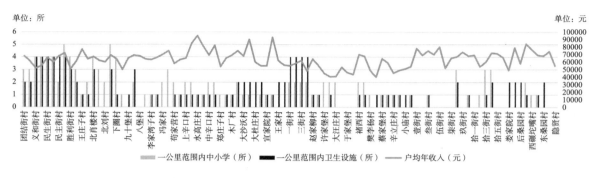

图 4-31　2018 年四镇乡村民生风险各类要素数值分异
（来源：作者自绘）

4.3.4.1　乡村公共服务设施格局：分布极不均衡＋远郊村庄覆盖度低

（1）乡村公共服务设施总体格局：近郊及镇区集聚＋远郊覆盖度低

根据百度慧眼平台公共服务设施热力空间分布数据，公共服务设施在杨柳青镇区形成较强的空间集聚趋势，其次是辛口镇区和独流镇区。从覆盖范围看，杨柳青镇和辛口镇公共服务设施热力空间范围基本涵盖了各村庄居民点，而独流镇公共服务设施热力空间范围则基本局限于镇区及周边村庄，镇域西部、南部各乡村居民点覆盖度较差。

（2）乡村商业设施总体格局：近郊及镇区集聚＋远郊村庄活力不足

根据百度慧眼平台商业设施热力空间分布数据，与公共服务设施相比，商业设施分布相对分散，除各镇区有较强的商业设施集聚外，杨柳青镇域南部和辛口镇域西部的乡村居民点形成次级商业活力区；而独流镇的商业设施仍过于集中在镇区及周边，镇域多数村庄商业活力较低。

（3）教育及卫生设施空间分布：向镇区集聚＋局部覆盖度较低

研究基于核密度分析方法，识别各类服务设施空间分布及其覆盖范围空间特征。鉴于乡村服务设施类型庞杂，研究选取与居民生活关系最为紧密的教育设施（以小学为例）和医疗卫生设施（以卫生院或卫生站为例）展开分析。

2018 年四镇乡村小学空间分布呈现非均衡性，杨柳青镇区的小学数量最集中，并在独流镇区周边、扬芬港镇西北部形成次级集中区域。杨柳青镇极化趋势最突出，除镇区周边和大柳滩村外，其余村庄几乎无小学分布；扬芬港镇小学空间分布最均衡（图 4-32a）。2018 年四镇乡村医疗卫生设施呈现较强的极化趋势，并主要向镇区集中。其中，杨柳青镇、扬芬港镇和独流镇的镇区极化特征最为突出，在镇域范围内未能实现卫生站空间全面覆盖；辛口镇的医疗（卫生）

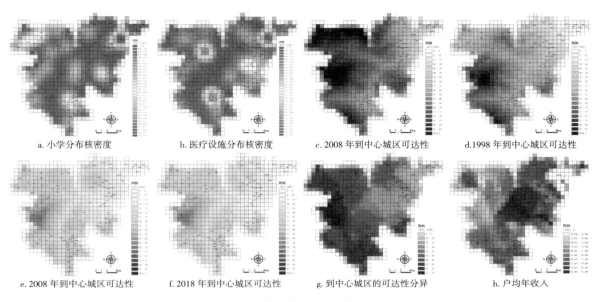

a. 小学分布核密度　　b. 医疗设施分布核密度　　c. 2008年到中心城区可达性　　d.1998年到中心城区可达性

e. 2008年到中心城区可达性　　f. 2018年到中心城区可达性　　g. 到中心城区的可达性分异　　h. 户均年收入

图4-32　2018年四镇乡村民生风险各类要素空间分异
（来源：作者自绘）

设施布局较为均衡（图4-32b）。综合来看，乡村公共服务设施主要向镇区集聚，多数村庄覆盖度较低，给村民生活带来不便，居住吸引力不足，一定程度上加剧人口外流，民生风险、社会风险等较为突出。

4.3.4.2　交通可达性：由"非均衡"到"均衡"整体风险降低＋仍存在低可达村庄

乡村地区交通可达性是影响乡村居民就业及生活便捷度的重要因素，是识别城市边缘区乡村民生风险的主要要素类型之一。

（1）交通可达性演变：高可达区域不断扩大＋仍存在低可达村庄

1988年四镇乡村与中心城区交通可达性，在空间上呈现出明显的"点状集聚、线性延伸"非均衡性（图4-32c），即高可达性区域（通勤时间30min以内）主要集中于杨柳青镇区周边村庄，低可达性区域内村庄面积大、分布广，除杨柳青镇外，各镇大部分区域到达天津中心城区的时间成本均高于30min。

1998年乡村与中心城区交通可达性，在空间上呈现初步的网络化延伸趋势（图4-32d），与1988年相比，高可达性区域范围显著扩大，主要集中于研究范围内的中北部区域。这主要得益于津保高速公路和112国道建设，以及中心城区向外扩张过程中的城郊道路建设。研究范围西南部仍以低可达性区域为主。

2008 年乡村与中心城区交通可达性，呈现网络化、均衡化趋势（图 4-32e），高可达性范围进一步扩大，中北部区域可达性进一步提升，西南部可达性显著改善。一方面由于高速公路建设迅速，研究范围及周边建成多条高速及十余个出入口，提升了整体交通区位；另一方面是乡村道路逐渐连接成网，使得国、省、县道等干线交通进一步向各镇村腹地延伸，有效推动了交通可达性的空间均好化。

2018 年乡村与中心城区交通可达性，与 2008 年相比变化较小（图 4-32f），局部交通可达性进一步提升，如杨柳青镇西部、辛口镇南部。这是由于该时期交通设施建设速度下降，天津西郊主干路网已基本成型，研究范围内可达性整体快速提升的难度较大，只有少量内部联系道路建设带来局部地区可达性优化。

根据四镇乡村交通可达性分档村庄数量统计（图 4-33），1988—1998 年，村庄数量高值对应的可达性区间（30—70min）大致相同（波峰基本吻合），但高可达性（30min 以内）村庄明显增多、低可达性（70min 以上）村庄锐减，说明整体结构优化；1998—2008 年，村庄数量高值对应的可达性区间由中可达性（30—70min）变为高可达性（波峰左移），高可达性村庄数量占主体，说明乡村可达性有了质的提升；2008—2018 年，中低可达性村庄继续减少，高可达性村庄数量升至 79 个（占村庄总数的 85%），说明多数村庄已位于与中心城区通勤相对舒适的范围内。从交通便捷性角度，西郊乡村的民生风险整体降低。

（2）交通可达性空间分异：局部跳跃式变化 + 仍存在低可达村庄

乡村可达性与村庄到中心城区的空间距离密切相关，但局部村庄因为交通设施条件的显著变化而出现可达性跳跃式改变，如独流镇九十堡村，由于京沪高速出入口位于村西，且 104 国

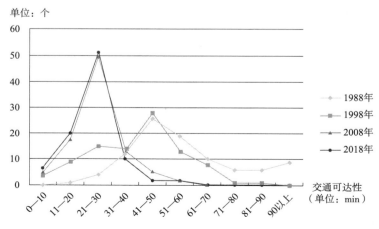

图 4-33　1988—2018 年四镇乡村交通可达性分档村庄数量统计

（来源：作者自绘）

道、310 省道交汇于此，可达性明显高于周边村庄；再如辛口镇大杜庄村，由于铁路分割，可达性明显低于西侧距离中心城区更远的村庄（图 4-32g）。同时，还存在部分低可达性村庄（与中心城区通勤时间超过 30min），如扬芬港镇西部、独流镇南部各村庄，交通设施难以支持部分居民城乡兼业就业需求，需进一步改善交通可达性，化解该部分村庄民生风险。

4.3.4.3　乡村居民收入分异："非均衡" + "低水平均衡"民生风险较高

村民收入水平反映村庄居民生活水平，是识别乡村民生风险的重要指标。2018 年四镇各村庄居民收入水平呈现显著的非均衡性：高收入水平的村庄集中于辛口镇西部和中部（如小沙沃村）；次级高收入水平的村庄主要分布于杨柳青镇区周边和西部（如大柳滩村）、独流镇南部（如王庄子村）、扬芬港镇西北部（如褚西村）；低收入水平的村庄主要分布于扬芬港镇南部和西部（如大汪庄村）。其中辛口镇各村属于"高水平均衡"型，杨柳青镇和独流镇属于"非均衡"型，扬芬港镇则属于"低水平均衡"型，整体风险水平较高，提升居民收入水平的需求相对迫切（图 4-32h）。

4.3.4.4　居民职住空间关系：就业向镇区城区集中 + 生活吸引力不足 + 职住分离

生活与就业的职住空间关系，反映了城市边缘区乡村居民的就业空间特点、就业通勤便捷程度，并从侧面反映出就业岗位供给的特点与问题。居民职住空间关系格局主要包括常住人口的工作地点分布、工作人口的居住地点分布等。

（1）常住人口的工作地点分布：镇区集中 + 向城区轴向拓展 + 乡村就业不足

根据百度慧眼平台数据（扬芬港镇数据暂缺，图 4-34），四镇常住人口的工作地点分布范围较广：在研究范围内，工作地点主要集中于各镇区，其中杨柳青镇区集聚效应较为突出，另外国、省、县道等主要干道沿线的部分村庄也成为工作地点集中区域；在研究范围外，工作地点主要分布于天津中心城区、研究范围与中心城区之间的区域，呈现向中心城区方向"轴向拓展"的趋势。就业空间向镇区集中、向城区轴向拓展，反映出乡村就业供给不足。

根据常住人口的工作地点分布（以乡镇为单元）排名（扬芬港镇数据暂缺，表 4-19），研究范围内 59% 的常住人口选择在本区域内就业，21% 的常住人口选择在中心城区内部或研究范围与中心城区之间的区域（如中北镇）就业。这反映出本地就业、就近就业的比重不高，存在一定的职住分离问题。

（2）工作人口的居住地点分布：生活吸引力不足 + 职住分离

根据百度慧眼平台数据（扬芬港镇数据暂缺，图 4-35），四镇工作人口的居住地点分布较为广泛，主要分布于研究范围以内、中心城区内部、中心城区与研究范围之间的区域。同时，根

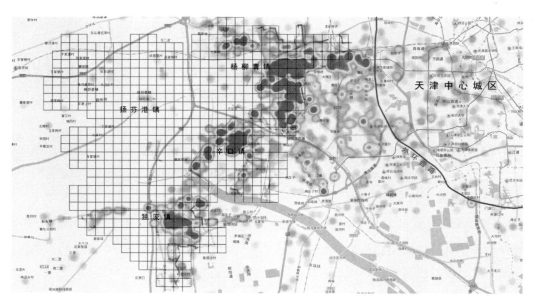

图 4-34　四镇 2019 年 7 月常住人口的工作地点分布
（来源：百度慧眼平台数据）

2019 年 7 月四镇职住关系对比分析统计　　　　　　表 4-19

常住人口的工作地点分布前十名				工作人口的居住地点分布前十名			
排序	区域	人数（人）	占比（%）	排序	区域	人数（人）	占比（%）
1	杨柳青镇	27702	38.3	1	杨柳青镇	26375	36.4
2	辛口镇	8333	11.5	2	辛口镇	9438	13.0
3	独流镇	6960	9.6	3	独流镇	7182	9.9
4	中北镇	6442	8.9	4	中北镇	4861	6.7
5	张家窝镇	4749	6.6	5	张家窝镇	3678	5.1
6	静海城区	1738	2.4	6	静海城区	1472	2.0
7	良王庄乡	1072	1.5	7	双口镇	1343	1.9
8	西营门街道	945	1.3	8	青光镇	983	1.4
9	精武镇	893	1.2	9	良王庄乡	784	1.1
10	李七庄街道	617	0.9	10	李七庄街道	743	1.0

资料来源：根据百度慧眼平台数据绘制

据工作人口的居住地点分布（以乡镇为单元）排名，40% 的工作人口并不居住于本地，说明四镇乡村的居住环境与设施配置不足以吸纳工作人口进入本地居住，生活吸引力相对不足，也是职住分离现象的原因之一。

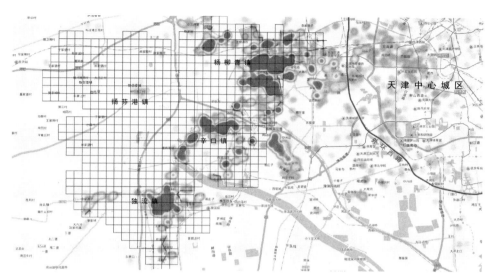

图 4-35　四镇 2019 年 7 月工作人口的居住地点分布
（来源：百度慧眼平台数据）

4.3.5　生态风险格局：不稳定点集中＋由近及远蔓延

生态环境是乡村赖以发展的自然资源与空间载体，研究以四镇为例，识别乡村生态风险格局（1988—2018 年）演变趋势和分异特征，为基于中观乡村系统风险格局特征的城市边缘区村庄聚类研究提供支撑。

4.3.5.1　生态风险格局演化特征：生态空间被压缩＋不稳定性加剧＋由近及远蔓延

研究基于遥感影像数据获取与 ENVI 解译技术，分别获取四镇乡村历史年份（1988 年、1998 年、2008 年和 2018 年）的各类用地空间矢量图，以此为基础识别中观尺度下乡村生态空间变化趋势、不同用地间的空间转换格局、生态景观指数变化特征等。

（1）生态风险：工业及交通用地持续扩张＋生态空间被压缩＋农田加速消失

根据四镇乡村不同时期各类用地面积变化对比[①]（图 4-36），农田面积持续减少，且减少速度不断加快；水域和自然植被面积分别经历了先增后减和先减后增的变化趋势，但与 1988 年相比均有所降低；居民点空间先增后减并趋于稳定；工业用地和交通用地面积均有不同幅度的持续

————————

① 根据研究需要和遥感影像解译范围，乡村各类用地主要涉及水域、农田（包括普通农田与设施农田）、自然植被、建设用地（包括居民点、工业用地、交通用地）等，其中居民点指居住用地及各类服务设施。

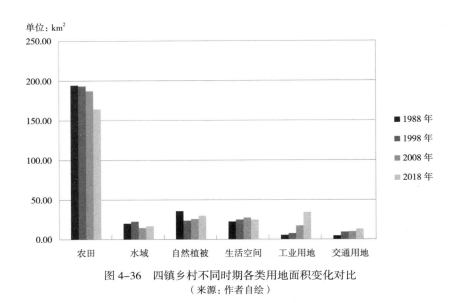

图 4-36　四镇乡村不同时期各类用地面积变化对比
（来源：作者自绘）

增长趋势，建设用地的持续扩张大幅挤压了生态空间，是生态风险的主要来源。

1988—2018 年间，四镇乡村农田、水域、自然植被面积均有所减少，其中以农田减量最大；乡村居民点、工业用地及交通用地均有所增长，其中工业用地增量最大。快速城镇化时期四镇乡村建设用地扩张主要来自村镇工业发展，且呈加速趋势；交通设施在经历了最初十年的快速增长后，增速放缓。建设用地扩张导致农田空间加速缩小，耕地保护的压力与日俱增（表 4-20）。

四镇乡村地区不同时期各类用地面积变化统计表（单位：km²）　　　表 4-20

时间	农田	水域	自然植被	生活空间	工业用地	交通用地
1988 年	194.14	19.90	36.21	22.83	5.57	4.62
1998 年	193.65	22.81	24.01	25.67	7.60	9.61
2008 年	186.82	14.79	26.09	28.24	17.59	10.01
2018 年	164.54	16.66	30.22	24.79	34.69	12.86
1988—1998 年变化量	−0.49	2.91	−12.20	2.84	2.03	4.99
1998—2008 年变化量	−6.83	−8.02	2.08	2.57	9.99	0.40
2008—2018 年变化量	−22.28	1.87	4.13	−3.45	17.10	2.85
1988—2018 年总变化量	−29.60	−3.24	−5.99	1.96	29.12	8.24

资料来源：作者基于 GIS 软件计算结果绘制

1）基于农田演变的生态风险格局：农田消失的空间主要分布于两类区域，一是建设用地集中拓展的区域，如杨柳青镇区东部与南部、扬芬港镇北部、辛口镇区周边等（图 4-37a）；二是部分水域和自然植被空间，如独流减河、杨柳青西部果林等（图 4-37b）。从分时段变化特征来看（表 4-21），四镇乡村地区农田空间消失速度急剧加快，消失幅度逐渐增加，由农田消减带来的生态风险逐渐加剧。

四镇乡村地区农田空间面积变化指数　　　　　　　　　　表 4-21

指标名称	1988—1998 年	1998—2008 年	2008—2018 年	1988—2018 年
消失面积（km²）	2.29	9.54	25.84	37.67
扩张面积（km²）	1.80	2.71	3.56	8.07
消失速度（km²/ 年）	0.23	0.95	2.58	1.26
消失幅度	1.18%	4.93%	13.83%	19.40%
扩张速度（km²/ 年）	0.18	0.27	0.36	0.27
扩张幅度	0.93%	1.39%	1.93%	4.16%

资料来源：作者基于 GIS 软件计算结果绘制

2）基于水域演变的生态风险格局：水域消失范围分为两类，一是集中斑块，如杨柳青镇区及南部工业区；二是散布的斑块，主要为村边坑塘、田间水渠等（图 4-37c）。从分时段变化特征来看（表 4-22），四镇乡村地区水域消失速度为先增后减，三十年间总量有所减少。水域集中消失区域，是生态风险相对集中区域，是未来生态空间用途管控的重点区域。

3）基于自然植被演变的生态风险格局：自然植被消失范围主要集中于杨柳青镇东部及西北部，以及辛口镇和扬芬港镇北部，其余范围较为分散（图 4-37d）。从分时段变化特征来看

四镇乡村地区水域空间面积变化指数　　　　　　　　　　表 4-22

指标名称	1988—1998 年	1998—2008 年	2008—2018 年	1988—2018 年
消失面积（km²）	1.12	8.41	1.27	6.40
扩张面积（km²）	4.03	0.39	3.14	3.16
消失速度（km²/ 年）	0.11	0.84	0.13	0.21
消失幅度	5.63%	36.87%	8.59%	32.16%
扩张速度（km²/ 年）	0.40	0.04	0.31	0.11
扩张幅度	20.25%	1.71%	21.23%	15.88%

资料来源：作者基于 GIS 软件计算结果绘制

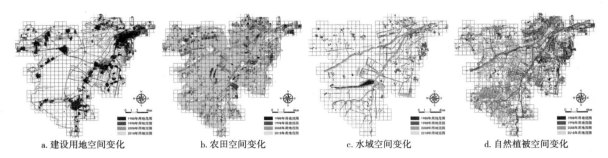

a. 建设用地空间变化　　b. 农田空间变化　　c. 水域空间变化　　d. 自然植被空间变化

图4-37　1988—2018年四镇各类用地变化
（来源：作者自绘）

（表4-23），四镇乡村自然植被消失速度减缓，三十年间总量有所减少。自然植被集中消失区域，是生态风险相对集中区域，是未来生态空间用途管控的重点区域。

（2）生态空间变化动态度：不稳定性加剧生态风险＋自然植被变化最剧烈

依据第3章相关理论，研究运用空间变化动态度模型计算四镇乡村各类用地变化动态度及综合变化动态度，识别各类用地空间变化速率（表4-24）。

1988—1998年四镇乡村自然植被变化总量和动态度最大，其次为建设用地，说明该时期建设用地扩张对自然植被造成较大破坏。1998—2008年乡村建设用地的变化总量最大，其次为农田；水域变化动态度较大，说明该时期建设用地扩张致使农田及水域大幅度消失。2008—2018年乡村农田变化总量最大；建设用地变化动态度较大，说明该时期建设用地继续侵占大量农田。综合1988—2018年的三十年间，四镇乡村建设用地变化总量最大，其次为农田；建设用地变化动态度也最大，其次为自然植被。说明研究期内建设用地侵占农田面积最多，自然植被受破坏的幅度最大。

四镇乡村地区自然植被空间面积变化指数　　　　表4-23

指标名称	1988—1998年	1998—2008年	2008—2018年	1988—2018年
消失面积（km²）	16.23	1.51	4.10	18.01
扩张面积（km²）	4.03	3.59	8.23	12.02
消失速度（km²/年）	1.62	0.15	0.41	1.80
消失幅度	44.82%	6.29%	15.71%	49.74%
扩张速度（km²/年）	0.40	0.36	0.82	1.20
扩张幅度	11.13%	14.95%	31.54%	33.19%

资料来源：作者基于GIS软件计算结果绘制

四镇乡村地区 1988—2018 年单一用地及全域综合变化动态度　　　表 4-24

空间类型	1988—1998 年		1998—2008 年		2008—2018 年		1988—2018 年	
	动态变化总量（km²）	动态度（%）	动态变化总量（km²）	动态度（%）	动态变化总量（km²）	动态度（%）	动态变化总量（km²）	动态度（%）
农田	4.09	0.211	12.25	0.633	29.40	1.574	45.74	0.785
水域	5.15	2.588	8.80	3.858	4.41	2.982	9.56	1.601
自然植被	20.26	5.595	5.10	2.124	12.33	4.726	30.03	2.764
建设用地	10.40	3.150	18.32	4.272	26.22	4.696	53.74	5.425
综合变化	39.90	1.409	44.47	1.570	72.36	2.552	139.07	1.636

资料来源：作者基于 GIS 软件计算结果绘制

根据综合用地变化动态度数值，四镇乡村生态格局变化活跃程度持续加大，说明研究范围内生态空间格局仍处于快速发展变化中，生态格局的不稳定性是乡村生态风险的主要表现之一。

（3）建设用地侵占生态空间范围：由近郊向远郊推移 + 集中化趋势明显

依据第 3 章相关理论，研究首先通过建立四镇乡村各类用地间的空间转移矩阵，识别用地转化的主导方向，进而明确各时间区段主要用地类型转换的空间分布特征。

1988—2018 年间，水域空间、农田空间、自然植被转出的主导方向均为建设用地，建设用地转出的主导方向是自然植被。由此可见，在快速城镇化过程中，城市边缘区乡村地区各类用地之间的转化主导方向为多种生态空间向建设用地转化（表 4–25）。

四镇乡村 1988—2018 年各类用地空间转移矩阵（单位：km²）　　　表 4-25

1988＼2018	水域空间	农田空间	自然植被空间	建设用地
水域空间	13.50	1.33	0.56	4.51
农田空间	0.45	156.47	6.59	30.63
自然植被空间	1.82	5.07	18.20	11.12
建设用地	0.89	1.45	4.87	25.81

资料来源：作者基于 GIS 软件计算结果绘制

因此，研究提取农田转建设用地、水域转建设用地、自然植被转建设用地等主要转化方向，识别各时期各类生态空间向建设用地转化的空间分布特征。

1988—1998 年间，农田、水域和自然植被均向建设用地有不同程度的空间转出，农田空间占主要比例，集中于杨柳青镇东北部，而建设用地转入的空间中，交通用地占较大比例

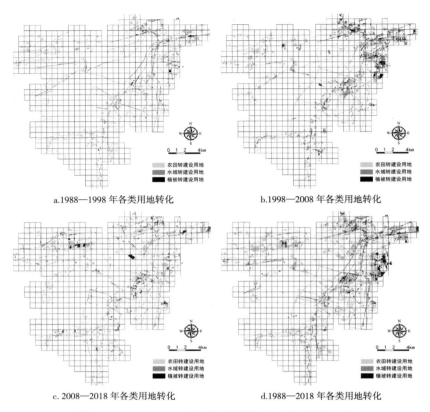

a.1988—1998 年各类用地转化　　　　　　　b.1998—2008 年各类用地转化

c.2008—2018 年各类用地转化　　　　　　　d.1988—2018 年各类用地转化

图 4-38　1988—2018 年四镇主要用地空间转换位置分布

（来源：作者自绘）

（图 4-38a）；1998—2008 年间农田持续转出的同时，自然植被也有较多转出，建设用地转入空间主要为工业区和高速公路（图 4-38b）；2008—2018 年间仍以农田和自然植被转出为主，空间转出重心向辛口镇和扬芬港镇转移，建设用地转入空间以扬芬港镇北部工业区最典型（图 4-38c）。

综合 1988—2018 年间四镇乡村生态空间向建设用地转化的特征：①生态空间转出的重心从近郊向远郊推移，生态风险范围不断扩散；②建设用地转入的空间构成，由前期以交通为主，转向中后期以工业用地为主；③各类生态空间转出转入的范围集中化趋势明显，主要集中于镇区周边、工业园区、交通干道沿线等，成为生态风险较为突出的区域（图 4-38d）。

（4）生态景观破碎化明显 + 斑块形状复杂度升高 + 景观多样性相对稳定

研究针对乡村生态景观特点，在景观水平与类型水平上选取反映生态景观格局特征的景观指数类型，包括斑块类型面积（*CA*）、斑块类型面积百分比（*PLAND*）、斑块密度（*PD*）、最大斑块指数（*LPI*）、景观形状指数（*LSI*）、平均斑块面积（*MPS*）、香农多样性指数（*SHDI*）等，基于Fragstats软件平台，计算四镇乡村1988年与2018年的主要景观格局指数（表4-26），通过对比分析景观格局演变趋势判断生态风险格局特征。

1）景观格局破碎化趋势较为明显。根据斑块密度（*PD*）与平均斑块面积（*MPS*），四镇乡村斑块数量与密度有较大增幅，平均斑块面积则显著下降，农田和自然植被的景观破碎化趋势尤为明显。根据最大斑块指数（*LPI*），自然景观要素的斑块破碎化显著，而建设用地在扩张过程中*LPI*指数明显上升。

2）景观斑块的形状复杂程度有所升高。根据景观形状指数（*LSI*），四镇乡村的景观斑块形状指数多数有明显升高（水域除外，其*LSI*指数基本稳定），其中农田及自然植被的*LSI*指数增长值较大，说明伴随着景观格局破碎化，许多景观斑块边界完整性被破坏，斑块形状复杂度有所升高。

3）景观多样性程度略有降低。根据景观水平的总体空间香农多样性指数（*SHDI*），四镇乡村景观多样性稍有下降，说明伴随部分景观类型消失，会有新的景观类型出现，而景观类型消失的速度更快一些。

四镇乡村景观水平与类型水平上主要景观格局指数对比 表 4-26

时间	项目	CA（hm²）	PLAND（%）	PD（个/km²）	LPI（%）	LSI	MPS（m²）	SHDI
1988 年	总体	28352	100	1916	5.14	49.57	522	1.2725
	水域	1990	7.02	474	0.55	49.90	148	—
	农田	19414	68.48	392	5.14	33.50	1750	—
	自然植被	3621	12.77	835	0.24	67.05	153	—
	建设用地	3327	11.73	215	3.94	39.88	547	—
2018 年	总体	28352	100	5052	11.09	68.03	198	1.2386
	水域	1666	5.88	324	0.18	48.43	181	—
	农田	16454	58.03	1177	2.70	60.52	494	—
	自然植被	3022	10.66	2521	0.16	89.60	42	—
	建设用地	7210	25.43	1030	11.09	56.75	247	—

资料来源：作者根据 Fragstats 软件计算结果绘制

（5）乡村生态风险格局演化趋势总结

研究从空间规模变化、空间变化动态、用地间空间转化和景观格局变化等方面，总结中观城市边缘区乡村生态风险格局的演变趋势（表4-27）。

中观城市边缘区乡村生态风险格局演化特征 表 4-27

	生态空间			建设用地			整体变化结论	风险格局影响
	水域	自然植被	农田	生活空间	工业用地	交通用地		
空间规模变化	减少	减少	减少最多	增长	增长最多	增长	建设用地扩张主要来自工业，农田加速消失	自然生态空间压缩，生态风险加剧
空间变化动态度	一般	一般	一般	最大			自然环境整体空间格局仍在快速变化	空间的不稳定性加剧生态风险
各要素之间转化	主导方向为：各要素向建设用地转化			变化不大	后期主导	前期主导	转化范围集中化趋势明显	高生态风险范围从近郊向远郊推移
景观格局变化	景观斑块形状复杂程度升高，景观多样性相对稳定且略有降低						整体破碎化趋势明显	生态斑块破碎化加剧生态风险

资料来源：作者自绘

1）在用地规模变化方面，农田、水域、自然植被面积均减少，其中农田减少的面积最多；乡村居民点、工业用地及交通用地均增长，工业用地增长的面积最多。快速城镇化时期城市边缘区乡村建设用地的扩张主要来自村镇工业的发展，并导致农田的加速消失。

2）在各类用地间的转化方面，主导方向为多种生态空间向建设用地转化，且空间转出的重心从城市近郊向远郊推移，生态风险范围不断扩散；建设用地转入的空间构成，由前期以交通为主，转向后期以工业用地为主；空间转化的范围集中化趋势明显，主要集中于镇区周边、工业园区、交通干道沿线等，成为生态风险较为突出的区域。

3）在生态空间景观格局变化方面，整体景观格局的破碎化趋势较为明显，景观斑块的形状复杂程度升高，景观多样性则略有下降。

4.3.5.2 生态风险空间分异特征：不稳定点集中于镇区周边及开放道路沿线

基于四镇乡村遥感解译数据和行政村区划矢量数据，识别中观城市边缘区乡村生态风险分异特征，主要包括空间变化冷热点的分布特征、各类用地占比和空间变化幅度的分异特征等（图 4-39）。

（1）基于生态空间比重及变化幅度分异的生态风险格局特征

1）水域：资源分布不均衡 + 镇区周边急剧减少。四镇乡村水域资源分布不均衡，独流减河两侧村庄水域空间资源丰富，其次为子牙河两岸，而扬芬港镇西北部、辛口镇东部村庄水域空间比重相对较低（图 4-40a）。从 1988—2018 年水域变化幅度可以看出，水域急剧减少的村庄集中于独流镇区北侧、扬芬港镇区北侧、辛口镇区南侧和杨柳青镇区周边，共同特征为靠近镇区，建设用地扩张较为活跃，水域空间易被侵占（图 4-40b）。

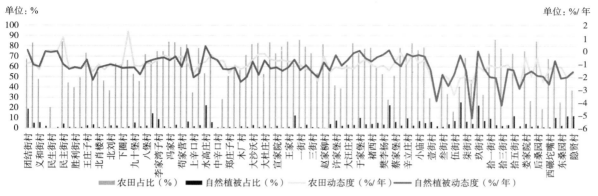

图 4-39 2018 年四镇生态风险要素数值分异
（来源：作者自绘）

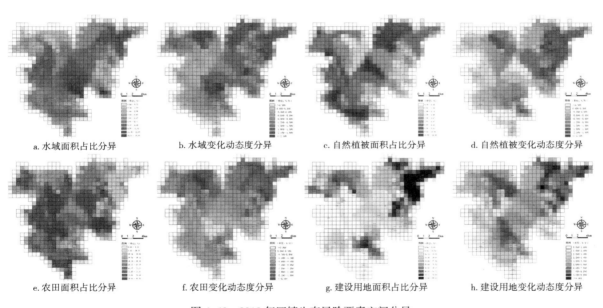

a. 水域面积占比分异　　b. 水域变化动态度分异　　c. 自然植被面积占比分异　　d. 自然植被变化动态度分异

e. 农田面积占比分异　　f. 农田变化动态度分异　　g. 建设用地面积占比分异　　h. 建设用地变化动态度分异

图 4-40 2018 年四镇生态风险要素空间分异
（来源：作者自绘）

2）自然植被：资源差异显著 +"城进绿退"近城区域消失快。四镇各村庄自然植被资源差异显著，林地主要分布于辛口镇西南部（如水高庄）、独流镇西南部和杨柳青镇西北部（如大柳滩村），而各镇区及杨柳青镇南部、辛口镇东部的村庄自然植被比重相对较少（图 4-40c）。根据1988—2018 年四镇各村庄自然植被变化幅度（图 4-40d），自然植被急剧减少的村庄主要分布于东北侧（邻近中心城区），其次为扬芬港镇区北侧和独流镇区周边，可见城镇建设用地扩张对自然植被变化影响显著。

3）农田：西多东少＋镇区周边快速消失。四镇中独流镇、辛口镇和扬芬港镇除镇区外的大部分村庄农田面积比重较高，农业种植空间仍为乡村主要空间类型，而杨柳青镇受城市空间扩张影响较大，除个别村庄外，多数村庄的农田比重较低（图4-40e）。根据1988—2018年四镇各村庄农田变化幅度分异，农田急剧减少的村庄集中于各镇区周边和扬芬港镇区北侧，共同特征为靠近镇区（图4-40f），镇区周边形成生态高风险区域。

4）建设用地：极化趋势显著＋镇区周边动态强导致生态空间不稳定。四镇建设用地比重较高的村庄集中于杨柳青镇、辛口镇、独流镇和扬芬港镇区，以及杨柳青镇东部（靠近主城区），城市空间向近郊村镇扩张的影响较为明显（图4-40g）。根据1988—2018年四镇各村庄建设用地变化幅度（图4-40h），建设用地增长速度最快的村庄集中于各镇区周边，而位于镇区核心区的村庄建设用地则增长速度较慢。镇区周边各个村庄面临建设用地进一步扩张的冲击，空间动态强导致生态空间不稳定，生态风险较突出。

（2）基于稳定性的风险格局：不稳定点集中于镇区周边及开放道路沿线

通过计算乡村各类用地空间变化的冷热点，识别各类用地的不稳定性（生态风险点）在各村庄间的分异特征，为进一步总结乡村生态风险聚类提供依据。

1）水域变化冷热点分布特征：四镇乡村水域变化的热点（风险点）集中于杨柳青镇区周边（建设用地快速扩张）及独流镇北部十一堡村和民主街村（独流减河水面大幅缩小）；次级热点分布于扬芬港镇区北侧（工业园区）和辛口镇区上辛口村（图4-41a）。

2）自然植被变化冷热点分布特征：四镇乡村自然植被变化的热点（风险点）主要分布于杨柳青镇区及其周边村庄；次级热点分布于扬芬港镇区北侧、辛口镇区周边和独流镇区东南侧；冷点则分布于除杨柳青镇外的各镇区核心村庄（存量建设用地为主）及远离镇区的村庄（图4-41b）。

3）农田变化冷热点分布特征：四镇乡村农田变化的热点（风险点）集中于杨柳青镇区周边、扬芬港镇区北侧和辛口镇区南北两侧；次级热点分布最广，覆盖了杨柳青镇西南部、扬芬港镇北部、辛口镇北部和独流镇东部大部分村庄；冷点分布于独流镇北部、扬芬港镇区和独流镇区及少数远离镇区的村庄（图4-41c）。

4）综合用地变化冷热点分布特征：四镇乡村综合用地变化的热点集中于杨柳青镇区及其东北侧村庄（靠近中心城区）、扬芬港镇四街村、独流镇十一堡村等；冷点则分布于各镇区核心区及扬芬港镇西南部、辛口镇东南部、独流镇西南部等村庄。除个别村庄外（如十一堡村），建设用地（图4-41d）与综合用地变化冷热点在空间位置上耦合度最高，说明建设用地变化在城市边缘区乡村生态风险格局变化中占据主导地位。

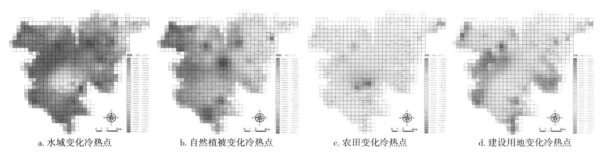

a. 水域变化冷热点　　b. 自然植被变化冷热点　　c. 农田变化冷热点　　d. 建设用地变化冷热点

图 4-41　1988—2018 年四镇各类用地变化冷热点分布

（来源：作者自绘）

从 1988—2018 年间四镇乡村综合用地变化冷热点与交通系统的空间耦合关系来看，空间变化的热点区域与高速公路、铁路没有明显的耦合关系；国、省、县道等交通干线与空间变化热点存在一定的耦合性；支路和乡村道路与空间变化热点的耦合性最为突出。除十一堡村等以水域变化为主导的村庄外，大多数空间变化热点（生态风险点）村庄位于支路和乡村道路密集区域。

（3）生态空间资源支撑能力分异：镇区及工业区村庄的生态支撑力较低

生态环境资源支撑能力不足，是生态风险的主要表征之一。研究采用生态斑块破碎度、生态空间资源比重来反映乡村生态环境资源支撑能力。

1）生态斑块破碎度：高值区集中于镇区及周边村庄。生态斑块破碎度反映了乡村自然生态脆弱性和可持续发展能力，研究采用生态斑块平均面积[①]作为具体的观测变量。生态斑块破碎度最高的区域为杨柳青镇区周边村庄（图 4-42a），这是由于杨柳青镇距离中心城区最近且为西青区政府驻地，城镇建设活动强度较高，对生态斑块完整性的破坏程度较大。

2）生态空间资源：低值区集中于镇区及工业园区村庄。生态空间资源反映了乡村生态空间的丰富度和自然生态可持续发展的能力，研究采用生态空间资源指数[②]作为具体观测变量。生态空间资源丰富区域集中于独流镇西部、辛口镇西南部、杨柳青镇西部、扬芬港镇南部；生态空间资源匮乏区域集中于各镇区及周边村庄，以及扬芬港镇北部（津港工业园，图 4-42b）。

---

① 研究基于 GIS 平台和遥感解译数据计算得出，村庄生态斑块平均面积 = 生态斑块总面积 / 生态斑块数量。
② 生态空间资源指数，是指生态空间占全域空间面积比重，其中农田等半自然空间须乘以折减系数，计算公式为：生态空间资源指数 =（水域面积 + 自然植被面积 + 农田面积 × 0.5）/ 村域总面积 × 100%。

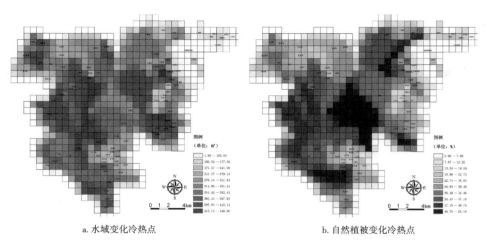

a. 水域变化冷热点 b. 自然植被变化冷热点

图 4-42　2018 年四镇生态空间资源支撑能力分异
（来源：作者自绘）

4.3.6　要素间协调度风险格局：就业供需错位 + 设施错配

城市边缘区乡村系统要素间配置不协调是乡村系统风险主要类型之一[①]，包括生产关系与生产方式类要素协调性、设施配置与人口特征类要素协调性两大类。其中，生产关系与生产方式类要素协调性，是依据具体农作方式类型对土地流转的需求、耕作半径（居民点空间集聚程度）的需求和非农产业的就业岗位供给数量特性（吸纳劳动力的能力）综合判断得出。设施配置与人口特征类要素协调性，则是采用耦合协调度计算模型[154]，具体计算方法为式（4-3）。

$$C_i = \sqrt{\left\{ \frac{X_i \times Y_i}{\left(\frac{X_i + Y_i}{2} \right)^2} \right\}^{1/2} \times T_i}, \quad T_i = \alpha X_i + \beta Y_i \qquad (4-3)$$

式中：X 为设施类要素，Y 为人口类要素，C_i 为第 i 个村庄的要素协调度，X_i 和 Y_i 分别为第 i 个村庄的设施和人口数据，T_i 为耦合协调发展水平的综合评价指数，α、β 分别为设施类要素和人口类要素的相对权重。要素协调度的取值范围为 0—1，越接近 1 表示系统要素协调度越大。

---

① 根据第 3 章关于"城市边缘区乡村系统多重风险构成"的解析，除各类要素间配置失衡风险外，还有乡村内生发展秩序瓦解风险，即产业风险、社会风险、民生风险和生态风险等。

4.3.6.1 生产关系与生产方式要素协调度风险格局

根据当前城市边缘区乡村系统要素配置空间失衡的主要表征[①]，乡村生产关系与生产方式类要素相协调主要包括三组要素配置：土地流转比例与农作类型相协调、居民点集聚度与农作类型相协调、劳动力析出与非农就业布局相协调。本书以四镇乡村为例，识别上述三组要素配置协调度的风险格局。

（1）土地流转比例与农作类型协调度格局：局部土地流转滞后于农作需求

不同农作类型对土地流转的需求有明显差异：大田作物种植类型适宜规模化、机械化生产，因此土地流转需求旺盛；大棚果蔬种植类型属于劳动力密集、技术密集型，受劳动力所限单户经营面积不大，土地流转需求相对较低（表4-28）。

乡村主要农作类型对应的土地流转需求及耕作半径特征　　　　　　　　表 4-28

农作类型	土地流转需求	耕作半径/居民点集聚度响应
大棚果蔬种植	较低	耕作半径较小，需要居民点分散布局
大田粮食作物种植	较高	耕作半径较大，居民点可以集中布局
大田经济作物种植	较高	耕作半径较大，居民点可以集中布局
林果种植	一般	耕作半径中等，居民点可以适度集中布局
特色大棚果蔬种植	较低	耕作半径较小，需要居民点分散布局

资料来源：作者自绘

土地流转比例与农作类型不协调的村庄，绝大部分为土地流转比例滞后于生产对土地流转的需求，说明针对多元乡村类型的土地流转模式设计还有待提升，需要将国家土地流转政策落到实际操作层面，解放乡村生产力、提高农业生产效率。土地流转比例滞后的区域主要包括扬芬港镇北部与西南部、独流镇中北部的大田种植区；其余为辛口镇中部、独流镇南部的大棚果蔬种植区（图4-43a）。

（2）居民点集聚度与农作类型协调度格局：聚集度过高产生职住联系不便

不同农作类型对耕作半径和居民点集聚度的需求有明显差异：大田作物种植类型在土地流转集中后，可以规模化、机械化生产，因此耕作半径较大、居民点可以集中布局；大棚果蔬种植类型属于劳动力密集型，单户经营面积不大，因此耕作半径较小、居民点适宜分散布局。

---

① 见前述表3-2城市边缘区乡村系统要素配置空间失衡风险统计。

乡村居民点集聚度与农作类型不协调的村庄主要为居民点集聚度过高、耕作半径过高不适应劳动力密集型耕作需求，主要分布于辛口镇西部、独流镇中南部，以大棚果蔬种植为主要农作方式。少量村庄为居民点集聚度过低，主要分布于扬芬港镇西北角，主要农作方式为大田作物种植，未来可考虑适度集中建设（图 4-43b）。

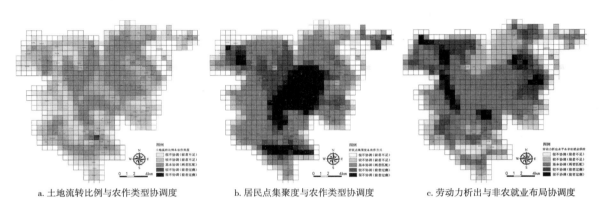

a. 土地流转比例与农作类型协调度 b. 居民点集聚度与农作类型协调度 c. 劳动力析出与非农就业布局协调度

图 4-43 2018 年四镇生产关系与生产方式要素协调度风险格局

（来源：作者自绘）

（3）劳动力析出与非农就业布局协调度：非农就业供给不满足析出劳动力就业需求

不同农作方式下乡村劳动力析出水平存在显著差异：如大田种植方式每年用工量较少、农闲时间长，劳动力析出水平较高；大棚果蔬种植方式属于劳动力密集型，用工量大且农闲时间短，劳动力析出水平较低[1]。

不同非农产业类型对劳动力的吸纳能力存在明显差异：如服装加工、食品加工等属于劳动力密集型产业，对乡村析出劳动力的吸纳能力较强；机械制造加工对劳动力的吸纳能力则相对较弱。

乡村劳动力析出与非农就业布局不协调的村庄多数为劳动力析出水平高于非农就业岗位供给，主要分布于扬芬港镇西北部和南部、辛口镇东北部。其中，扬芬港镇需要布局劳动力密集型产业，吸纳本地析出的劳动力就业；辛口镇村庄距离杨柳青城区较近，可通过交通设施建设引导劳动力就近进入杨柳青城区获得非农就业机会（图 4-43c）。

4.3.6.2 设施配置与人口特征要素协调度风险格局

根据当前城市边缘区乡村系统要素配置失衡的主要表征[2]，乡村设施配置与人口特征类要素

---

① 见前述表 4-17 城市边缘区乡村主要农作类型及特征。

② 见前述表 3-2 城市边缘区乡村系统要素配置空间失衡风险统计。

相协调主要包括三组要素：交通可达性与城乡兼业人口协调度、公交站数量与城乡兼业人口协调度、教育卫生设施数量与常住人口协调度。研究以四镇乡村为例，分析上述三组要素配置协调度的空间格局特征。

（1）交通可达性与城乡兼业人口协调度格局：远郊可达性不满足兼业需求

城乡兼业人口的特征是在城乡两地居住和工作，需要频繁往来于城区和边缘区乡村之间，因此对村庄的交通可达性要求较高。城乡兼业人口数量与劳动力析出水平密切相关，如果交通条件便利，析出的劳动力可通过城乡兼业方式就近就业，相反则会选择外出打工。

四镇乡村交通可达性与兼业人口不协调的村庄主要分为两类：一是交通可达性不满足城乡兼业需求，如扬芬港镇西部，未来需加强通村的道路网建设；另一类是劳动力析出水平较低、本地就业率较高、城乡兼业需求较小，但交通可达性较好的村庄，如杨柳青镇东部和辛口镇西部等，交通设施资源利用相对低效（图4-44a）。

（2）公交站与城乡兼业人口协调度格局：远郊配置不足 + 部分资源闲置

公共交通设施是服务城市边缘区村民城乡兼业需求的重要设施，可以减缓道路网客运压力，提升村民进入城区就业的便捷性。四镇乡村公交站数量与城乡兼业人口不协调的村庄主要分两类：一类是公交站数量滞后于城乡兼业需求，如扬芬港镇西部及北部、独流镇西部等，未来需合理布局公交线路及站点；另一类是本地就业率较高、城乡兼业人口较少，公交站却较充足的村庄，如独流镇镇区及周边、辛口镇西部等，存在一定的资源闲置问题（图4-44b）。

（3）教育卫生设施与常住人口协调度格局：设施总量不足 + 空间分布不均

乡村教育和卫生设施是最基本的公共服务内容，是保障村民生活质量、实现乡村健康可持续发展的重要民生支撑。城市边缘区乡村教育和卫生设施的空间布局应与乡村常住人口数量分

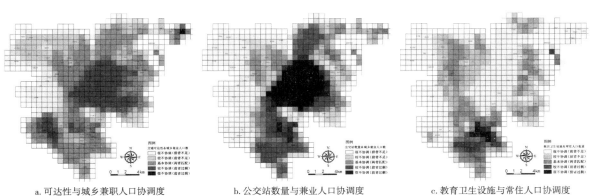

a. 可达性与城乡兼职人口协调度　　　b. 公交站数量与兼业人口协调度　　　c. 教育卫生设施与常住人口协调度

图4-44　2018年四镇设施配置与人口特征要素协调度风险格局
（来源：作者自绘）

布相协调，以确保公共资源的高效使用。考虑到邻近村庄之间设施可以共享，研究选取村庄1km半径范围内教育和卫生设施数量与村庄常住人口数量进行比较，识别设施配置与人口特征不协调区域。

四镇乡村教育卫生设施数量与常住人口不协调的村庄大部分属于教育和卫生设施数量不足型，如扬芬港镇西部、独流镇西部、辛口镇西部和杨柳青镇大部分村庄，其中扬芬港镇和辛口镇是由于镇域内设施总量不足，杨柳青镇和独流镇则属于设施集中布局于镇区，致使部分村庄在1km半径范围内可获取的设施数量极少（图4-44c）。

4.3.6.3 中观城市边缘区乡村系统要素间协调度风险格局特征总结

城市边缘区乡村系统风险主要要素间的协调度，呈现显著的空间分异特征，并对系统风险格局产生重要影响（表4-29）。

城市边缘区乡村系统要素间协调度风险格局特征总结 表4-29

协调类型	要素双方		空间格局特征	风险影响
生产关系与生产方式相协调	土地流转	主要农作方式	土地流转比例滞后于流转需求的村庄占主导	产业风险：束缚农业生产力，影响多元产业发展
	居民点集聚度	主要农作方式	集聚度过高型占主导；存在少量集聚度不足型	民生风险：集聚度过高带来职住联系不便
	劳动力析出水平	非农产业布局	劳动力析出水平高于非农就业供给的村庄占主导	社会风险：本地非农就业不足造成人口外流
设施配置与人口特征相协调	道路交通可达性	城乡兼业人口	远郊劳动力大量析出的村庄可达性不满足兼业需求	民生风险：职住联系不便
	公共交通设施供给	城乡兼业人口	远郊劳动力大量析出的村庄公交站数量滞后于兼业需求	社会风险：就业不便致使部分劳动力外流
	公共服务设施供给	常住人口	设施不足型占主导；存在少量设施过量型（局部镇区）	不足型：带来民生风险 过量型：造成资源浪费

资料来源：作者自绘

在乡村生产关系与生产方式类要素相协调方面，许多村庄的土地流转比例滞后于农作方式对土地流转的需求，束缚了农业集中高效、现代化发展，进而影响乡村多元化的非农产业发展，由此带来产业风险；部分村庄居民点空间集聚度过高，而农作方式需要的耕作半径较小，给村民带来交通不便，由此产生民生风险；多数村庄劳动力析出水平高于非农就业供给，导致许多村民外出打工，保障社会自治能力的人力基础和智力支持被削弱，由此产生社会风险。

在乡村设施配置与人口特征类要素相协调方面，部分村庄的可达性和公交设施不能满足其城乡兼业需求，这一方面给部分从事城乡兼业的村民带来不便，另一方面推动更多劳动力外出打工，造成人口流失和社会风险；许多村庄存在公共设施不足的问题，影响村民的基本生活需求，而部分镇区的公共服务设施过于集中，带来设施配给的空间失衡和公共资源浪费问题，由此产生民生风险。

4.3.7　中观城市边缘区乡村系统风险格局特征总结

研究以四镇乡村为例，总结中观城市边缘区乡村各类系统风险要素在城镇化发展冲击下的空间格局演变特征和当前不同村庄单元所表现出的空间分异特征（表4-30）。研究表明，产业风险格局表现为不同种植方式的经济效益差异凸显、局部工业粗放发展、依托乡村特色的内生产业发展不足；社会风险格局表现为局部临近镇区的"乡村社会瓦解型"与局部远郊的"乡村社会建设滞后型"并存；民生风险格局表现为非农产业就业供给、公共设施配置与发展需求的空间错位带来局部非农就业不便、公共设施支撑不足；生态风险格局表现为生态空间压缩、空间的不稳定性加剧、生态斑块破碎化、高生态风险影响范围从近郊向远郊推移。

中观城市边缘区乡村系统风险格局演变分异特征　　　　　　　　　　　　表 4-30

系统风险要素类型		系统风险要素格局演化分异特征	对风险格局的影响
产业风险	农作方式	种植方式多元 + 空间交错分布	产业风险：效益不均
	耕地与土地流转	各村耕地及人均耕地非均衡分布；镇区村庄流转比例较高	产业风险：耕地资源不足削弱内生特色产业
	集体与民营经济	"非均衡" + "低水平均衡"	产业风险：部分村庄产业活力较低，内生能力不足
	非农产业	空间分化显著：局部以二产为主，低端制造业分布广泛；部分村庄无明显非农产业	
	工业用地	碎片生长 + 镇区集聚 + 线性或网状延伸	产业风险：低效待转型生态风险：空间被挤压
社会风险	居民点用地	总量先增后减，增量较小；新增用地多依托原居民点渐次生长	民生风险：局部集中建设不适应农作需求
	社会组织	低社会治理水平村庄：临近镇区的"乡村社会瓦解型" + 局部远郊的"乡村社会建设滞后型"	社会风险：局部社会治理能力不足
	人口密度	沿交通干线和向镇区集聚的趋势不断加强	社会风险：局部职住错位和人口流出，降低乡村社会自治能力
	人口变化动态度	人口变化速率呈现较强的非均衡性；镇区村庄及周边村庄人口增长较快	
民生风险	劳动力析出水平	各村空间差异化特征显著；高、低析出水平村庄均覆盖多种空间区位	民生风险：居民就业不便带来生活质量下降
	职住空间关系	就业地点分布特征：镇区村庄集聚 + 交通干线线性集中；向中心城区方向"轴向拓展"	
	收入水平	整体非均衡性；存在局部低水平均衡区域	民生风险：生活水平较低
	服务设施	分布不均衡：向镇区集聚趋势显著；局部各村公共设施分布较均衡	民生风险：部分村庄公共设施支撑不足

系统风险要素类型		系统风险要素格局演化分异特征	对风险格局的影响
生态风险	用地规模	建设用地扩张主要来自工业建设，农田加速消失；镇区及周边村庄生态用地比重低	生态空间压缩，生态风险不断加剧
	空间变化动态度	整体空间格局仍在快速变化；镇区周边、交通干道沿线及工业园区变化快	空间的不稳定性加剧生态风险
	各要素之间转化	重心逐步从城市近郊向远郊推移；转化热点范围集中化趋势明显	高生态风险影响范围从近郊向远郊推移
	景观格局	生态空间整体破碎化趋势明显	斑块破碎化加剧生态风险

资料来源：作者自绘

4.3.8 中观城市边缘区村庄聚类与典型风险

基于上述中观城市边缘区乡村系统风险特征，可以从产业风险要素（如产业类型）、社会风险要素（如人口规模）、民生风险要素（如设施支撑水平）、生态风险要素（如生态空间资源）等不同角度提取村庄类型。考虑到乡村产业发展是影响乡村社会组织、民生设施建设、居民点空间布局、人口流动、居民收入等多元要素的核心内容，以及生态空间保护与管控的相对独立性，研究分别从主导产业类型（产业）、生态空间（生态）等角度提取村庄类型，总结不同类型村庄的系统风险差异，为进一步探讨系统风险格局的形成机制提供村庄基础分类支撑。

4.3.8.1 基于主导产业分异的城市边缘区村庄类型及风险特征

乡村产业发展是影响乡村社会组织、民生设施建设、居民点空间布局、人口流动、居民收入等多元要素发展的核心内容，研究依据四镇乡村系统风险格局识别成果，通过提取主导产业类型、归并相似产业类型，可将城市边缘区乡村划分为两大主导方向下的八种产业主导村庄类型（表4-31）。

内生产业主导方向，是乡村基于自身资源要素发展起来的产业（农业及涉农产业）或主动适应区域产业格局变化而形成的产业（村民及村集体经营的非农产业），其特征是具有典型的乡村产业特色，与乡村居民点空间布局、居民就业及出行习惯、自然生态资源等相协调。内生产业主导包含农业主导和以农业为基础的兼业主导两大方向，其中农业主导方向按照农作方式差异性可以细分为大田农业主导型、林果农业主导型、大棚农业主导型等；农业兼业主导方向按照兼业的具体产业类型可以细分为农工兼业发展型、农旅兼业发展型、综合兼业发展型等。

基于主导产业空间分异的城市边缘区村庄类型划分及风险特征　　　　表 4-31

村庄类型			特征	典型风险
内生产业主导	农业主导发展	大田农业主导型	大田粮食及经济作物为主，土地要素密集，季节性用工特征显著，土地收益低	产业风险：类型单一效益低；社会风险：劳动力析出较多；民生风险：就业不足收入低
		林果农业主导型	林果种植为主，土地与劳动力要素需求一般，土地收益中等，适合规模化经营	产业、社会、民生风险居中
		大棚农业主导型	大棚果蔬种植为主，劳动力密集，技术和资金投入较高，土地收益高	民生风险：居民点较分散，公共设施覆盖度低
	农业兼业发展	农工兼业发展型	以农业为基础发展各类工业，家庭个体经营或村集体经营	产业风险：产能落后转型难；生态风险：粗放扩张蚕食生态
		农旅兼业发展型	以农业为基础发展旅游休闲服务业，主要为家庭个体经营	各类风险相对较低
		综合兼业发展型	以农业为基础发展涉农加工、特色制造、商贸业、旅游休闲服务业等多元产业	各类风险相对较低
外部产业主导	城镇工商主导型		空间及产业发展高度城镇化，外部植入的制造业、城市服务业占据主导	产业风险：失去内生发展能力；社会风险：传统社群结构瓦解；生态风险：空间压缩生态破碎
	旅游地产主导型		非乡村内生的旅游景区等旅游休闲地产开发主导	产业风险：内生瓦解外部依赖；社会风险：居民再就业问题

资料来源：作者自绘

外部产业主导方向，是城镇化过程中城镇产业与功能植入乡村，如工业区、高教区、商贸区等（该类村庄可归为城镇工商主导型）；或是将环境景区化，形成具有封闭界限的旅游景区、高尔夫休闲区等（该类村庄可归为旅游地产主导型）。其共同特征是已不具备乡村产业和空间特色，而是成为城市功能、产业及空间的延伸，剩余农地由集体转包经营，村民向半市民化发展，集中居住且大量外出就业或进入本地其他行业就业，原有社会组织及产业生态发生剧烈改变。

以四镇各类村庄空间分布为例：大田农业主导型村庄主要位于扬芬港镇西部、独流镇中北部，距离城区较远；林果农业主导型村庄集中于独流镇西部和大柳滩村；大棚农业主导型村庄主要位于辛口镇东南部、独流镇中部；农工兼业发展型村庄位于辛口和杨柳青镇区之间、独流镇区东侧，一般离城镇较近；农旅兼业发展型村庄位于交通区位较好的区域；综合兼业发展型村庄集中于辛口镇、独流镇南部；城镇工商主导型村庄主要位于镇区及周边（杨柳青镇最典型，临近中心城区且为区政府驻地）；旅游地产主导型村庄主要位于子牙河生态廊道。

4.3.8.2　基于生态空间资源与生态敏感性分异的边缘区村庄类型及风险特征

城市边缘区各村庄的自然生态空间资源差异显著，部分村庄水域和林地等自然环境要素空间丰富，部分村庄则基本被城镇空间占据。同时，部分村庄位于蓄滞洪区、地灾隐患点等生态敏感区域，需要采用特殊的管理与发展利用模式。研究通过提取基于生态空间资源与生态敏感性分异的村庄类型，为进一步研究城市边缘区乡村系统风险治理、针对性提出韧性优化策略提供支撑。

研究分别计算城市边缘区乡村生态空间资源指数，同时依据蓄滞洪区、地质灾害隐患点等数据资料，将各村庄划分为生态资源丰富 + 生态敏感型、生态资源丰富 + 生态不敏感型、生态资源匮乏 + 生态敏感型、生态资源匮乏 + 生态不敏感型四种类型，其风险特征和生态管理需求不尽相同（表 4-32）。

基于生态空间资源与生态敏感性分异的边缘区村庄类型及风险特征　　　　　　　　　表 4-32

村庄类型	划分标准	生态管理需求	风险特征
生态资源丰富 + 生态敏感型	生态空间资源指数 > 30，村庄位于蓄滞洪区或地灾隐患点	生态空间管理严格，居民点生产、生活需求受到一定限制 + 生态资源多元利用需求	生态风险低，有可能面临限制发展产生的社会、民生风险
生态资源丰富 + 生态不敏感型	生态空间资源指数 > 30，村庄不位于蓄滞洪区或地灾隐患点	生态空间管理相对宽松 + 生态资源多元利用需求	生态风险低，其他风险不明确
生态资源匮乏 + 生态敏感型	生态空间资源指数 ≤ 30，村庄位于蓄滞洪区或地灾隐患点	生态空间管理严格，居民点生产、生活需求受到一定限制 + 生态资源保护与修复需求	生态风险高，有可能面临限制发展产生的社会、民生风险
生态资源匮乏 + 生态不敏感型	生态空间资源指数 ≤ 30，村庄不位于蓄滞洪区或地灾隐患点	生态空间管理相对宽松 + 生态资源保护与修复需求	生态风险高，其他风险不明确

资料来源：作者自绘

4.4　本章小结

通过宏观和中观两个尺度的实证分析，研究得出城市边缘区乡村系统风险格局的演化分异特征及空间单元聚类结论。

（1）宏观层面乡镇单元聚类及乡村系统风险格局演化分异特征

宏观层面系统风险聚类的主导因素为生态敏感性、城市化程度、产业主导等，据此乡镇单元可分为高度生态敏感型、高度城市化型、半城半乡型、乡村农业主导型、工业主导型及复合发展型等类型。

演化分异特征：①高度城市化型及半城半乡型区域表现为传统聚落消失、工业用地蔓延、外来人口集聚，由此产生乡村社会治理难度增加、产业内生动力不足和生态风险等；②生态敏感型和传统乡村农业主导型区域则主要表现为人口增长乏力、公共设施支撑不足带来的社会及民生风险。

（2）中观层面村庄单元聚类及乡村系统风险格局演化分异特征

中观层面可以从产业风险要素（如产业类型）、社会风险要素（如人口规模）、民生风险要素（如设施支撑水平）、生态风险要素（如生态空间资源）等不同角度提取村庄类型。考虑到产业的核心影响性和生态的相对独立性，本书选取产业、生态两个角度提取村庄类型。依据村庄主导产业类型，城市边缘区村庄可以划分为内生产业主导（农业主导+兼业主导）和外部产业主导两大类、八小类（大田农业主导型、林果农业主导型、大棚农业主导型、农工兼业发展型、农旅兼业发展型、综合兼业发展型、城镇工商主导型、旅游地产主导型）。

演化分异特征：①产业风险格局，高风险区集中于大田农业主导型村庄（产业类型单一且效益低）、城镇工商主导型村庄（失去产业内生发展能力）、旅游地产主导型村庄（产业外部依赖性过高）。②社会风险格局，社会自治能力不足主要分为"组织建设滞后类"（大田农业主导型）和"传统社群瓦解类"（外部产业主导型）。③民生风险格局，高风险区集中于农业主导类村庄。④生态风险格局，高风险区集中于农工兼业发展型和城镇工商主导型村庄。⑤要素协调度风险格局，大田农业主导型村庄土地流转滞后于农作需求、非农就业供给相对不足、交通设施不满足兼业需求；部分大棚农业主导型村庄居民点集聚度过高、服务设施配置不足。

CHAPTER 5

韧性评价：城市边缘区乡村抗风险能力
量化分析与分布规律

"韧性评价"为城市边缘区乡村系统风险的韧性治理提供量化研究支撑。通过对城市边缘区乡村抗风险能力进行定量化评价和空间聚类解析，识别韧性薄弱环节和空间分布规律，是精准制定系统韧性提升策略、统筹邻域空间韧性协同发展的重要决策依据。

本章依据第 3 章"城市边缘区乡村韧性规划理论"的"韧性发展评价"理论内容，结合城市边缘区乡村系统风险格局形成机制分析结论里的有效关联因子提取，选取系统韧性评价指标类型并建构评价模型，综合运用熵值法和层次分析法为指标权重赋值；进而基于天津实证数据和系统韧性评价模型，解析乡村系统韧性水平的空间分异特征和空间自相关规律，为乡村系统韧性格局重构策略及规划方法研究提供支持。

5.1 城市边缘区乡村系统韧性评价模型及权重赋值

根据本书第 3 章理论建构，乡村系统韧性反映乡村抗风险能力，提升系统韧性，是城市边缘区乡村从源头主动抵御和化解系统风险的重要途径。量化评价系统韧性，是针对性提出城市边缘区乡村韧性优化策略的基础，包括韧性评价指标体系、评价模型、指标权重赋值和基于实证数据的规律解析等内容。

5.1.1 反映抗风险能力的韧性评价指标体系及评价模型

5.1.1.1 城市边缘区乡村系统韧性评价指标体系建构

韧性评价指标体系建构，依据前述第 3 章关于城市边缘区乡村系统韧性的构成分析结论，建立"目标层—准则层—指标层"的多层级指标体系：其中目标层反映韧性构成主要方向——"内生发展支撑"和"系统要素协调"；准则层反映单项韧性特征，如产业培育、社会治理等，可以探析问题主导因素；指标层为具体的可以直接测度的指标类型，选取原则为依据城市边缘区乡村系统风险格局形成机制分析成果中的有效影响因子类型。

依据前述关于城市边缘区乡村系统风险格局形成机制的分析结论，初步筛选与乡村系统抗风险能力、风险要素格局相关的有效影响因子，同时结合各类准则具体特征，选择合适的解释变量（评价指标类型）（表 5–1）。

城市边缘区乡村系统韧性评价指标体系　　　　表 5-1

目标层	准则层	指标层	方向	特征属性	抗风险能力的维度
内生发展支撑韧性	产业培育韧性 I	人均工业用地面积（m²）I1	负	内生适应力	可持续性
		主要农作类型①I2	正	经济高效性	功用性
		主要非农产业类型②I3	正	内生适应力	可持续性
		集体与民营经济水平③I4	正	经济自治力	功用性
		村集体收入（万元）I5	正		功用性

① 根据各类作物的亩均经济效益取值：大田粮食作物 =1，大田经济作物 =2，林果种植 =3，大棚果蔬种植 =4。
② 根据各类非农产业未来可持续发展的潜力取值：化工及机械加工 =1，建筑及服装加工 =2，食品加工 =3，房地产租赁 =4，商贸业 =5，休闲旅游 =6。
③ 根据村集体收入和村内民营企业数量综合判断，分四个等级取值：较低 =1，中等 =2，较高 =3，非常高 =4。

续表

目标层	准则层	指标层	方向	特征属性	抗风险能力的维度
内生发展支撑韧性	产业培育韧性 I	外部产业用地比例（%）I6	负	内生适应力	稳定性
		技术人员比例（%）I7	正	创新性	可持续性
	社会治理韧性 S	人均居民点面积（m²）S1	负	空间高效性	可持续性
		房屋空置率（%）S2	负		稳定性
		人口增长幅度（%）S3	正	人口吸引力	稳定性
		劳动力析出水平（%）S4	负		稳定性
		集体活动组织频率（项/年）S5	正	社会自治力	可持续性
		互助小组覆盖率（%）S6	正		可持续性
		村民参与决策机制（有1/无0）S7	正		可持续性
	民生发展韧性 L	就业多样性指数①L1	正	可变性/灵活性	稳定性
		居民户均年收入（元）L2	正	民生高效性	功用性
		一公里范围内中小学数量（所）L3	正	设施支撑力	可持续性
		一公里范围内卫生设施数量（所）L4	正		可持续性
		一公里范围内公交站数量（个）L5	正		可持续性
		与中心城区通勤时间（min）L6	负		可持续性
	生态支撑韧性 E	整体空间动态度（%/年）E1	负	资源支撑力	稳定性
		生态空间资源指数（%）E2	正		可持续性
		生态斑块平均面积（m²）E3	正		可持续性
		人均耕地面积（亩）E4	正		可持续性
		生活垃圾无害化处理率（%）E5	正	设施支撑力	可持续性
		生活污水处理率（%）E6	正		可持续性
系统要素协调韧性②	生产关系与生产方式协调 P	劳动力析出水平&主要非农产业协调 P1	正	生产力布局协调性	协调性
		土地流转比例&主要农作类型协调 P2	正		协调性
		居民点集聚度&主要农作类型协调 P3	正		协调性
	设施配置与人口特征协调 F	教育卫生设施数量&常住人口协调 F1	正	设施配置协调性	协调性
		公交站数量&城乡兼业人口协调 F2	正		协调性
		与市区通勤时间&城乡兼业人口协调 F3	正		协调性

资料来源：作者自绘

① 就业多样性指数计算公式为 $P=\sum_{i=1}^{n}\beta_i A_i$，$\beta_i$ 表示第 i 种就业方式的权重，A_i 表示第 i 种就业方式的得分（A_i 存在则取 1，不存在则取 0），n 为就业方式的类型数量。
② 要素协调度取值方法参见本书第 4 章中关于"要素间协调度"的量化方法及式（4-3）。

5.1.1.2 乡村系统韧性评价模型建构

韧性评价模型建构，研究采用基于加权累积的综合评价法，即韧性指数等于其对应的各类指标的标准化数据与指标的权重值乘积之和。科学确定各类指标对应的权重计算方法成为该模型评价结果合理准确的重要基础。

（1）数据的标准化处理及信度检验

由于各类评价指标的量纲存在显著差异，不能直接加权计算，因此研究采用标准化处理方法，消除城市边缘区乡村系统空间格局韧性评价指标体系中的量纲影响。综合各种标准化处理方法的适用范围，研究选取极值法对原始数据矩阵进行无量纲化处理，得到新的数据矩阵。

在数据标准化处理的基础上，研究基于 SPSS 平台采用克朗巴哈系数检验各项指标数据（无量纲）内部一致性水平，判断数据信度。经过检验，四镇乡村地区 32 项系统韧性评价指标的标准化数据的克朗巴哈 α 系数为 0.820，说明样本数据信度很高，可以用于进一步研究。

（2）韧性发展评价模型建构

研究采用综合评价法建构城市边缘区乡村系统韧性评价模型，即韧性指数等于其对应的各类指标的标准化数据与指标的权重值乘积之和。其中，综合（一级）韧性指数 R 的计算方法为式（5–1），式中 W_j 为第 j 项指标对综合韧性指数的权重值，P_{ij} 为第 i 个评价单元的第 j 项指标的标准化值。

$$R=\sum_{j=1}^{m}W_jP_{ij}\ (\,i=1,2\cdots n,j=1,2\cdots m\,) \qquad (5\text{–}1)$$

二级韧性指数 R_2（评价指标体系中的目标层）的计算方法为式（5–2），式中 U_j 为第 j 项指标对该二级韧性指数的权重值，P_{ij} 为第 i 个评价单元的第 j 项指标的标准化值，s 为该二级韧性指数对应的指标数量。

$$R_2=\sum_{j=1}^{s}U_jP_{ij}\ (\,i=1,2\cdots n,j=1,2\cdots s\,) \qquad (5\text{–}2)$$

单项（三级）韧性指数 R_3（评价指标体系中的准则层）的计算方法为式（5–3），式中 V_j 为第 j 项指标对该单项韧性指数的权重值，P_{ij} 为第 i 个评价单元的第 j 项指标的标准化值，t 为该单项韧性指数对应的指标数量。

$$R_3=\sum_{j=1}^{t}V_jP_{ij}\ (\,i=1,2\cdots n,j=1,2\cdots t\,) \qquad (5\text{–}3)$$

5.1.2 基于熵值法和层次分析法的指标权重计算

5.1.2.1 基于熵值法计算指标权重

依据本书第 3 章熵值法计算指标权重的具体步骤"比重—熵值—冗余度—权重系数"，计算得出城市边缘区乡村系统韧性评价的 32 项指标的权重系数值（表 5-2）。

基于熵值法计算的城市边缘区乡村系统韧性评价指标权重值　　　表 5-2

指标类型	信息熵值 e	信息效用值 d	权重系数 w
人均工业用地面积	0.9951	0.0049	0.28%
主要农作类型	0.9683	0.0317	1.86%
主要非农产业类型	0.9148	0.0852	4.98%
集体与民营经济水平	0.9263	0.0737	4.31%
村集体收入	0.9055	0.0945	5.53%
外部产业用地比例	0.9821	0.0179	1.05%
技术人员比例	0.9274	0.0726	4.25%
人均居民点面积	0.9944	0.0056	0.33%
房屋空置率	0.9885	0.0115	0.67%
人口增长幅度	0.9686	0.0314	1.84%
集体活动组织频率	0.9391	0.0609	3.57%
互助小组覆盖率	0.8618	0.1382	8.09%
村民参与决策机制	0.9263	0.0737	4.32%
劳动力析出水平	0.9789	0.0211	1.23%
就业多样性指数	0.9770	0.0230	1.35%
居民户均年收入	0.9715	0.0285	1.67%
一公里范围内中小学数量	0.9061	0.0939	5.49%
一公里范围内卫生设施数量	0.8963	0.1037	6.07%
一公里范围内公交站数量	0.9113	0.0887	5.19%
与中心城区通勤时间	0.9891	0.0109	0.64%
整体空间动态度	0.9916	0.0084	0.49%
生态空间资源指数	0.9758	0.0242	1.41%
生态斑块平均面积	0.9761	0.0239	1.40%
人均耕地面积	0.9792	0.0208	1.22%

续表

指标类型	信息熵值 e	信息效用值 d	权重系数 w
生活垃圾无害化处理率	0.9640	0.0360	2.11%
生活污水处理率	0.9222	0.0778	4.55%
劳动力析出水平&主要非农产业协调度	0.9522	0.0478	2.80%
土地流转比例&主要农作类型协调度	0.9408	0.0592	3.46%
居民点集聚度&主要农作类型协调度	0.9627	0.0373	2.18%
教育卫生设施数量&常住人口协调度	0.8596	0.1404	8.22%
公交站数量&城乡兼业人口协调度	0.8825	0.1175	6.88%
与市区通勤时间&城乡兼业人口协调度	0.9563	0.0437	2.56%

资料来源：作者自绘

5.1.2.2 基于层次分析矩阵计算指标权重

研究采用层次分析法[155]确定韧性评价指标的权重。通过向天津市规划院、天津大学等研究机构的五位乡村规划研究领域专家发放城市边缘区乡村系统韧性评价指标权重评议表①，收集各项指标成对比较的权重意见，将其作为权重赋值的基础依据。

研究基于YAAHP平台，依据城市边缘区乡村系统韧性评价指标体系，建构层次结构模型，并以指标两两比较的专家打分值作为计算依据建立各级指标成对判断矩阵（附表3）。经过计算，目标层、准则层和指标层等各层指标判断矩阵的CR值（一致性比例）均低于0.1，说明指标权重值的计算结果通过一致性检验。最后求解得到基于层次分析矩阵的乡村系统韧性评价指标权重值。

5.1.2.3 综合指标权重

研究以层次分析矩阵计算的系统韧性评价指标权重为基础，使用熵值法计算的权重值加以修正，最终得出城市边缘区乡村韧性评价指标的综合权重（表5-3）。

目标层中，内生发展支撑韧性的权重较高（76.47%）；准则层中，内生发展支撑类韧性中以产业培育韧性的权重最高（27.84%），系统要素协调类韧性中以设施配置与人口特征协调的权重最高（14%）；指标层中的主要农作类型、劳动力析出水平与非农产业协调度、教育卫生设施数量与常住人口协调度等指标的权重较高（高于5%）。

---

① 表中要求每位专家对乡村系统韧性各级指标的重要性展开成对比较，判断标度为1—9。

城市边缘区乡村系统韧性评价指标综合权重 表 5-3

目标层	权重	准则层	权重	指标层	权重
内生发展支撑韧性	0.7647	产业培育韧性 I	0.2784	人均工业用地面积	0.0103
				主要农作类型	0.0772
				主要非农产业类型	0.0463
				集体与民营经济水平	0.0472
				村集体收入	0.0367
				外部产业用地比例	0.0375
				技术人员比例	0.0232
		社会治理韧性 S	0.2004	人均居民点面积	0.0143
				房屋空置率	0.0291
				人口增长幅度	0.0327
				集体活动组织频率	0.0284
				互助小组覆盖率	0.0454
				村民参与决策机制	0.0273
				劳动力析出水平	0.0232
		民生发展韧性 L	0.1714	就业多样性指数	0.0431
				居民户均年收入	0.0451
				一公里范围内中小学数量	0.0288
				一公里范围内卫生设施数量	0.0234
				一公里范围内公交站数量	0.0151
				与中心城区通勤时间	0.0159
		生态支撑韧性 E	0.1145	整体空间动态度	0.0181
				生态空间资源指数	0.0358
				生态斑块平均面积	0.0247
				人均耕地面积	0.0114
				生活垃圾无害化处理率	0.0116
				生活污水处理率	0.0129
系统要素协调韧性	0.2353	生产关系与生产方式协调 P	0.0953	劳动力析出水平 & 主要非农产业协调度	0.0504
				土地流转比例 & 主要农作类型协调度	0.0244
				居民点集聚度 & 主要农作类型协调度	0.0205
		设施配置与人口特征协调 F	0.1400	教育卫生设施数量 & 常住人口协调度	0.0639
				公交站数量 & 城乡兼业人口协调度	0.0349
				与市区通勤时间 & 城乡兼业人口协调度	0.0412

资料来源：作者自绘

5.2 城市边缘区乡村系统韧性空间聚类规律解析

研究基于四镇乡村实证数据，应用城市边缘区乡村系统韧性评价指标体系、指标权重和评价模型，计算得出分行政村单元的乡村系统韧性水平评价值，其中包括综合韧性评价值（一级）、目标层韧性评价值（二级）、单项（准则层）韧性评价值（三级）。基于以上韧性评价成果，研究进而解析城市边缘区乡村多层级、多类型的系统韧性的空间分异与聚类规律，为针对性地提出系统空间格局优化和韧性提升策略提供依据。

研究采用本书第4章第4.3节中村庄聚类划分、乡村系统风险格局特征的相关结论，依据村庄主导产业分异，将城市边缘区村庄划分为内生产业主导（农业主导＋兼业主导）和外部产业主导两大类、八小类（大田农业主导型、林果农业主导型、大棚农业主导型、农工兼业发展型、农旅兼业发展型、综合兼业发展型、城镇工商主导型、旅游地产主导型），进一步讨论城市边缘区乡村系统韧性空间聚类与上述村庄类型之间的对应关系，以便于针对性地分类精准施策。

5.2.1 乡村系统内生发展支撑韧性的空间聚类规律

内生发展支撑韧性，代表了城市边缘区乡村内生发展能力的支撑水平，是化解乡村内生发展秩序瓦解风险、实现乡村可持续发展的重要保障。内生发展支撑韧性及其各单项（产业培育、社会治理、民生发展、生态支撑）韧性水平，在不同类型村庄、不同局域空间范围呈现出各自的分异与聚类规律，为产业—社会—民生—生态等系统风险的分类治理和韧性格局重构提供依据。

5.2.1.1 城市边缘区乡村产业培育韧性空间分异聚类规律

（1）空间分布规律

1）产业培育韧性水平呈现不同程度的空间集聚特征。高韧性村庄分布最为集中（主要为辛口镇西南部）；低韧性村庄分布相对集中（如扬芬港镇北部与西南部）；中等韧性村庄的分布则较为分散（图5-1）。

2）不同村庄的产业培育韧性水平分异的主导因素不尽相同。部分低韧性村庄的主导因素是低效的工业开发（如扬芬港镇北部各村）；部分高韧性村庄的主导因素是高品质的产业发展（如辛口镇西部各村）；还有一些村庄的高韧性水平是来自村集体经济与高品质农业等多要素均衡发展（如小沙沃村）。

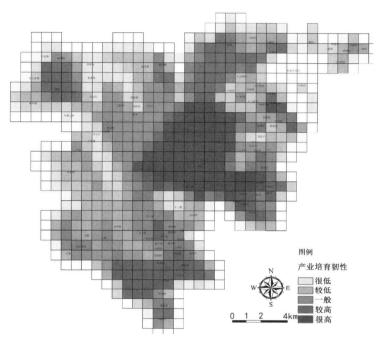

图 5-1　四镇乡村产业培育韧性评价

（来源：作者自绘）

（2）村庄类型差异性

1）内生产业主导类村庄的产业培育韧性整体高于外部产业主导类村庄（图 5-2）。这主要由于外部产业主导类村庄的产业已逐步城镇化、外部化，乡村内生的特色产业体系已经解体，未来产业发展的不确定性和风险性增多。

2）在内生产业主导类村庄中，综合兼业发展型村庄产业培育韧性水平最高，其次是大棚农业主导型，大田农业主导型村庄韧性水平最低（图 5-3）。这主要由于许多大田农业主导型村庄农业经济效益较低，涉农产业链条较短，缺乏多元的涉农服务业发展，集体与民营经济水平普遍不高。

5.2.1.2　城市边缘区乡村社会治理韧性空间分异聚类规律

（1）空间分布规律

1）社会治理韧性水平呈现高度的空间集聚特征。高韧性村庄集中分布于辛口镇、独流镇西南部、杨柳青镇西南部等区域；低韧性村庄集中分布于扬芬港镇、杨柳青镇区周边等区域（图 5-4）。

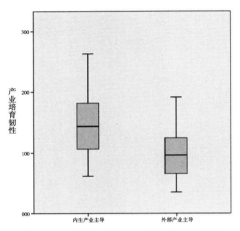

图 5-2　不同类型村庄产业培育韧性分异
（来源：作者自绘）

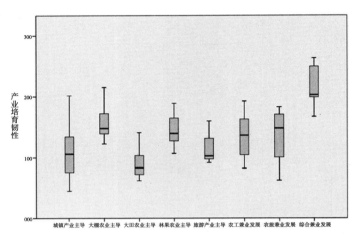

图 5-3　细化分类下的村庄产业培育韧性分异
（来源：作者自绘）

　　2）不同村庄的社会治理韧性水平分异的主导因素差异显著。部分村庄韧性水平来自较高的社会自治能力（如独流镇西部南部各村），部分村庄来自较高的土地利用效率（如民主街村）；部分村庄较为均衡（如辛口镇各村）（图 5-4）。

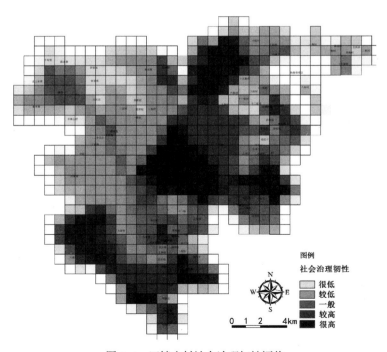

图 5-4　四镇乡村社会治理韧性评价
（来源：作者自绘）

（2）村庄类型差异性

1）内生产业主导类村庄的社会治理韧性整体高于外部产业主导类村庄（图5-5）。这主要由于外部产业主导类村庄在被动城镇化的过程中，传统社群关系和社会结构破坏，村集体行动力下降，社会自治能力不足。

2）在内生产业主导类村庄中，综合兼业发展型村庄社会治理韧性水平最高，其次是林果农业主导型，大田农业主导型村庄韧性水平最低（图5-6）。这主要由于许多大田农业主导型村庄的劳动力大量析出，由此带来人口增长乏力、结构失衡，影响了社会发展的稳定性与可持续性。

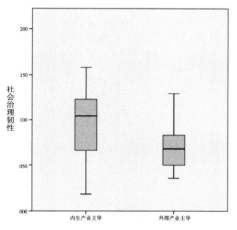

图5-5 不同类型村庄社会治理韧性分异
（来源：作者自绘）

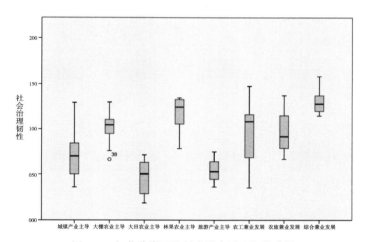

图5-6 细化分类下的村庄社会治理韧性分异
（来源：作者自绘）

5.2.1.3 城市边缘区乡村民生发展韧性空间分异聚类规律

（1）空间分布规律

1）不同乡镇范围的民生发展韧性水平呈现差异化的空间集聚特征。辛口镇各村庄韧性水平呈现"高水平均衡"特征，除东北和东南部少数村庄外，多数为高韧性村庄；独流镇各村庄呈现"局部集聚"特征，中高韧性村庄集聚于镇区周边；扬芬港镇则呈现"低水平均衡"特征，除少数村庄外，多数为中低韧性村庄；杨柳青镇各级韧性水平的村庄分布较为分散，无明显集聚特征（图5-7）。

2）不同村庄的民生发展韧性水平分异的主导因素差异显著。如部分村庄的高韧性水平源自充足的公共服务设施配置（独流镇区周边的杜家咀村）；部分村庄的高韧性水平源自本地多元化就业和较高的收入水平（水高庄村）（图5-7）。

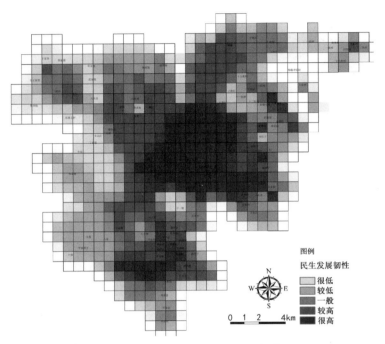

图 5-7　四镇乡村民生发展韧性评价

（来源：作者自绘）

（2）村庄类型差异性

1）内生产业主导类与外部产业主导类村庄的民生发展韧性均值差异不大。外部产业主导类村庄的韧性均值和主要区段稍高（图 5-8），这是由于该类村庄多位于镇区及周边，交通可达性高、公共服务设施密集；内生产业主导类村庄韧性跨度较大，是由于该类村庄数量多、内部差异大，韧性水平分异显著。

2）在内生产业主导类村庄中，综合兼业发展型村庄民生发展韧性水平最高，其次是农旅兼业发展型与大棚农业主导型，大田农业主导型村庄韧性水平最低（图 5-9）。这是由于多数综合兼业发展型村庄收入水平高、劳动力析出少，而大田农业主导型村庄劳动力析出水平较高、就业选择较少、居民收入水平较低。

5.2.1.4　城市边缘区乡村生态支撑韧性空间分异聚类规律

（1）空间分布规律

1）高生态支撑韧性水平的村庄呈现极强的空间集聚特征。主要集中于四镇交界区域，这里受城镇空间拓展影响较小，空间整体动态度低（如水高庄村）、生态空间比例较高（如第六

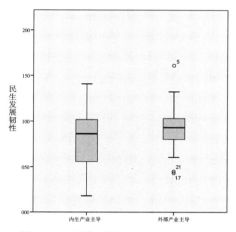

图 5-8 不同类型村庄民生发展韧性分异
（来源：作者自绘）

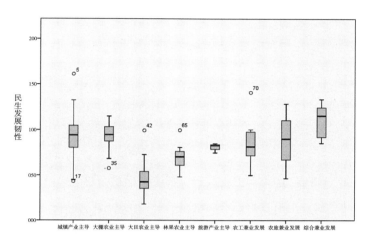

图 5-9 细化分类下的村庄民生发展韧性分异
（来源：作者自绘）

埠村）、斑块破碎化程度低（如民主街村）（图 5-10）。

2）低生态支撑韧性水平的村庄空间分布比较分散，主导因素多元。其中，部分位于扬芬港镇区西北侧，主导因素为村庄生活污水与垃圾无害化处理率低；部分位于辛口镇区及其东侧、杨柳青镇东南部，主导因素为城镇空间扩张带来的生态空间比例下降、空间稳定性差、斑块破碎化程度高（图 5-10）。

（2）村庄类型差异性

1）内生产业主导类村庄的生态支撑韧性略高于外部产业主导类，但差异不大（图 5-11）。这是由于外部产业主导类村庄多位于高度城镇化区域，生态空间被挤占、斑块破碎化较严重，但同时该类村庄的村居环境较好、生活垃圾与污水处理率较高，一定程度上弥补了生态韧性的整体差距。

2）在内生产业主导类村庄中，林果农业主导型和综合兼业发展型村庄生态支撑韧性均值最高，农工兼业发展型村庄韧性均值最低（图 5-12）。这反映了林果农业种植村庄的高自然植被覆盖特征；而农工兼业发展型村庄粗放的工业用地开发，是生态支撑韧性不足的主要原因。

5.2.1.5 城市边缘区乡村内生发展支撑韧性空间分异聚类规律总结

将社会治理、产业培育、民生发展和生态支撑 4 个单项韧性评价值加权叠加，得出四镇乡村内生发展支撑韧性评价值。内生发展支撑韧性是城市边缘区乡村系统韧性的核心构成部分，反映了乡村主体内生发展的基础支撑水平及化解乡村内生发展秩序瓦解风险的能力。

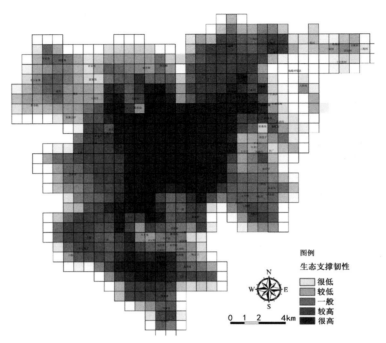

图 5-10　四镇乡村生态支撑韧性评价
（来源：作者自绘）

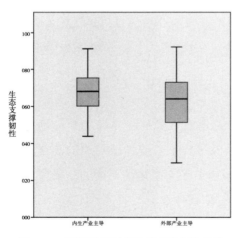

图 5-11　不同类型村庄生态支撑韧性分异
（来源：作者自绘）

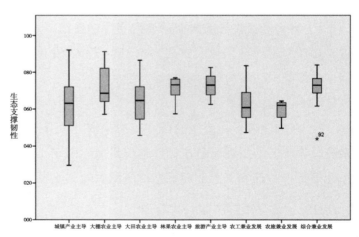

图 5-12　细化分类下的村庄生态支撑韧性分异
（来源：作者自绘）

（1）空间分布规律

1）乡村内生发展支撑韧性水平呈现出明显的空间集聚特征。高韧性村庄主要集中于辛口镇西部与南部、独流镇南部和杨柳青镇西部；低韧性村庄集中于各镇区周边、扬芬港镇西部与南部（图5-13）。

2）与城区的空间距离并非乡村内生发展支撑韧性水平分异的主导因素。近郊区存在高韧性村庄（如大柳滩村）和低韧性村庄（如隐贤村），远郊区同样存在高韧性村庄（如刘家营村）和低韧性村庄（如北王家堡村）。

3）各村庄内生发展支撑韧性不足的主导因素特色鲜明。有些主导因素是产业培育和民生发展不足（如扬芬港镇辛立庄村），有些是社会治理与生态支撑不足（如杨柳青镇伍街村）；而高韧性村庄各单项韧性水平较为均衡（图5-13）。

（2）村庄类型差异性

1）内生产业主导类村庄的内生发展支撑韧性整体高于外部产业主导类村庄（图5-14）。这是由于外部产业主导类村庄，乡村主体自我发展能力降低，过于依赖外部资金和管理使得产业发展的不确定性与风险增大；该类村庄在被动城镇化过程中传统社群解体，社会自治能力不足，具有乡村自身特色的生态空间和传统聚落等空间资源被侵占，生态支撑能力下降。

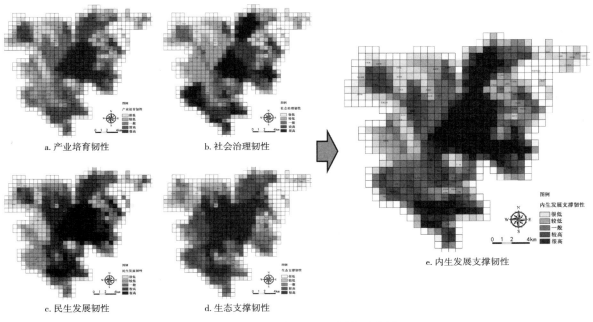

a. 产业培育韧性　　b. 社会治理韧性

c. 民生发展韧性　　d. 生态支撑韧性

e. 内生发展支撑韧性

图5-13　四镇乡村内生发展支撑韧性评价
（来源：作者自绘）

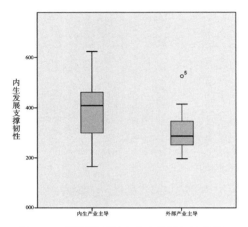

图5-14　不同类型村庄内生发展韧性分异
（来源：作者自绘）

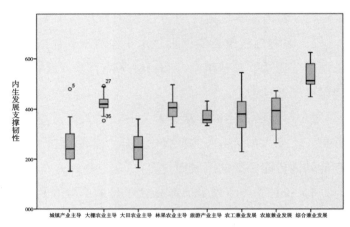

图5-15　细化分类下的村庄内生发展韧性分异
（来源：作者自绘）

　　2）在内生产业主导类村庄中，综合兼业发展型村庄内生发展支撑韧性水平最高，大田农业主导型村庄韧性水平较低（图5-15）。这是由于大田农业主导型村庄劳动力析出水平高，人口结构失衡和劳动力资源不足带来社会自治能力下降；农作效益低、集体与民营经济不发达，使得产业培育能力不足；居民收入水平不高和村庄公共建设资金不足，致使民生发展水平不足。

　　（3）基于内生发展支撑韧性的村庄聚类分析

　　通过对比各单项韧性评价结果，对不同内生发展支撑韧性的村庄进行聚类分析，得出高韧性均衡、单韧性不足、双韧性不足、多韧性不足4大类13亚类（表5-4），总结各种类型村庄的内生发展支撑韧性的主要特征、典型问题与发展思路得出显著差异。

基于内生发展支撑韧性的村庄聚类结论　　　　　　　　　　　　　　　　　　　　　　表5-4

主导类型	亚类①	主要特征	代表村庄	对应村庄类型
高韧性均衡	I1-S1-L1-E1	各单项均为高水平，均衡发展	水高庄村	综合兼业发展型
单韧性不足（高韧性）	I1-S2-L1-E1	整体韧性较高，社会治理韧性不足	杜家咀村	农旅兼业发展型
	I1-S1-L2-E1	整体韧性较高，民生发展韧性不足	李家湾子村	林果农业主导型
	I1-S1-L1-E2	整体韧性较高，生态支撑韧性不足	东碾砣嘴村	综合兼业发展型
双韧性不足（中韧性）	I2-S2-L1-E1	社会治理与产业培育韧性不足	友好街村	大田农业主导型
	I1-S2-L2-E1	社会治理与民生发展韧性不足	大杜庄村	大棚农业主导型

　　① 为简化表达，使用代码表示各种亚类，其中I表示产业培育韧性，S表示社会治理韧性，L表示民生发展韧性，E表示生态支撑韧性，1表示高水平，2表示低水平。

续表

主导类型	亚类	主要特征	代表村庄	对应村庄类型
双韧性不足 （中韧性）	I1-S2-L1-E2	社会治理与生态支撑韧性不足	褚东村	大棚农业主导型
	I2-S1-L2-E1	产业培育与民生发展韧性不足	七堡村	林果农业主导型
	I2-S1-L1-E2	产业培育与生态支撑韧性不足	下圈村	农工兼业发展型
	I1-S1-L2-E2	民生发展与生态支撑韧性不足	郭庄子村	大棚农业主导型
多韧性不足 （低韧性）	I2-S2-L2-E1	整体韧性较低，生态支撑韧性较强	辛立庄村	大田农业主导型
	I2-S2-L1-E2	整体韧性较低，民生发展韧性较强	和平街村	城镇工商主导型
	I2-S2-L2-E2	各单项均为低水平，无发展优势	许家堡村	大田农业主导型

资料来源：作者自绘

1）高韧性均衡型。该类型各单项韧性均呈现高水平，是高内生发展支撑韧性村庄中最为均衡的类型，说明其系统内各子系统要素实现协同发展与良性互动。高韧性均衡型对应的主要村庄发展类型为综合兼业发展型，其特征为典型的乡村特色文化与生态价值、高品质的农业生产、高水平的集体与民营经济组织、高效的社会自治体系等。

2）单韧性不足型。该类型内生发展支撑韧性的整体评价值较高，但存在某一单项韧性不足的问题[①]。如社会治理韧性不足（主要原因是社会自治体系建设滞后，不利于村庄可持续发展）、民生发展韧性不足（主要原因是空间区位偏远、设施配置滞后等）、生态支撑韧性不足（主要原因是建设用地粗放发展、环卫设施不足等），未来需要针对性补强。单韧性不足型对应的主要村庄发展类型为综合兼业发展型、农旅兼业发展型、林果农业主导型等。

3）双韧性不足型。该类型的整体内生发展支撑韧性一般处于中等水平，存在两项单项韧性较低的问题。根据每一亚类韧性缺失的结构性特征，采取针对性补强措施，如下圈村主要补强方向为乡村工业转型升级、生态环境改善提升等。双韧性不足型对应的主要村庄发展类型为农工兼业发展型、各类农业主导型等。

4）多韧性不足型。该类型内生发展支撑韧性的整体评价值较低，存在三项及以上的单项韧性不足问题[②]。形成多韧性不足的原因有多种，如被动城镇化带来的乡村原系统解体、内生发展能力严重破坏；基础发展条件落后的乡村仍处于系统演进的初级阶段的初级形式等。需要

---

① 研究数据样本中无 S1-I2-L1-E1 型，即产业培育韧性较低、其他各单项韧性较高的情况。根据乡村系统风险格局的内生触发机制，产业培育类要素对其他子系统要素具有决定性影响，因此该类型确实少见。

② 研究数据样本中无 S1-I2-L2-E2 和 S2-I1-L2-E2 型，即产业培育或社会治理韧性较低、其他各单项韧性较高的情况。具体原因分析同上。

针对具体原因，从系统整体优化的角度，提出具体的韧性提升策略。多韧性不足型对应的主要村庄发展类型为大田农业主导型、城镇工商主导型等。

5.2.2　乡村系统要素协调韧性的空间聚类规律

系统要素协调韧性，代表了城市边缘区乡村系统内部的协调水平，是促进乡村系统各要素协同发展与良性互动、化解乡村系统要素配置失衡风险的重要保障。系统要素协调韧性及其各单项（生产力布局协调、设施配置协调）韧性水平，在不同类型村庄、不同区域空间范围呈现出各自的分异与聚类规律，为各类要素配置失衡风险的分类治理和韧性格局重构提供依据。

5.2.2.1　乡村生产关系与生产方式相协调韧性的空间分异聚类规律

生产关系类要素与生产方式类要素相协调（生产力布局协调）韧性，是实现乡村生产协调有序推进的重要保障，本书中选取劳动力析出水平与非农产业类型、居民点聚集度与农作类型、土地流转比例与农作类型三组协调度作为生产力布局协调韧性评价的直接观测变量。

（1）空间分布规律

1）各村庄韧性水平的空间集聚不显著，整体呈现"大分散、小集中"特征。高韧性村庄局部集中于辛口镇西南部、独流镇北部和杨柳青镇区周边；低韧性村庄局部集中于扬芬港镇西北部（图5-16）。

2）多数村庄低韧性水平的主导因素为非农产业吸纳能力不满足劳动力析出水平、土地流转水平滞后于农作方式需求。通过对比可以看出，生产力布局协调韧性低的村庄，与非农产业吸纳能力不满足劳动力析出水平、土地流转水平滞后于农作需求的村庄，空间耦合度较高（图5-16）。

（2）村庄类型差异性

1）内生产业主导类村庄的生产力布局协调韧性整体低于外部产业主导类村庄（图5-17）。这是由于外部产业主导类村庄在城镇化过程中土地流转比例较大、规模化经营程度较高；非农产业比重大，吸收劳动力能力较强。

2）在内生产业主导类村庄中，综合兼业发展型、林果和大棚农业主导型村庄生产力布局协调韧性较高，大田农业主导型韧性最低（图5-18）。这是由于许多大田农业主导型村庄土地流转由于制度设计、引导滞后而未全面开展，落后于大田种植规模化发展需求；非农产业未能针对其劳动力大量析出的特点进行布局。

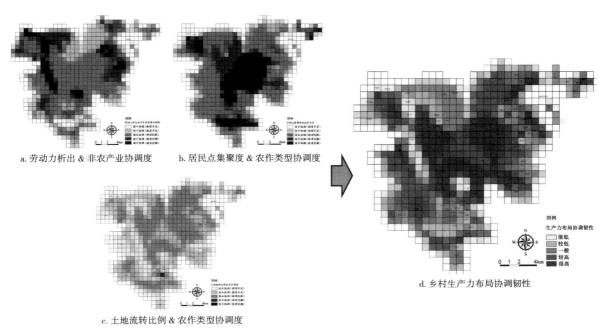

a. 劳动力析出 & 非农产业协调度

b. 居民点集聚度 & 农作类型协调度

c. 土地流转比例 & 农作类型协调度

d. 乡村生产力布局协调韧性

图 5-16　四镇乡村生产力布局协调韧性评价
（来源：作者自绘）

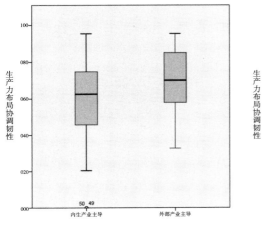

图 5-17　不同类型村庄生产力
布局协调韧性分异
（来源：作者自绘）

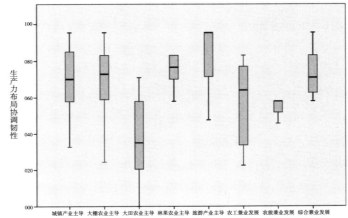

图 5-18　细化分类下的村庄生产力布局协调韧性分异
（来源：作者自绘）

5.2.2.2　乡村设施配置与人口特征相协调韧性的空间分异聚类规律

　　设施配置与人口特征相协调韧性，是支撑乡村生产生活服务水平、同时避免公共资源浪费的重要保障，体现乡村化解设施配置失衡风险的能力。本书中选取公共服务设施与常住人口、公交站点与城乡兼业人口、交通可达性与城乡兼业人口等三组协调度作为设施配置协调韧性评价的直接观测变量。

（1）空间分布规律

1）设施配置与人口特征协调韧性高水平村庄呈现向镇区周边集聚的特征（图5-19）。这是由于镇区公共服务设施及交通设施配置水平较高，产生一定的外溢效应。低韧性水平村庄则主要集聚于扬芬港镇西北部和南部、辛口镇西部，前者是由于距离城区较远，交通可达性差、服务设施配置低；后者是由于常住人口过多带来的人均设施不足。

2）多数村庄低韧性水平的主导因素为公共服务设施数量低于常住人口需求、公交站数量低于城乡兼业人口需求、道路网络建设滞后于城乡兼业人口需求（图5-19）。

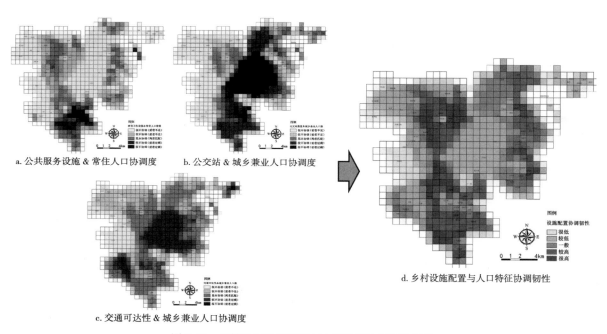

图5-19 四镇乡村设施配置与人口特征协调韧性评价
（来源：作者自绘）

（2）村庄类型差异性

1）内生产业主导类与外部产业主导类村庄的乡村设施配置与人口特征协调韧性水平基本相同（图5-20）。这表明产业的内生性或外部性并非影响设施配置协调韧性水平分异的主导因素。

2）在内生产业主导类村庄中，综合兼业发展型、大棚农业主导型村庄的设施配置协调韧性较高，大田和林果农业主导型的设施配置协调韧性较低（图5-21）。这是由于大田种植方式下劳动力析出水平较高，交通设施配置往往滞后于旺盛的城乡兼业需求；林果农业主导型村庄往往距离城镇较远，交通可达性较低，不能满足村民的城乡兼业需求。

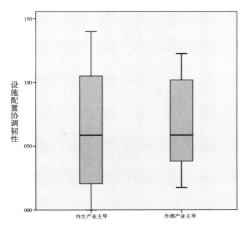 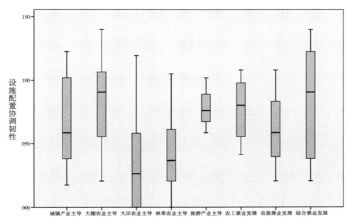

图 5-20　不同类型村庄设施配置协调韧性分异
（来源：作者自绘）

图 5-21　细化分类下的村庄设施配置协调韧性分异
（来源：作者自绘）

5.2.2.3　城市边缘区乡村系统要素协调韧性空间分异聚类规律总结

将生产力布局协调、设施配置协调两个单项韧性评价值加权叠加，得出四镇乡村系统要素协调韧性评价值。系统要素协调韧性是城市边缘区乡村系统韧性的主要构成部分，反映了非农产业及就业岗位供给、公共服务设施及基础设施配置、土地流转及空间模式设计等与乡村真实发展需求的协调水平，是化解要素配置空间失衡风险、实现系统共生发展格局的重要条件。

（1）空间分布规律

1）高韧性村庄分布比较分散，低韧性村庄分布相对集中（图 5-22）。低韧性村庄主要集中于扬芬港镇西部、独流镇西部和辛口镇西部；高韧性村庄在镇区周边分布较多，其他区域也有分布。

2）各村庄系统要素协调韧性不足的主导因素不尽相同。部分村庄的主导因素是生产力布局协调韧性不足（如辛立庄村），有些村庄的主导因素是设施配置协调韧性不足（如肖家堡村），还有一些村庄的主导因素较为均衡（如十一堡村）（图 5-22）。

（2）村庄类型差异性

1）外部产业主导类村庄的系统要素协调韧性比内生产业主导类村庄略高（图 5-23）。这是由于外部产业主导型村庄通常靠近城区，受益于城镇各类公共服务设施和基础设施的外溢

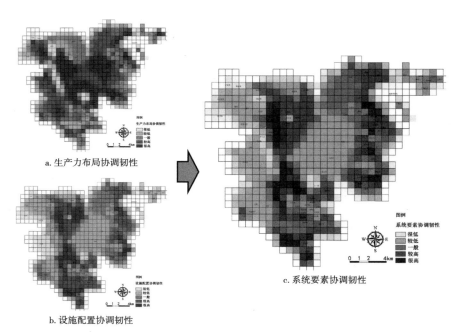

图 5-22　四镇乡村系统要素协调韧性评价
（来源：作者自绘）

效应，设施配置协调韧性较高；同时该类村庄非农产业比重高，吸纳劳动力的能力相对较强。

2）在内生产业主导类村庄中，综合兼业发展型、大棚农业主导型村庄的系统要素协调韧性较高，大田农业主导型村庄韧性最低（图 5-24）。这是由于大田农业主导型村庄劳动力析出水平较高，交通设施配置滞后于城乡兼业需求；同时该类村庄产业构成单一，非农产业培育不

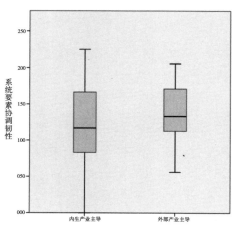

图 5-23　不同类型村庄要素协调韧性分异
（来源：作者自绘）

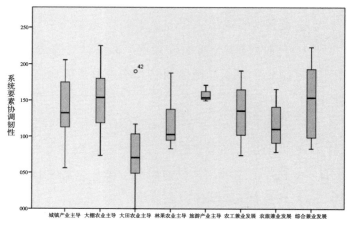

图 5-24　细化分类下的村庄要素协调韧性分异
（来源：作者自绘）

足，非农产业布局与劳动力析出特征不协调；土地流转水平滞后于大田农作规模化高效化发展需求等。

（3）基于系统要素协调韧性的村庄聚类分析

通过耦合各单项韧性评价结果，对不同系统要素协调韧性的村庄进行聚类分析，得出高韧性均衡、单韧性不足、双韧性不足 3 大类 4 亚类（表 5-5），各种类型村庄之间的系统要素协调韧性的主要特征、典型问题与发展思路存在明显差异。

基于系统要素协调韧性的村庄聚类结论　　　　　　　　　　　表 5-5

主导类型	亚类①	主要特征	代表村庄	对应发展类型
高韧性均衡	P1-F1	各单项均为高水平，均衡发展	王家营村 建设街村	综合兼业发展型 城镇工商主导型
单韧性不足 （中韧性）	P1-F2	生产力布局协调韧性较高，设施配置与人口特征协调韧性不足	第六埠村 八堡村	综合兼业发展型 林果农业主导型
	P2-F1	设施配置与人口特征协调韧性较高，生产力布局协调韧性不足	郭庄子村 胜利街村	大棚农业主导型 城镇工商主导型
双韧性不足 （低韧性）	P2-F2	各单项韧性均为低水平，系统要素协调韧性整体不足	十一堡村	大田农业主导型

资料来源：作者自绘

1）高韧性均衡型。该类型乡村系统内各类要素配置的协调性较高且相对均衡，其中主要包括非农产业类型与劳动力析出特点相协调、居民点空间及土地流转水平与农作方式相协调、公共设施数量与居民实际需求相一致。高韧性均衡型对应的主要村庄发展类型为综合兼业发展型、城镇工商主导型等。

2）单韧性不足型。该类型主要分为两类：一是生产力布局协调韧性较高，但设施配置协调韧性不足，主要由于公共设施供给不符合居民实际发展诉求，其对应的主要村庄发展类型为综合兼业发展型、林果农业主导型等；二是设施配置协调韧性较高，但生产力布局协调韧性不足，主要原因涉及集中布局居民点空间模式与农作需求矛盾、非农产业类型与劳动力析出水平不协调等，其对应的主要村庄发展类型为大棚农业主导型、城镇工商主导型等。

---

① 为简化表达，使用代码表示各种亚类，其中 P 表示生产力布局协调韧性，F 表示设施配置协调韧性，1 表示高水平，2 表示低水平。

217

3）双韧性不足型。该类型乡村系统内各类要素配置的协调性均比较低，系统要素协调韧性整体不足。其成因既包括忽视实际就业需求的产业布局、忽视实际生产需求的居民点建设、忽视实际公共服务需求的设施配置等，也与村庄所处的演进阶段和形式有关，需要从整体系统角度出发，通过全面地改善各类要素协调度，逐步提升系统要素协调韧性。双韧性不足型对应的主要村庄发展类型为大田农业主导型。

5.2.3　城市边缘区乡村系统韧性综合评价与空间规律

将内生发展支撑韧性、系统要素协调韧性等目标韧性（二级）评价值加权叠加，得出四镇乡村的综合系统韧性评价值。该值反映了乡村系统支撑自身内生可持续发展、保持要素协调互动共生发展的综合能力（整体抗风险能力）。

5.2.3.1　空间分布规律

1）乡村综合系统韧性水平呈现较强的空间集聚特征。高韧性村庄集中分布于辛口镇西部和南部、独流镇南部和杨柳青镇西部；低韧性村庄集中分布于扬芬港镇西北部和南部、辛口镇区北侧和杨柳青镇区东侧（图5–25）。

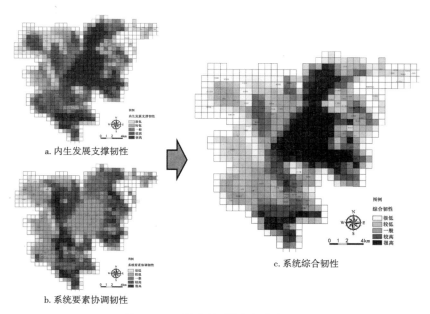

a. 内生发展支撑韧性

b. 系统要素协调韧性

c. 系统综合韧性

图5-25　四镇乡村系统韧性综合评价
（来源：作者自绘）

2）不同村庄之间综合韧性水平的主导因素有所差异。部分村庄高综合韧性的主导因素是内生发展支撑韧性较强（如当城村）；部分村庄高综合韧性的主导因素是系统要素协调韧性较强（如建设街村）；另外一些村庄综合韧性的主导因素比较均衡（如毕家村）（图5-25）。

5.2.3.2 村庄类型差异性

1）内生产业主导类村庄的综合韧性水平整体高于外部产业主导类村庄（图5-26）。这是由于外部产业主导类村庄在被动城镇化过程中，乡村特色价值和系统内生发展能力受到强烈冲击，尽管部分公共设施配给水平有所提升，但无法改变系统综合韧性水平的下降。

2）在内生产业主导类村庄中，综合兼业发展型村庄的综合韧性水平最高，其次是大棚农业主导型，大田农业主导型村庄韧性最低（图5-27）。这是由于综合兼业发展型村庄是村庄类型演进的高级阶段，基于自身资源禀赋，发展高品质农业和与自身劳动力特点相协调的多元非农产业，通常具有较高的社会自治能力、民生发展水平和生态资源水平，支撑内生可持续发展的能力较强（风险应对能力强）。

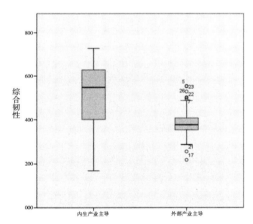

图 5-26 不同类型村庄综合韧性分异
（来源：作者自绘）

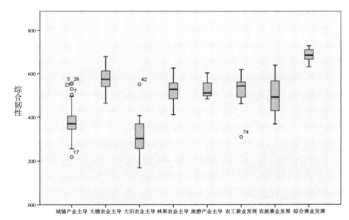

图 5-27 细化分类下的村庄综合韧性分异
（来源：作者自绘）

5.2.3.3 基于系统要素协调韧性的村庄聚类分析

通过对比各单项韧性评价结果，对不同综合韧性水平的村庄进行聚类分析，得出高韧性均衡、单韧性不足、双韧性不足3大类4亚类（表5-6），总结各种类型村庄之间综合韧性的主要特征、典型问题与发展思路得出明显差异。

基于综合韧性水平的村庄聚类结论 表 5-6

主导类型	亚类 ①	主要特征	代表村庄	对应发展类型
高韧性均衡	N1-C1（高韧性）	各目标（二级）韧性均为高水平，均衡发展	刘家营村 王家村	综合兼业发展型 大棚农业主导型
单韧性不足	N1-C2（中高韧性）	内生发展支撑韧性较高，系统要素协调韧性不足	水高庄村 八堡村	综合兼业发展型 林果农业主导型
	N2-C1（中低韧性）	系统要素协调韧性较高，内生发展支撑韧性不足	下辛口村 友好街村	城镇工商主导型 大田农业主导型
双韧性不足	N2-C2（低韧性）	各目标（二级）韧性均为低水平，综合韧性不足	辛立庄村 和平街村	大田农业主导型 城镇工商主导型

资料来源：作者自绘

1）高韧性均衡型。该类型主要特征是各目标（二级）韧性均为高水平，综合韧性水平很高，乡村系统要素支撑内生发展的能力较强，各类相关要素之间的配置相对协调。高韧性均衡型对应的主要村庄发展类型为综合兼业发展型、大棚农业主导型等。

2）单韧性不足型。主要包括两种亚类：一是内生发展支撑韧性较高，但系统要素协调韧性不足，主要由于部分设施及生产要素配置不符合实际需求，对应的主要村庄发展类型为综合兼业发展型、林果农业主导型等；二是系统要素协调韧性较高，但内生发展支撑韧性不足，主要原因涉及社会治理、产业培育、民生发展和生态环境等诸多方面，需要针对具体情况制定针对性优化措施，对应的主要村庄发展类型为城镇工商主导型、大田农业主导型等。

3）双韧性不足型。该类型主要特征是各目标（二级）韧性均为低水平，综合韧性水平较低，需要从乡村系统整体出发，通过针对性补强内生发展支撑不足的要素、全面改善各类要素配置协调度，逐步提升系统综合韧性水平。双韧性不足型对应的主要村庄发展类型为大田农业主导型、城镇工商主导型等。

5.3 城市边缘区乡村系统韧性格局的空间自相关机制

城市边缘区乡村社会韧性格局受到各相邻空间单元之间的相互作用影响。研究基于 GIS 和 GeoDa 平台，从全局空间自相关角度，分析每层级每类韧性指数的空间自相关水平和空间自相关热点分布规律；从局部空间自相关角度，分析每类韧性指数"高—高""低—低""高—低"

---

① 为简化表达，使用代码表示各种亚类，其中 N 表示内生发展支撑韧性，C 表示系统要素协调韧性，1 表示高水平，2 表示低水平。

空间自相关作用机制；从双变量空间自相关角度，分析乡村系统综合韧性水平与各类韧性指数之间的空间自相关机制。

5.3.1　乡村系统韧性格局的全局自相关机制

5.3.1.1　各类韧性指数的空间自相关水平及特征

基于 GIS 平台计算各层级各类韧性指数的全局莫兰指数（表 5-7），可以看出乡村综合韧性的全局自相关性较为显著；目标层（二级）韧性方面，内生发展支撑韧性的全局自相关性较为显著，系统要素协调韧性则不显著；准则层（三级）韧性方面，产业培育韧性、社会治理韧性、民生发展韧性、生态支撑韧性、设施配置协调韧性的全局自相关性较为显著，生产力布局协调韧性则不显著。

四镇乡村韧性水平全局莫兰指数统计　　　　　　　　　表 5-7

各层级韧性		莫兰指数	Z 得分	P 值	显著性
综合韧性		0.215	3.212	0.001	显著
目标层韧性（二级）	内生发展支撑韧性	0.218	3.249	0.001	显著
准则层韧性（三级）	产业培育韧性	0.152	2.302	0.021	显著
	社会治理韧性	0.363	5.267	0.000	显著
	民生发展韧性	0.192	2.865	0.004	显著
	生态支撑韧性	0.205	3.122	0.002	显著
系统要素协调韧性		0.089	1.402	0.161	不显著
准则层韧性（三级）	生产力布局协调韧性	−0.064	−0.755	0.450	不显著
	设施配置协调韧性	0.199	2.945	0.003	显著

资料来源：作者自绘

系统要素协调韧性的全局自相关性不显著主要源于生产力布局协调韧性不显著，说明与生产力布局协调相关的指数（劳动力析出 & 非农产业布局、土地流转 & 农作类型、居民点集聚度 & 农作类型）空间分布随机性相对较强。

5.3.1.2　各类韧性指数的空间自相关热点分布规律

基于 GeoDa 平台计算各类韧性指数的空间自相关的热点空间分布，可以看出，乡村综合韧性空间自相关性显著的热点空间分布主要有三种形式（图 5-28）："边缘带状联动"式，主

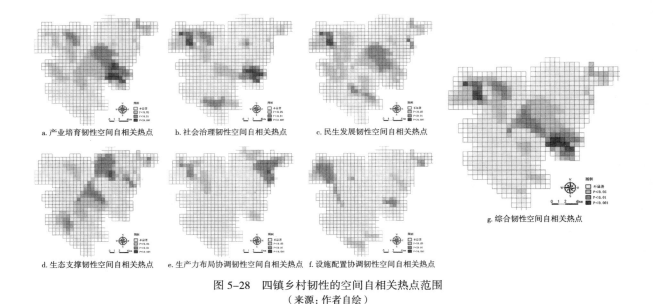

a.产业培育韧性空间自相关热点　　b.社会治理韧性空间自相关热点　　c.民生发展韧性空间自相关热点

d.生态支撑韧性空间自相关热点　　e.生产力布局协调韧性空间自相关热点　f.设施配置协调韧性空间自相关热点

g.综合韧性空间自相关热点

图5-28　四镇乡村韧性的空间自相关热点范围
（来源：作者自绘）

要分布于城镇边缘（如杨柳青镇东侧）；"全域面状联动"式，主要分布于乡村腹地（如辛口镇大部分村庄）；"局部散点带动"式，主要分布于局部个别村庄（如南肖楼村）。

乡村各单项韧性的空间自相关性热点空间分布格局特点（图5-28）。产业培育韧性的空间自相关性热点区域集聚度最高，集中分布于辛口镇域；社会治理韧性的空间自相关性热点区域分布较为均衡；民生发展韧性的空间自相关性热点区域主要分布于各镇区及周边村庄；生态支撑韧性的空间自相关性热点区域主要分布四镇交界地区；生产力布局协调韧性和设施配置协调韧性的空间自相关性热点区域范围较小、分布比较分散。

5.3.2　乡村系统韧性格局的局部自相关机制

研究基于GeoDa平台分析各类韧性指数的局部空间自相关特征，进而解析每类韧性指数的空间自相关作用机理及韧性空间格局形成机制。

5.3.2.1　乡村内生发展支撑韧性的局部空间自相关作用机制

四镇乡村内生发展支撑韧性"高—高"关联区域呈现"面状集聚"特征，形成以辛口镇多数村庄和独流镇部分村庄为核心的高韧性互动发展区（图5-29）。其中，辛口镇各"高—高"韧性关联村庄主要与产业培育韧性"高—高"关联区耦合；独流镇各"高—高"韧性关联村庄

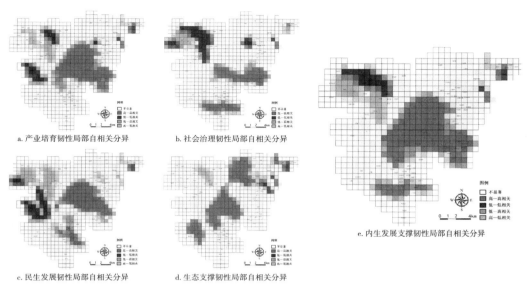

a. 产业培育韧性局部自相关分异　　　　b. 社会治理韧性局部自相关分异

c. 民生发展韧性局部自相关分异　　　　d. 生态支撑韧性局部自相关分异

e. 内生发展支撑韧性局部自相关分异

图 5-29　四镇乡村内生发展支撑韧性局部空间自相关分异
（来源：作者自绘）

主要与社会治理韧性耦合，其次为民生发展韧性（图 5-29）。这反映出辛口镇各村庄之间在产业培育韧性的联动发展方面表现突出，内生发展支撑能力的整体协同性较强。

乡村内生发展支撑韧性"低—低"关联区域呈现"局部散点+带状集聚"特征，出现以扬芬港镇北部和杨柳青镇区东侧为核心的低韧性相互影响区。其中，扬芬港镇各"低—低"韧性关联村庄主要与社会治理韧性"低—低"关联区耦合，其次为产业培育韧性，这与该区域各村庄整体演进阶段滞后有关；杨柳青镇各"低—低"韧性关联村庄主要与产业培育韧性、生态支撑韧性耦合，主要原因为城镇空间拓展对该区域生态空间和内生产业体系的整体冲击与破坏。

5.3.2.2　乡村系统要素协调韧性的局部空间自相关作用机制

四镇乡村系统要素协调韧性"高—高"关联区域呈现"局部散点"特征，形成以西碾坨嘴村和大杜庄村为核心的高韧性互动发展区（图 5-30）。其中，生产力布局协调韧性无"高—高"关联区，设施配置协调韧性"高—高"关联区主要集中于杨柳青镇南部和独流镇南部（图 5-30），是各村庄之间设施配置协调性的统筹布局最合理的区域。总体来看，由于"高—高"关联区域较少，表明四镇乡村系统要素协调韧性缺乏村庄之间的统筹布局与协同发展。

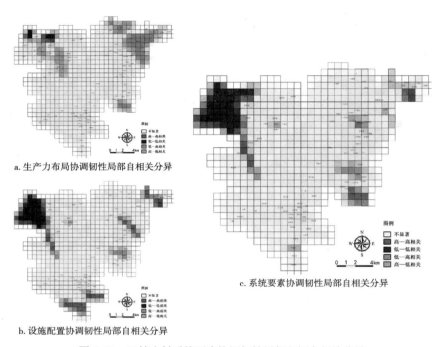

a. 生产力布局协调韧性局部自相关分异

b. 设施配置协调韧性局部自相关分异

c. 系统要素协调韧性局部自相关分异

图 5-30　四镇乡村系统要素协调韧性局部空间自相关分异
（来源：作者自绘）

系统要素协调韧性"低—低"关联区域呈现"面状集聚 + 局部散点"特征，出现以扬芬港镇西北部和拾陆街村为核心的低韧性相互影响区。其中，扬芬港镇各"低—低"韧性关联村庄主要与设施配置协调韧性"低—低"关联区耦合，其次为生产力布局协调韧性；拾陆街村"低—低"关联区主要与设施配置协调韧性耦合。这反映出，设施配置的整体协调性不足，是四镇乡村系统要素协调韧性出现低韧性关联区的重要因素。

5.3.2.3　乡村综合韧性的局部空间自相关作用机制

四镇乡村综合韧性"高—高"关联区域呈现"面状集聚 + 局部散点"特征，形成以辛口镇多数村庄和南肖楼村为核心的高韧性互动发展区（图 5-31）。这反映出辛口镇西部和南部各村庄之间，在系统韧性的联动发展方面，表现出较高的协同发展水平。

四镇乡村综合韧性"低—低"关联区域呈现"带状集聚 + 局部散点"特征，出现以扬芬港镇西北部和杨柳青镇区东侧为核心的低韧性相互影响区。其中，扬芬港镇西北部各村庄属于区位、制度设计等多元因素影响下的整体演进阶段和体制形式"发展滞后型"低韧性关联区；杨柳青镇区东侧各村庄则属于城镇扩张冲击下的"城镇边缘型"低韧性关联区。

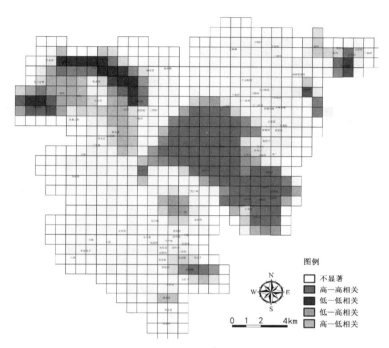

图 5-31　四镇乡村综合韧性局部空间自相关分异
（来源：作者自绘）

5.3.3　乡村系统韧性格局的双变量空间自相关机制

研究基于 GeoDa 平台计算乡村系统综合韧性水平与其他各类韧性指数的双变量空间自相关性，从邻域空间关联角度解析城市边缘区乡村系统综合韧性的空间格局形成与发展的主要影响机制。

5.3.3.1　各单项韧性指数对综合韧性格局的影响机制

乡村产业培育韧性与综合韧性水平的空间自相关性显著（图 5-32a）。其中，"高—高"关联区域主要分布于辛口镇西部及南部，产业培育韧性是提升该区域邻域村庄综合韧性的主要因素，村庄类型为综合兼业发展型和大棚农业主导型；"低—低"关联区域主要分布于扬芬港镇西南部和杨柳青镇区周边，产业培育韧性是该区域邻域村庄综合韧性不足的原因之一，村庄类型为大田农业主导型和城镇工商主导型（图 5-32e）。

乡村社会治理韧性与综合韧性水平的空间自相关性显著（图 5-32b）。其中，"高—高"关联区域主要分布于辛口镇南部和独流镇中南部，社会治理韧性是提升该区域邻域村庄综合韧性的主要因素，村庄类型为综合兼业发展型和大棚农业主导型；"低—低"关联区域主要分布于扬芬港镇西北部和杨柳青镇区周边，社会治理韧性是该区域邻域村庄综合韧性不足的原因之一，村庄类型为大田农业主导型和城镇工商主导型（图5-32f）。

乡村民生发展韧性与综合韧性水平的空间自相关性显著（图5-32c）。其中，"高—高"关联区域主要分布于辛口镇东部及西北部、独流镇区周边，民生发展韧性是提升该区域邻域村庄综合韧性的主要因素，村庄类型为综合兼业发展型和城镇工商主导型；"低—低"关联区域主要分布于扬芬港镇西部和杨柳青镇区东部，民生发展韧性是该区域邻域村庄综合韧性不足的原因之一，村庄类型为大田农业主导型和城镇工商主导型（图5-32g）。

乡村生态支撑韧性与综合韧性水平的空间自相关性较弱（图5-32d）。其中，"高—高"关联区域主要分布于辛口镇西部、独流镇西北部，生态支撑韧性是提升该区域邻域村庄综合韧性的主要因素，村庄类型为综合兼业发展型和林果农业主导型；"低—低"关联区域主要分布于杨柳青镇区东部，生态支撑韧性是该区域邻域村庄综合韧性不足的原因之一，村庄类型为城镇工商主导型（图5-32h）。

乡村生产力布局协调韧性与综合韧性水平的空间自相关性较弱（图5-32i）。其中，"高—高"关联区域仅有大杜庄村，生产力布局协调韧性是提升该村邻域村庄综合韧性的主要因素，村庄类型为大棚农业主导型；"低—低"关联区域主要分布于扬芬港镇西北部，生产力布局协调韧性是该区域邻域村庄综合韧性不足的原因之一，村庄类型为大田农业主导型（图5-32m）。

乡村设施配置协调韧性与综合韧性水平的空间自相关性显著（图5-32j）。其中，"高—高"关联区域较为分散，以镇区周边村庄为主，设施配置协调韧性是提升该区域邻域村庄综合韧性的主要因素，村庄类型为综合兼业发展型和城镇工商主导型；"低—低"关联区域主要分布于扬芬港镇西部，设施配置协调韧性是该区域邻域村庄综合韧性不足的原因之一，村庄类型为大田农业主导型（图5-32n）。

5.3.3.2　各目标韧性指数对综合韧性格局的影响机制

乡村内生发展支撑韧性与综合韧性水平的空间自相关性显著（图5-32k）。其中，"高—高"关联区域主要分布于辛口镇和独流镇南部，内生发展支撑韧性是提升该区域邻域村庄综合韧性的主要因素，村庄类型为综合兼业发展型和大棚农业主导型；"低—低"关联区域主要分布于扬芬港镇西北部和杨柳青镇区东侧，内生发展支撑韧性是该区域邻域村庄综合韧性不足的原因之一，村庄类型为大田农业主导型和城镇工商主导型（图5-32o）。

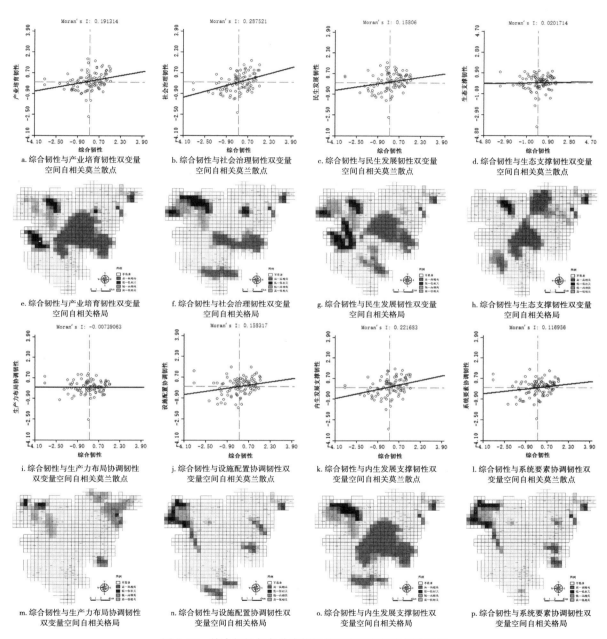

图 5-32　综合韧性与各分类韧性的双变量空间自相关格局
（来源：作者自绘）

　　乡村系统要素协调韧性与综合韧性水平的空间自相关性一般（图 5-32l）。其中，"高—高"关联区域包括小沙沃村、大杜庄村和西碾坨嘴村，系统要素协调韧性是提升其邻域村庄综合韧性的主要因素，主要村庄类型为综合兼业发展型；"低—低"关联区域主要分布于扬芬港镇西部和杨柳青镇区东侧，系统要素协调韧性是该区域邻域村庄综合韧性不足的原因之一，村庄类型为大田农业主导型和城镇工商主导型（图 5-32p）。

5.3.3.3　基于双变量自相关性的综合韧性格局影响机制小结

在各单项韧性（三级）指数中，产业培育韧性、社会治理韧性、民生发展韧性和设施配置协调韧性等对领域空间单元的综合韧性影响力较大。各指数空间影响范围不尽相同：如产业培育韧性、社会治理韧性对邻域综合韧性产生较强影响的空间范围大且较集中（如辛口镇）；而设施配置协调韧性影响的空间范围小且较分散。说明在各单项韧性指数中，提升产业培育韧性和社会治理韧性，对促进邻域村庄综合韧性水平的整体提升具有更显著作用。

在各目标韧性（二级）指数中，内生发展支撑韧性对领域空间单元的综合韧性影响力强于系统要素协调韧性。从影响的空间范围看，内生发展支撑韧性对邻域综合韧性产生较强影响的空间范围大且较集中，系统要素协调韧性的空间影响范围小且较分散。说明在各目标韧性指数中，提升内生发展支撑韧性，对促进邻域村庄综合韧性水平的整体提升具有更显著的作用。

5.3.4　城市边缘区乡村韧性空间自相关机制总结

5.3.4.1　关于全局空间自相关影响机制

城市边缘区乡村系统综合韧性及各单项韧性（生产力布局协调韧性除外）均呈现显著的全局自相关性，说明相邻空间单元之间的韧性水平普遍存在关联性；生产力布局协调韧性的全局自相关性不显著，是目标层韧性中系统要素协调韧性不显著的主要原因。

5.3.4.2　关于局部空间自相关影响机制

1）在内生发展支撑韧性方面，加强各村庄之间产业培育韧性的联动发展（"高—高"自相关），有助于提升内生发展支撑能力的整体协同性。在城镇边缘易形成产业培育韧性和生态支撑韧性的"低—低"自相关空间带，源自于城镇空间拓展对相邻各村庄生态空间和内生产业体系的整体冲击与破坏。

2）在系统要素协调韧性方面，城市边缘区乡村系统要素协调韧性"高—高"关联区域较少，说明缺乏对村庄之间公共设施的统筹布局与协同发展，这也是部分村庄的系统要素协调韧性存在低水平联动区域的主要原因。

　　3）城市边缘区乡村系统综合韧性的低水平空间自相关区域，主要分为两种类型：一是属于区位、制度设计等多因素影响下的演进阶段和体制形式"发展滞后型"低韧性关联区；二是属于城镇扩张冲击下的"城镇边缘型"低韧性关联区。

5.3.4.3 关于各类韧性与综合韧性间的空间自相关影响机制

　　1）在各单项韧性指数中，提升产业培育韧性和社会治理韧性，对促进邻域村庄综合韧性水平的整体提升具有更显著的作用。

　　2）在各目标韧性指数中，提升内生发展支撑韧性，对促进邻域村庄综合韧性水平的整体提升具有更显著的作用。

5.4　本章小结

　　本章耦合"功用性—稳定性—可持续性—协调性"的抗风险能力维度，建立"目标层—准则层—指标层"的多层级乡村系统韧性评价指标体系。其中，目标层包括内生发展支撑韧性、系统要素协调韧性，对应内生发展秩序瓦解及系统要素配置失衡两方面的风险构成。准则层包括产业培育韧性、社会治理韧性、民生发展韧性、生态支撑韧性、生产关系与生产方式协调、设施配置与人口特征协调六个维度。指标层选取 32 项城市边缘区乡村系统风险格局的有效影响因子类型。

　　（1）城市边缘区乡村系统韧性水平空间分异与聚类规律

　　根据边缘区乡村系统韧性评价指标体系及评价模型，结合天津实证数据，解析城市边缘区乡村系统韧性空间分布规律，归纳为均衡型高韧性、单一型低韧性、多元型低韧性三类：①以刘家营村为代表的"均衡型高韧性"，主要对应综合兼业发展型、大棚农业主导型等村庄，乡村内生发展能力较强，各类要素间的配置相对协调。②以水高庄村为代表的"单一型低韧性"，或是内生发展支撑韧性较高、系统要素协调韧性不足，或是系统要素协调韧性较高、内生发展支撑韧性不足，亟待针对性进行补足完善。③以辛立庄村为代表的"多元型低韧性"，主要对应大田农业主导型、城镇产业发展型等村庄，综合韧性较低，需要从系统整体出发，针对性补强内生支撑不足的要素并改善各类要素配置的协调度。

　　（2）城市边缘区乡村系统韧性水平的空间自相关机制

　　从内生发展支撑韧性、系统要素协调韧性、综合韧性三方面，总结乡村韧性空间相关性具体特征如下：①乡村内生发展支撑韧性的空间相关性方面，四镇"高—高"韧性关联区呈现

"面状集聚"特征,形成以辛口镇多数村庄为核心的高韧性互动发展区;"低—低"韧性关联区呈现"局部散点 + 带状集聚"特征,出现以杨柳青镇区东侧为核心的低韧性相互影响区。②乡村系统要素协调韧性的空间相关性方面,四镇"高—高"韧性关联区呈现"局部散点"特征,形成以大杜庄村为核心的高韧性互动发展区;系统要素协调韧性"低—低"韧性关联区呈现"面状集聚 + 局部散点"特征,出现以扬芬港镇西北部为核心的低韧性相互影响区;由于缺乏对村庄之间公共设施的统筹布局,"高—高"韧性关联区相对较少。③乡村综合韧性空间相关性方面,四镇"高—高"韧性关联区呈现"面状集聚 + 局部散点"特征,形成以辛口镇多数村庄为核心的高韧性互动发展区;乡村综合韧性"低—低"韧性关联区呈现"带状集聚 + 局部散点"特征,出现以扬芬港镇西北部为核心的低韧性相互影响区,并分化为体制发展滞后型、城镇扩张冲击下的城镇边缘型两类。

根据乡村"产业培育—社会治理—民生发展—生态支撑—生产力布局协调—设施配置协调"各单项韧性与综合韧性指数的双变量自相关分析,总结可得:①在各单项韧性指数中,产业培育韧性和社会治理韧性,对促进邻域村庄综合韧性水平提升具有显著作用;②在各目标韧性指数中,内生发展支撑韧性对促进邻域村庄综合韧性水平提升具有显著作用。

韧性提升：基于风险治理的城市边缘区乡村韧性格局优化策略

"韧性提升"是城市边缘区乡村系统风险与韧性研究的核心内容，韧性反映了乡村系统抗风险能力，实现乡村系统风险的韧性治理，是风险识别及韧性评价等研究的核心目的。

本章依据第 3 章"城市边缘区乡村韧性规划理论"的"韧性格局重构"理论内容，基于系统韧性重构路径及技术框架，通过改善韧性薄弱的高风险环节（化解风险源）、改善系统风险格局的影响机制（切断风险链）两个角度治理系统风险，形成韧性优化策略矩阵。针对多元类型村庄的系统风险特征与韧性水平，从"产业培育—社会治理—民生发展—生态支撑—要素协调"角度提出差异化的"内生培育—外源协同—制度设计"组合优化策略，精准提升各类村庄的韧性水平，重构边缘区乡村系统韧性格局，实现乡村系统风险的长效治理目标（图 6-1）。

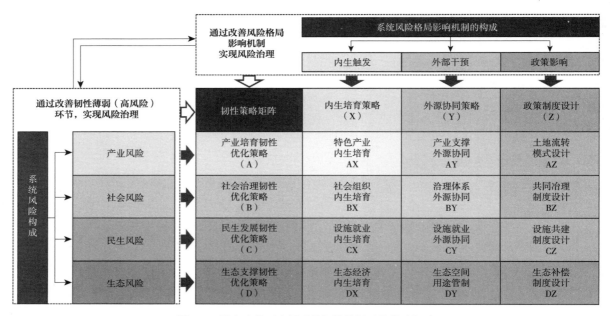

图 6-1　城市边缘区乡村系统韧性格局重构策略矩阵
（来源：作者自绘）

6.1　城市边缘区乡村产业培育韧性格局重构策略

基于城市边缘区乡村存在的主体经营能力不足、产业内生动力受外部冲击而弱化、生产力布局要素配置不协调、土地流转不适应农业生产需求等典型产业风险，针对不同类型村庄的风险聚类特征，研究分别从"特色价值强化—主体经营能力提升"的内生培育、"设施精准配置—城乡空间协同"的外源协同、"多元土地流转模式"的制度设计等系统动力优化角度出发，因村施策，提出针对性的城市边缘区乡村系统产业培育韧性格局重构与优化策略。

6.1.1　化解内生动力弱化风险：乡村产业韧性内生培育

城市边缘区乡村系统产业韧性内生培育，目标是化解乡村产业内生特色褪去、自组织水平弱化风险。其关键在于乡村自身内生发展能力提升，主要包括两方面：一是通过乡村本体特色价值的强化，主动参与城乡乃至区域产业体系分工，形成特色产业网络节点；二是通过提升乡村主体经营能力，形成乡村自己的产业经营人群和经济组织，奠定产业长效发展的基础。

6.1.1.1 重构城乡产业体系格局：互联网时代乡村特色价值的主动输出

相比于城市，乡村具有自身独特的生活与生产方式、生态资源、景观风貌、社会文化等要素，乡村系统要素的多样性构成了乡村特色价值。乡村特色价值是其吸引城市消费群体，向城市乃至区域输出特色产品（如农产品、文化产品、生态产品、旅游产品），主动参与城乡产业体系分工的基础[156]。

传统经济时代，城市边缘区部分村庄由于空间区位较差（距离中心城区较远、交通可达性不高），特色产品难以推向城乡市场，特色价值不易得到充分挖掘。伴随着信息化高度发展，我国经济已步入互联网时代，空间区位带来的产业发展条件差异性正在加速缩小，借助互联网平台，更多的村庄有机会融入城乡产业体系分工格局，成为城乡产业网络的特色节点。

城市边缘区各村庄应深入挖掘自身特色，村庄之间围绕特色主题形成特色产业集群与链条，乡村特色产业集群与城市主导产业紧密互动，共同构成集开放性、网络化、扁平化、非层级等多元特征的城乡产业体系空间格局（图6-2），实现从城市"单核空间集聚"走向城乡"多元特色节点+网络互动发展"。通过重构城乡产业格局、找准乡村产业定位、培育扎根于乡村特色土壤的本土产业，提升城市边缘区乡村产业培育韧性。

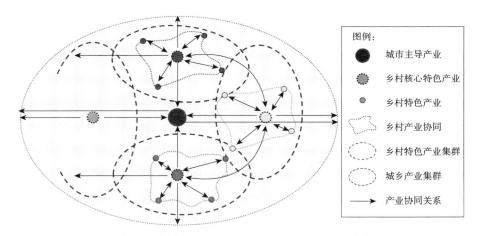

图 6-2 城市边缘区乡村特色产业主动参与城乡产业体系分工格局
（来源：作者自绘）

6.1.1.2 提升乡村主体经营能力：奠定产业长效发展的人才和组织基础

乡村主体经营能力包括村民对产业的经营能力、乡村经济组织的发展水平等，是乡村培育内生发展动力、实现产业长期稳定发展的人力与组织基础[157]。城市边缘区乡村在城市资本和市场的冲击下，为谋求产业快速发展，易出现由外部企业主导经营、部分村民打工的模式，虽

有利于短期内的经济效益提升，但在村民利益公平分配、村庄主体产业经营能力培育等方面存在诸多问题，从长远角度看，增加了产业发展不确定性等风险隐患。

通过不同经营主导模式下乡村产业发展效果的案例对比研究（表6-1），可以看出由外部力量（市场、政府）主导的产业经营模式，不利于村民广泛参与产业经营及切身利益的保护，不利于村庄内部经济组织的成长和乡村主体经营能力的提升，增加了产业发展的风险，降低了系统韧性；由内生力量（村社、乡贤）主导的产业经营模式，尽管产业发展相对缓慢，但村民和社群的学习及适应能力不断提高，有利于产业长效持续、健康稳定发展。

不同经营主导模式下乡村产业发展效果案例对比 表6-1

村庄案例	主导方	经营特点	经营效果
安徽宏村	市场	外部资金主导、企业经营，部分村民打工	经济效益快速提升；村民参与度低，利益分配不均，精神凝聚力下降，本地居民外迁
张家界索溪峪村	政府	政府实施保护和旅游开发，引入市场资金	保护效果好，旅游产业发展较快；村民参与度低，村民收入未能显著改善
天津蓟州西井峪村	村社	村集体引导，村民自发经营多元的手工作坊	形成特色旅游品牌，成为远近闻名的摄影基地；居民收入水平与经营能力均提升
台湾桃米社区	村社	社区自主管理与经营，村民学习经营村庄资源	村民成为生态资源的管理和经营者，形成区域儿童生态学习体验基地，收入不断提升
南京高淳大山村	乡贤	乡贤带头发展，组建农家乐协会，政府技术帮扶	农家乐等产业发展良好，村民旅游收入逐年增加，劳动力回流

资料来源：作者根据相关资料整理

提升城市边缘区乡村主体经营能力，主要包括村民经营能力学习、乡村多元经济组织培育两方面策略。

1）建立学习机制，培育农民企业家。由村集体定期组织村民参观学习先进的乡村产业经营经验、先进的种植与加工技术、先进的品牌与产品营销策略，使村民开阔眼界，认识到通过学习提升自身经营能力是走上致富道路的关键环节。伴随村民整体能力提升，部分能手逐渐成长为农民企业家，成为乡村产业更高质量发展的中坚力量。

2）加强经济组织建设，培育多元主体形式。乡村经济组织是提升村庄产业竞争力、规避个体农户经营风险的重要保障，是乡村产业内生发展能力培育的组织基础[158]。培育村集体企业、合作社、互助合作小组等多元主体形式：其中村集体企业侧重集体资源的管理与经营；合作社针对多元产业需求可以有多种形式，是某项产业的村民利益共同体；互助合作小组由部分村民自由组合，规模小、决策灵活、适应性强。通过构建家庭经营、集体经营、合作经营、企业经营等多元新型产业经营体系，提高乡村产业的集约化、专业化、组织化、社会化水平。

6.1.1.3　因村施策：特色价值强化及经营能力提升的村庄分类定制

根据韧性评价结论（以四镇乡村为例），产业培育韧性较低的区域集中于大田农业主导型、城镇工商主导型村庄；其次为部分旅游地产主导型、农工兼业发展型、林果农业主导型等村庄。每类村庄产业风险成因及韧性提升策略见表 6-2。

城市边缘区乡村产业韧性内生培育策略的村庄分类定制　　　　表 6-2

村庄类型	产业风险成因	产业韧性内生培育策略	
		特色价值强化策略	主体经营能力提升策略
大田农业主导型	农业效益低，非农产业滞后，经济组织不发达	田园价值：提升农产品附加值，拓展涉农休闲产品	提升种植技术、休闲服务业经营能力，培育基础经济组织
城镇工商主导型	内生产业体系瓦解，产业特色消失	新社区价值：发展文化记忆产品 + 现代服务综合体	加强村集体企业建设，与市场资本合作经营，保障村民收益
旅游地产主导型	内生产业体系瓦解，经济外部依赖性强	景观价值：强化不同于城市的生态文化景观特色	基于集体产权的合作经营，加强村社的参与度及决策权
农工兼业发展型	村庄工业产能落后	新经济^① 价值：集体经营性土地转为新经济载体	基于集体产权的合作经营，村民成为新经济经营主体
林果农业主导型	农业效益相对低，非农产业相对滞后	田园价值：提升产品附加值，拓展涉农休闲产品	提升村民休闲服务业经营能力，发展多元经济组织

资料来源：作者自绘

1）大田农业主导型村庄处于传统农业体制的初级形式，其产业风险主要为农业效益低、非农产业起步晚、集体与民营经济组织不发达。该类村庄的核心特色是生态田园产品，应提升农业种植技术，发展绿色、高效、高附加值农产品，并拓展涉农旅游和文化产品（如农作体验、丰收节庆等）；通过促进土地适度流转，培育规模化生产经营主体（合作社、种植大户），逐步建立基础经济组织。

2）城镇工商主导型村庄属于高度城镇化的非典型乡村体制，基于乡村特色的内生产业体系趋于瓦解，是其主要的产业风险成因。该类村庄将成为城镇边缘新社区，产业与城市中心区错位发展（如对地价敏感的专业市场等），并围绕核心产业培育多链条、多业态的现代服务综合体；应加强村集体企业的主导地位，在与市场资本合作经营的过程中提升乡村主体经营能力、确保村民合理收益。

---

① 2016 年，"新经济"一词第一次写入中国政府工作报告，是指以信息技术革命和制度创新为基础的绿色、高效、轻资产高产出的产业业态；乡村新经济侧重一二三产融合发展。本书特指与村庄资源禀赋相契合的多元创新服务业态，如文化创意、艺术设计、电子商务、休闲服务、户外教育等。

3）旅游地产主导型村庄属于外部产业主导的非典型乡村体制，乡村旅游资源由市场资本经营，本村主体参与度较低、经济外部依赖性强是其主要风险成因。该类村庄具有较强的景观价值，应强化自身的生态文化景观特色；同时鼓励基于集体产权的合作经营，加强村社的参与度及决策权，提升集体及村民的产业经营能力。

4）农工兼业发展型村庄处于农业兼业体制的初级形式，多数工业类型未来面临落后产能淘汰风险[159]。该类村庄应依托集体经营性土地和工业积累资本，着力发展与村庄资源禀赋相契合的多元创新服务业态，塑造乡村新经济价值；同时鼓励基于集体产权的合作经营，使村集体和村民成为新经济的经营主体。

5）林果农业主导型村庄处于传统农业体制的高级形式，部分村庄存在农业效益不高、产业单一的发展风险。该类村庄应强化其生态田园价值，围绕特色农产品培育、加工、营销和涉农休闲产品延伸拓展，形成知名产业品牌①；同时通过定期学习培训提升村民休闲服务业经营能力，并发展多元乡村经济组织。

此外，少数大棚农业主导型、农旅兼业发展型村庄产业韧性评价结果为较低水平，前者是由于产业结构单一、经济组织不发达，应着力于延伸涉农产业链条、拓展多元产业类型，同时培育乡村经济组织，推动产业的品牌化、企业化建设；后者是由于旅游产品趋同、发展水平不高，应着力于开发特色旅游产品、提升产业经营管理水平。

6.1.2 化解要素配置失衡风险：乡村产业韧性外源协同

根据产业培育韧性的空间自相关规律，城市边缘区乡村邻域空间产业韧性具有较强的正相关影响作用。因此，合理的外源协同布局，有利于促进城市边缘区乡村系统产业培育韧性的联动提升，其中包括契合乡村产业发展需求的生产性服务设施布局、基于乡村资源禀赋特征和多元发展需求的城乡产业空间协同布局等策略。

6.1.2.1 网络格局建构：乡村产业发展的城乡空间协同策略

（1）从"层级化"走向"网络化"：基于城乡空间协同的产业韧性网络格局建构

传统的城市边缘区乡村产业空间联系呈现显著的"层级化"特征，是以"镇—村"联系为主，部分紧邻城区的村庄直接和城区联系（通常成为城市产业扩张的植入区域）。村庄的产

---

① 如天津杨柳青镇大柳滩村荣获"金农奖"的早酥梨特色产品和基于连续十几年举办的"大柳滩桃花节"形成城郊生态休闲旅游品牌。

业联系较为单一，缺乏村庄与城市、各村庄之间的多元联系，不利于乡村产业类型拓展、产业链条延伸和发展质量提升[160]（图 6-3a）。

　　村庄融入城乡区域产业分工与协作，是激活乡村产业、强化乡村价值、实现乡村产业韧性发展的关键。因此，基于城乡产业空间协同，构建城乡产业韧性发展网络格局，通过城与村、村与村之间网络化的交通设施、通信设施建设，加强产业空间之间的平行联系，形成"城—镇—村"网络化的产业关联区（图 6-3b）。

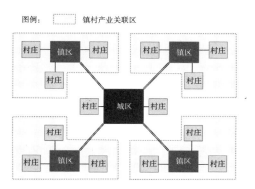
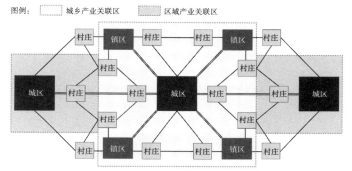

a. 以"镇—村"产业关联为特征的空间协同关系　　　　b. 以"城—镇—村"产业网络化关联为特征的空间协同关系

图 6-3　从"层级化"走向"网络化"：城乡产业空间协同前后的空间关联对比
（来源：作者自绘）

　　以此为基础，结合村庄自身特色，形成一村一品的特色产业空间节点，使得乡村产业体系更加丰富多元、适应能力更强。同时，加强具有相同特色产业村庄之间的空间联系，形成乡村特色产业集聚区，分摊成本、共享信息，增强乡村产业的影响力，丰富城乡产业协同韧性网络格局的空间层次。

　　（2）"留强去弱"：基于特色价值关联性的乡村产业空间整合

　　城市边缘区乡村产业可以按照与村庄自身特色价值关联性的强与弱，分为两种类型：其中与村庄自身特色价值关联性强的产业，根植于乡村土壤，是村庄参与区域产业分工协作、实现乡村经济持续稳定发展的基础，应留在本村庄内；与村庄自身特色价值关联性弱的产业，主要为外部植入型产业和粗放低效的村镇制造业，侵占村庄土地资源，破坏乡村内生产业体系，是降低乡村产业培育韧性的主要因素，应迁出本村，整合并入镇区或其他工业园区[161]。

　　整合后的产业空间，按照产业链条特点和分工协作关系适度集聚，土地利用效率更高，规模优势更大，市场竞争力更强。同时，整合集聚后的产业园区之间更易于基础设施网络建设，从而形成区域内的相关产业链条与集群（图 6-4）。

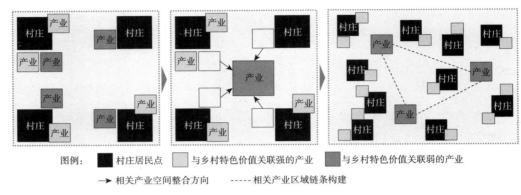

图例： ■ 村庄居民点 □ 与乡村特色价值关联强的产业 ■ 与乡村特色价值关联弱的产业

→ 相关产业空间整合方向 ----- 相关产业区域链条构建

图 6-4 基于特色价值关联性的城市边缘区乡村产业空间整合

（来源：作者自绘）

6.1.2.2 因村施策：乡村生产服务设施精准分类配置策略

城市边缘区村庄主导产业类型的多元性决定了其对生产服务设施需求的差异性，基于乡村产业发展特点和实际需求，精准配置相关的生产性服务设施，既有利于促进乡村生产发展，又可以避免公共资源闲置浪费等要素配置失衡风险。

（1）宏观层面城市边缘区乡村生产服务设施精准分类配置

宏观层面乡村生产服务设施的配置，侧重于镇（乡）域内乡村的整体服务，设施主要布局于乡镇驻地，规模与级别稍高，设施类型主要依据不同类型乡镇的产业特点与发展需求。

如生态敏感型区域主要发展生态休闲服务等产业，应提供旅游综合服务站、生态产品应用技术服务站等设施；半城半乡型区域是城乡物流、人流转换的集中地，应配置商贸物流中心和非农就业培训站，为非农产业发展提供高水平劳动力支撑；传统乡村农业主导型区域迫切需要提升农作效率、贯通农产品销售渠道，因此应配置农业技术服务站、农产品一级市场等设施（表 6-3）。

宏观层面城市边缘区乡村生产服务设施精准分类配置 表 6-3

乡镇类型		产业特点与需求	生产性服务设施配置
生态敏感型		生态管控要求高	旅游综合服务站、生态产业指导中心
半城半乡型		衔接城市市场，城乡物流转换	商贸物流中心、非农就业培训中心
传统乡村主导	农业主导型	农作技术提升，农产品贸易	农产品一级市场、农业综合服务站
	工业主导型	加工技术提升，产品物流销售	加工技术服务站、非农商贸物流站
	复合型	客货综合运输，产品物流销售	交通运输站、综合商贸市场

资料来源：作者自绘

（2）中观层面城市边缘区乡村生产服务设施精准分类配置

中观层面乡村生产服务设施的配置，侧重于对具体村庄产业发展的支撑，设施主要布局于乡村居民点，规模与级别稍低，设施类型主要依据不同类型村庄的产业特点与发展需求。

如传统农业体制下的各类村庄，农业生产是其主导产业，需要提升农作技术、改善农产品物流效率、贯通销售渠道，因此应配置农产品二级市场、农业技术服务站、农产品物流服务站等设施；农工兼业发展型村庄，需要提升工业生产效率和加强产品创新升级，应配置加工技术服务站、物流服务站等设施；农旅兼业发展型村庄，需要为村民分散经营的旅游产业提供集中配套，以及方便游客通达的客运交通服务，因此应配置旅游接待中心、客运交通站等设施；综合兼业发展型村庄，产业需求更加多元，应根据实际情况配置物流服务站、客运交通站、旅游接待中心、商贸市场等设施（表6-4）。

中观层面城市边缘区乡村生产服务设施精准分类配置 表6-4

村庄类型		产业特点与需求	生产性服务设施配置
传统农业体制	大田农业主导型	农作技术提升，农产品贸易及物流服务	农产品二级市场、农业技术服务站、农产品物流服务站
	林果农业主导型		
	大棚农业主导型		
农业兼业体制	农工兼业发展型	加工技术提升，产品物流销售	加工技术服务站、物流服务站
	农旅兼业发展型	旅游配套服务，客运交通服务	旅游接待中心、客运交通站
高级兼业体制	综合兼业发展型	客货综合运输，产品物流销售	物流服务站、客运交通站、旅游接待中心、商贸市场

资料来源：作者自绘

6.1.3 化解土地流转滞后产业需求风险：多元流转模式设计

乡村产业发展对土地具有较强的依赖性，乡村特色价值更与土地资源密切相关。为促进乡村产业发展，更大限度发挥乡村土地资源效能，国家不断出台土地政策，为乡村土地流转提供顶层设计。研究针对城市边缘区各类村庄差异化的发展条件和发展诉求，设计灵活多元的土地流转模式，将土地流转政策落到实处，从而促进土地资源整合、生产力提升和乡村经济组织发展，化解土地流转滞后产业需求的风险，实现乡村产业韧性整体水平提升与格局优化目标。

6.1.3.1 乡村土地流转的政策衔接

2016 年国家出台相关政策，明确农村土地承包权归农民所有，经营权可以进入市场流转，形成所有权、承包权和经营权"三权分置"格局[①]。2018 年以后，伴随国家乡村振兴战略相关政策出台[②]，进一步鼓励创新土地收益分享模式。

与国家政策相衔接，各地纷纷提出落实土地流转的具体政策，如厦门市提出"支持社区股份经济合作社集中进行土地整理和招标出租，所得收益由股份经济合作社按股分红……鼓励国有企业通过租赁等方式依法流入承包农户土地经营权，统一规划后，集中进行土地整理和农业生产设施建设……鼓励经营主体对依法流入的农村土地进行集中整治……对于新增耕地及提高耕地等别的相关项目建设可向市国土与房产局申请专项奖励资金"[③]。这些政策明确了各类主体进入土地流转市场的方式和收益模式，为多元化的土地流转模式设计提供支撑。

6.1.3.2 乡村土地流转模式的精准定制

当前我国各地乡村土地流转日趋活跃，流转模式不断创新，出现了土地股份合作社、土地股份公司（村集体企业）、土地银行（本质为经济合作社）、业主租赁等多种模式。由于城市边缘区乡村类型多元，土地流转需求和组织基础条件差异性大，因此需要针对不同类型村庄特点，设计多元的具有较强适用性的土地流转模式，确保土地流转符合各类村庄生产实际需求。

农村土地所有权在村集体，农户有承包权和经营权，研究按照流转主导者和经营权转移对象的差异性，将土地流转模式归纳为四类，每类的运作方式、收益方式、适用的村庄类型都不尽相同[162]（表 6-5）。

基于乡村产业发展需求差异的土地流转模式设计   表 6-5

流转模式	运作方式		收益方式		适用特点	适用村庄类型
开发商主导					劳动力析出水平较低，待流转土地较完整	大棚农业主导型农旅兼业发展型综合兼业发展型

[①] 2016 年中共中央办公厅、国务院办公厅印发《关于完善农村土地所有权承包权经营权分置办法的意见》。

[②] 2018 年中共中央、国务院印发《乡村振兴战略规划（2018-2022 年）》中提出，创新收益分享模式，加快推广"订单收购＋分红""土地流转＋优先雇用＋社会保障""农民入股＋底薪收益＋按股分红"等多种利益联结方式。

[③] 参见 2018 年厦门市人民政府《关于进一步促进农村土地经营权有序流转发展农业适度规模经营的实施意见》（厦府办〔2018〕180 号）。

续表

流转 模式	运作方式	收益方式	适用特点	适用村庄类型
村集体 主导			劳动力析出 水平较高， 村集体管理 能力较强	林果农业主导型 农工兼业发展型 生态搬迁型
合作社 主导			劳动力析出 水平较高， 合作社发展 水平较高	大田农业主导型 林果农业主导型 农工兼业发展型 生态搬迁型
农户 自主			劳动力析出 水平较低， 待流转土地 较为零碎	大棚农业主导型 农旅兼业发展型

资料来源：作者自绘

1）开发商主导模式：农户将土地经营权以租赁或入股的形式流转于开发商，开发商把土地划分为若干等份，通过出售土地权益证或股份受益凭证向社会招商融资。该模式不需要村集体、合作社等媒介，相对简单直接，一般土地流转规模不大，但空间较为完整（便于开发商经营），适用于劳动力析出水平较低、土地流转需求不高的大棚农业主导型、农旅兼业发展型、综合兼业型发展等村庄。

2）村集体主导模式：农户将土地经营权由集体统一管理，整体流转到开发商，开发商委托集体全权代理田间管理，由集体安排部分农户劳务输出。该模式要求村集体管理能力较强，高效收储农户承包土地并统一转让，同时能参与土地经营管理，适用于劳动力析出水平较高、土地流转需求旺盛、村集体经济组织水平较高的林果农业主导型、农工兼业发展型及生态搬迁型等村庄。

3）合作社主导模式：农户将土地经营权流转于合作社，经合作社打包流转给开发商并得到分红，合作社将大部分企业分红用于发展基金，所得利润再次分红于农户。该模式相对比较灵活，多元的合作社形式（股份合作、土地存储等）便于契合不同村庄村民差异化的意愿和可接受度，广泛适用于劳动力析出水平较高、土地流转需求旺盛的大田农业主导型、林果农业主导型和农工兼业发展型及生态搬迁型等村庄。

4）农户自主模式：单个农户将土地经营权以租赁的形式流转于社会投资者。该模式最为简单，一般是由于流转需求小、待流转土地分布分散，不利于规模经营，主要适用于部分劳动力析出水平较低、土地流转需求较小的大棚农业主导型、农旅兼业发展型等村庄。

6.2 城市边缘区乡村社会治理韧性格局重构策略

城市边缘区乡村系统社会风险主要来自两种趋势：一部分村庄就业吸引力不足，人力资源外流，人口结构失衡；一部分村庄则受外部功能植入的强烈影响，绅士化发展趋势明显，原有社群体系瓦解。两种趋势下的乡村均出现集体组织能力下降、社会自治水平不足等典型社会风险。针对不同类型村庄的风险聚类特征，研究分别从"乡村自组织建设"的内生培育、"区域协同治理体系建设"的外源协同、"多元主体共治机制"的制度设计等系统动力优化角度出发，因村施策，提出针对性的城市边缘区乡村系统社会治理韧性格局重构与优化策略。

6.2.1 化解自治能力瓦解风险：乡村社会韧性内生培育

提升乡村社会自组织能力，是从内生发展角度提升城市边缘区乡村社会治理韧性的主要方向。其中，通过乡村基层管理及自治组织建设，培育成熟的社会网络，是提升边缘区乡村社会自组织能力的基础保障；乡村组织及村民的适应性学习和创造力培育，是提升边缘区乡村社会自组织能力的关键举措。研究基于城市边缘区乡村差异性，分类提出针对性的社会治理韧性内生培育策略。

6.2.1.1 基础支撑：基于社会网络培育的乡村基层管理及自治组织建设

城市边缘区乡村基层组织的管理水平和行动能力，是乡村社会治理的基础保障；乡村社会自组织网络的成熟水平和互惠共生格局，是提升乡村精神凝聚力、永葆乡村系统功能发展生命力的内生动力。

培育成熟的城市边缘区乡村社会自组织网络，一是要加强乡村基层管理体系建设，充分发挥乡村基层治理功能；二是借助血缘、亲族、文化、生态、生产等纽带，促进村民自治组织的培育[163]（表6-6）。

（1）乡村基层管理体系建设与治理水平提升

乡村基层管理体系是社会网络培育的基础。通过提升村庄行政组织（支部、村委等）集体活动组织频率、覆盖范围，提高村庄的集体行动能力，同时深入农户发现问题、重点帮扶，提

基于社会网络培育的乡村基层管理及自治组织建设 　　　　　表 6-6

社会网络培育方向		韧性提升策略	目标与效果
基层管理体系建设	村行政组织	（支部、村委）活动组织 + 重点帮扶	集体行动力 + 行政效率
	村集体经济组织	吸收村民代表 + 经营管理现代化	民主性 + 先进性
	村协会及其他组织	根据各类组织特点建设多元功能	多元化 + 网络化
村民自治组织培育	长老制与村民议会	发挥村庄长者、精英的凝聚力，建立村民认同的决策机制	精神凝聚力 + 共同行动力
	各类合作社	培育农业生产、土地流转、新经济等多元类型合作社	经济活力 + 市场竞争力
	村民互助小组	提升互助小组覆盖率	网络覆盖度 + 共同发展
	各类主题社团	培育各类社团，丰富民间活动	精神凝聚力 + 文化共同体

资料来源：作者自绘

高村庄行政效率；通过吸收村民代表进入村集体企业组织决策层，确保企业发展符合村民实际利益，提高村庄企业组织的民主性，发挥集体企业组织在社会治理中的关键作用；通过加强各类村民协会（老年人协会、农家乐协会）建设，实现基层管理体系网络化延伸与多元化的功能发展。

（2）多元化的村民自治组织培育

村民自发形成的治理组织为社会网络培育提供更广阔的空间。通过血缘、亲族纽带，发挥村庄家族长者、精英的凝聚力，创新建立"村民议会"制度，充分借助村民代表、家族代表，促进村民达成共识，实现村庄集体行动力的提升[164]；通过培育农业生产、土地流转、新经济等多元类型合作社组织，促进村庄经济自组织、自发展能力的提升；通过提升村民互助小组覆盖率，增进农户间的交流合作，扩大社会网络的覆盖范围；通过培育各类主题社团，丰富民间文化活动，有利于提升村庄的精神凝聚力，构建文化共同体。

（3）村规民约设计

针对城市发展冲击下边缘区乡村公共精神缺失、传统社会瓦解的风险，为重塑乡村公共精神，提升村民自下而上参与村庄治理行动的能力，加强村民自组织建设，村庄须自行设计制定符合本村特点并得到村民认可的村规民约。由邻近农户组成村社小组，通过开展小组活动，形成小组行动共识；进而由家族长老、乡贤精英主导，村庄内部形成村社共同体，由村集体协助组织，各小组代表和村民共同参与，乡村规划师提供技术建议，设计本村村规民约，村委会（或"村民议会"）负责监督实施，规范村民生活、生产行为，并开展小组评比活动等（图 6-5）。

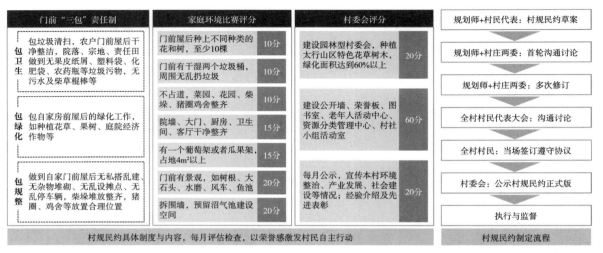

图6-5　村庄自组织体系下的村规民约框架及设计流程

（来源：参考文献 [185]）

6.2.1.2　关键举措：乡村组织及村民的适应性学习和创造力培育

城市边缘区乡村社会组织及村民的适应性学习和创造力培育，是提升乡村自组织能力的关键举措。现代乡村社会发展存在两种模式，一种是由外部资本主导和外部功能植入的"绅士化转变"模式 [165]，另一种是在适应性学习和创造力培育中摸索前进的"渐进式演化"模式（表6-7）。

"绅士化转变"模式下，虽然村庄的物质环境快速改善、经济快速发展，但乡村组织及村民的参与度较低，学习能力与适应能力不足，村民利益分配不均，部分村民失业并选择外迁，

乡村社会发展的两种模式："绅士化转变"与"渐进式演化"　　　　　　　　表 6-7

模式对比	突变：绅士化转变	渐进式演化：适应性学习 + 创造力培育
主要特征	资本主导、城市扩张，本地人口外迁，传统社会瓦解	自主管理，主动学习，适应新时代新环境新科技，渐进式、创造性发展
发展路径	资本进入/外部功能植入 明确、直接、快速	自组织+主动学习与适应 不确定、摸索、渐进
主要风险	乡村主体学习能力缺失，村民利益受损，产业风险、社会风险、民生风险增加	发展速度相对较慢
优点	物质环境快速改善、经济快速发展	自治能力、学习能力、适应能力、创造力、凝聚力均提升，可持续发展
自组织能力	逐渐瓦解，依赖外部管理	不断加强，社会治理韧性提升

资料来源：作者自绘

社会组织建设及社会自治能力缺失，产业风险、社会风险、民生风险较突出[166]。"渐进式演化"模式，尽管需要乡村主体不断摸索、试错，经历缓慢的渐进式发展过程，但在此过程中乡村组织及村民的自治能力、学习能力、适应能力、创造力均得到提升，村庄集体凝聚力加强，为乡村可持续发展奠定坚实的社会基础，是乡村自组织能力和社会治理韧性提升的有效途径。因此，防止外部资本主导城市边缘区乡村资源经营，应建立基于适应性学习和创造力培育的"渐进式演化"路径，培育村庄自组织主导下的多方合作发展模式。

6.2.1.3 因村施策：社会自组织培育和适应性学习的村庄分类定制

根据韧性评价结论，社会治理韧性较低的区域集中于大田农业主导型、城镇工商主导型、旅游地产主导型村庄；其次为部分林果农业主导型村庄。每类村庄社会风险成因及韧性提升策略如下（表6-8）。

城市边缘区乡村社会治理韧性内生培育策略的村庄分类定制　　　　　　表6-8

村庄类型	社会风险成因	社会韧性内生培育策略	
		社会自组织培育	适应性学习
大田农业主导型	劳动力析出水平很高，人口结构失衡	形成家族长老为核心的村民议会；发展互助小组	建立基层组织及村民的定期学习参观、经验交流机制
城镇工商主导型	外部功能及人口植入，传统社群瓦解	重构新社区组织，发展协会社团，多角度织补网络	建立新就业技能学习机制，适应新生产生活模式
旅游地产主导型	外部资本植入，就业体系瓦解，人口被迫外迁	加强村民议会和合作社建设，形成与外部资本合作的自决策组织	提升基层组织及村民对本土资源的经营管理能力
林果农业主导型	劳动力析出水平略高，社会治理人力基础稍显不足	发展村民议会和各类合作社；建设主题社团增强文化凝聚力	建立基层组织及村民的定期学习参观、经验交流机制

资料来源：作者自绘

1）大田农业主导型村庄劳动力析出水平较高，人口结构失衡，社会自治组织建设的人力智力基础薄弱。因此，一方面应发挥家族长老凝聚力，发展村民议会制度，加强集体行动力，并发展互助小组，增强村民内部交流与共同发展；另一方面应建立基层组织及村民的定期学习参观与经验交流机制。

2）城镇工商主导型村庄在外部功能及人口植入的冲击下，传统社群瓦解，社会自组织能力下降。由于高度城镇化村庄发展具有不可逆性，因此，一方面应重构新社区组织，发展各类协会及主题社团，多角度织补形成新社会网络；另一方面应建立新就业岗位技能学习机制，促进村民适应新生活、生产模式。

3）旅游地产主导型村庄是典型的外部资本主导下的"绅士化"模式，传统就业体系瓦解，人口被迫外迁。因此，一方面应加强村企、合作社建设，形成与外部资本合作的乡村组织，改变外部资本主导发展的格局；另一方面应提升基层组织及村民对本土资源的经营管理能力，加强乡村主体自发展能力。

4）林果农业主导型村庄的社会风险为中等，主要由于部分村庄劳动力析出水平略高。因此，一方面应发展各类合作社活跃经济、建设各类主题社团增强文化凝聚力；另一方面应建立基层组织及村民的定期学习参观、经验交流机制。

6.2.2　化解单一村庄脆弱风险：乡村社会韧性外源协同

尽管完善的乡村社会自组织体系有助于培育乡村系统适应能力并提升韧性水平，但它不能取代反应迅速、高效负责的区域协同治理体系。根据社会治理韧性的空间自相关规律，乡村邻域空间社会治理韧性具有较强的正相关影响作用。因此，合理的外源协同布局，有利于促进城市边缘区乡村社会治理韧性的联动提升，其中包括"城—乡"协同和"村—村"协同治理体系建设等策略。

6.2.2.1　"城—乡"协同治理体系建设

建立城乡一体的协同治理体系，将城市社会治理体系与边缘区乡村紧密联系，有利于解决乡村社会治理中的应对紧急风险问题能力不足、科技支撑较弱、社会联系及市场辐射范围较小等问题。城市社会治理体系向乡村延伸，主要有四个方面内容：一是信息管理平台，提供科技支撑和信息服务；二是行政管理体系，提供专项行政服务和应急帮助；三是社团功能网络，扩大城乡社会交往、促进乡村文化繁荣；四是市场协作机制，帮助乡村拓展市场网络（图6-6）。

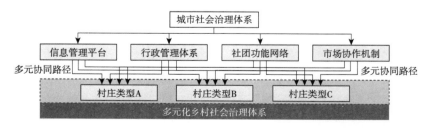

图6-6　城市边缘区"城—乡"协同治理体系多元协同路径
（来源：作者自绘）

根据城市边缘区乡村类型的多元性，各项"城—乡"协同内容的侧重点具有差异性。如城镇工商主导型村庄，其空间、产业、功能已逐渐转变为城市社区，应尽快完善与城市一体的行政管理体系，加强与城市社团网络衔接，融入城市社会治理体系；农业主导型村庄的产业发展类型相对单一，信息化科技支撑水平较低，应侧重城乡一体、对口协作的市场协作机制建设和信息服务平台建设；农旅兼业发展型及综合兼业发展型村庄产业发展活跃，乡村自治能力相对较强，因此应侧重补充城乡一体的应急管理服务（提升应急治理能力）、社团功能网络建设（促进城乡文化交流、满足村民精神发展需求）等。

6.2.2.2 "村—村"协同治理体系建设

在加强城乡之间"纵向"协同联系的同时，还应建设村庄之间"横向"协同机制，通过促进村庄之间的组织联动、设施共享、资源共享和产业协同发展，形成"村—村"协同治理体系，从而提升村庄的社会治理韧性水平（图6-7）。

1）"村—村"组织联动。单个村庄应急能力有限，可以发挥村庄之间人力、物资的互补优势，建立跨村的联动应急机制，平日检查，应急行动（如防疫、抗灾等）；村庄之间相似的文

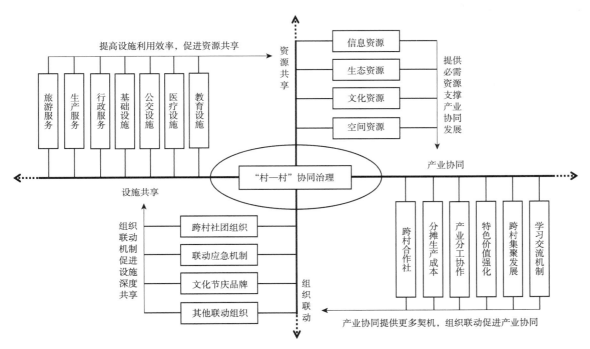

图6-7 城市边缘区"村—村"协同治理体系内容框架
（来源：作者自绘）

化节庆活动，可以组织共同策划、共同举办，扩大影响，打造文化品牌；村庄之间的社团组织主题不同，跨村组织有利于吸纳社员，既能扩大社团影响力，又能满足村民更多活动需求。

2）"村—村"设施共享。单个村庄由于人口规模、产业规模所限，常难以独立支撑公共设施运营，因此相邻村庄之间划定服务分区，由若干村庄共享公共服务设施（教育、医疗等）、市政基础设施、公共交通设施、生产服务及旅游服务设施等，既能避免公共资源浪费，又能满足村民生产、生活需求。

3）"村—村"资源共享。村庄之间可以将各自有限的资源组合后共享，从而增强各自的竞争力。如建立信息资源平台，分享市场信息、学习交流经验；共享生态资源和文化资源，扩大旅游产业范围、丰富产品种类；共享空间资源，通过跨村的土地流转和存量空间经营，提升产业发展潜力。

4）"村—村"产业协同。建立跨村的产业协同发展组织，有利于乡村特色产业集群发展。如成立跨村的经济合作社或合作社之间跨村联盟，降低生产成本、细化分工协作、强化特色产业价值，从而提升乡村产业的整体竞争力。

6.2.3 化解行政治理能力不足风险：多元主体共治机制设计

我国乡村社会从"管理"走向"治理"，其本质是从行政本位转为社会本位，由过去自上而下的政府单一管理模式走向政府、集体、村民、社会等多元主体共同治理模式。自上而下的单一行政治理模式，难以准确契合村民发展诉求、充分发挥村庄集体行动能力，治理能力具有一定的脆弱性风险。参与主体的多元化、治理方式的多样化，是乡村社会治理的发展趋势。在落实国家关于城乡社会治理的政策和战略目标基础上，研究结合城市边缘区多元乡村类型特征，设计针对性的多元主体共治机制，为社会治理韧性格局优化提供制度支持。

6.2.3.1 乡村社会治理多元主体共治机制的政策衔接

近年来，国家层面不断强化多元主体在社会治理中的重要性，并提出多元主体共同治理的战略目标。2015 年党的十八届五中全会提出要建设"全民共建共享的社会治理格局"；2017年国家出台相关文件，提出"到 2020 年，基本形成基层党组织领导、基层政府主导的多方参与、共同治理的城乡社区治理体系"[①]；2019 年党的十九届四中全会提出"社会治理是国家治

---

① 2017 年发布《中共中央 国务院关于加强和完善城乡社区治理的意见》。

理的重要方面，必须加强和创新社会治理"，"建设人人有责、人人尽责、人人享有的社会治理共同体"。

2019 年，国家出台乡村治理的政策文件，提出"建立健全党委领导、政府负责、社会协同、公众参与、法治保障、科技支撑的现代乡村社会治理体制"，"以党组织为领导的农村基层组织建设明显加强，村民自治实践进一步深化，村级议事协商制度进一步健全，乡村治理体系进一步完善"。到 2035 年"乡村治理体系和治理能力基本实现现代化"[1]。

国家对社会治理的政策，从"共建共治共享"到"社会治理共同体"，多元主体参与和共同治理的理念不断深化，目标更加明晰。"共同体"意味着各主体间的地位平等、决策民主、资源配置公平、治理成果共享。与国家政策相衔接，城市边缘区乡村应由单一依靠政府的社会治理走向多元主体共同治理[167]，村民、各类社会组织由被动的执行者转变为主动的参与者、决策者、建设者和享用者。

6.2.3.2 乡村社会治理多元主体共治机制的制度设计

参与城市边缘区乡村社会治理的多元主体主要包括基层政府、村集体、合作社及各类社团、村民和乡贤等。其中，基层政府或村集体是共治机制的组织者、建设者，负责平台搭建、公共资源调动；各类社团、合作社是建设者和使用者，建构社会网络，提供文化交流、经济生产等多元类型的自组织可能性；村民与乡贤是建设者和使用者，通过主动参与、集体决策，表达并实现发展诉求（图 6-8）。

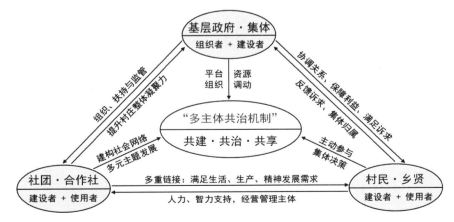

图 6-8 城市边缘区乡村社会治理多元主体共治机制
（来源：作者自绘）

---

① 2019 年中共中央办公厅、国务院办公厅发布《关于加强和改进乡村治理的指导意见》。

根据城市边缘区不同类型村庄的多元社会特征，共治机制中的参与者的角色和治理内容存在一定差异性。如城镇工商主导型村庄，传统乡村社群瓦解，村庄向城镇社区转变，与城市政府纵向联系紧密的基层政府主导平台组织，社区组织和各类社团负责社会网络建设，社区居民通过推选代表主动参与决策；大田农业主导型村庄，村集体主导平台组织，基层政府提供指导，社团与合作社处于培育过程中，功能相对较弱，鼓励发挥家族长者、乡贤的组织作用，引导村民直接参与；综合兼业发展型村庄，村集体主导平台组织，社团与合作社负责辅助组织社会网络建构，乡贤精英在组织建设、产业发展、风险治理等各方面起到更显著的作用。

6.3　城市边缘区乡村民生发展韧性格局重构策略

城市边缘区乡村系统民生风险主要来自两方面因素：一是在城市外延扩张冲击下乡村内生产业和就业体系瓦解，设施建设及就业保障滞后于空间扩张；二是自上而下的公共设施、非农就业布局与各类型村庄多元化实际发展需求之间的错位。前者需要通过产业培育及社会治理韧性提升，实现系统协同优化；后者应结合不同类型村庄的人口规模、劳动力析出水平、城乡兼业人口、产业发展类型等具体特征，精准布局交通设施、公共服务设施、市政基础设施、非农就业岗位，因村施策，制定基于城市边缘区乡村实际发展需求的民生发展韧性格局重构策略。

6.3.1　化解设施配置与需求错位风险：乡村公共设施精准配置

基于乡村实际发展诉求，高效、精准配置乡村公共设施，是提升村民生产生活便捷度与舒适度、避免公共资源浪费的关键举措，是优化城市边缘区乡村民生韧性格局的主要内容。针对不同类型村庄对公共服务、交通、市政设施等公共设施的多元化需求，研究分别制定基于村民公共服务需求的"乡村生活圈"建构策略、乡村交通需求主导的"网络化"发展策略、适应村庄市政服务需求的"多元化"配置策略，从而实现乡村公共设施的精准配置目标。

6.3.1.1　公共服务设施：从"等级化"配给走向"乡村生活圈"建构

传统的乡村公共服务设施配置采取自上而下的"等级化"配给原则，按照"乡镇驻地村庄—中心村——一般村"各个级别配置不同规模的教育、卫生、文体设施等，同一级别村庄则采取均等化的配置策略，忽视了不同类型村庄的差异化需求，对加强村庄之间设施共享、提升公共服务设施配置效率考虑不足。

满足城市边缘区多元类型村庄对公共服务设施的差异化需求，提升公共服务设施的整体配置效率，是化解乡村民生风险、优化系统民生韧性格局的主要目标之一。为实现上述目标，应打破"等级化"和"均等化"的设施配置框架，根据各类村庄对公共服务设施的真实需求，在合理的设施服务半径范围内，整合村庄之间的设施资源，建构"乡村生活圈"，实现村庄之间设施共享与高效配置（表6-9）。

公共服务设施"等级化"配给模式与"乡村生活圈"模式对比　　　　　　表6-9

模式对比	"等级化"配给模式			"乡村生活圈"模式
	乡镇驻地	中心村	一般村	
教育设施	中学＋小学	初中＋小学	小学	初中＋若干小学
卫生设施	卫生院／医院	卫生站	卫生室	卫生院＋若干卫生室
文体设施	文化馆	文化站	文化活动室	综合文化馆＋若干特色文化馆
配置原则	按级别配置设施，对设施服务半径、村庄间设施共享、不同类型村庄多元需求考虑较少			以1—2km为半径，融合多种类型村庄，村庄间共享服务设施

资料来源：作者自绘

在"乡村生活圈"范围内，不同规模与类型的若干村庄共享教育、卫生、文体等设施，并基于生活圈内现有设施特征和问题，进行针对性的完善与补足。不同等级与类型的公共设施具体落位，应结合各类村庄公共服务需求的差异性进行布局设计。

"乡村生活圈"内教育设施应包含一所初中和若干小学，新增学校不宜布局于大田农业主导型等劳动力大量析出的村庄类型，应优先布局于大棚农业主导型、综合兼业发展型等劳动力析出较少和人口规模较大的村庄。"乡村生活圈"内卫生设施应包括一所综合的卫生院和若干便民卫生室，各村庄均设有便民卫生室，新增卫生院主要布局于人口规模较大的村庄。"乡村生活圈"内文体设施应包括一所综合文化站和若干特色文化站，综合文化站强化科普、阅览、艺术交流等综合文化服务功能，新增综合文化站与教育设施设置原则相同；特色文化站则是依据本村庄民俗文化特色，提供精神文明建设和文化活动空间，规模与类型不受限制。相邻"乡村生活圈"之间尽可能共享部分设施，实现公共资源的更高效利用（图6-9）。

6.3.1.2 交通设施：从"树枝状"发展走向"网络化"布局

传统的城市边缘区乡村地区交通设施布局，是以城市空间拓展需求为主导：区域主要城市之间作为空间拓展主轴线，常常布局区域交通干线和区域公共交通设施（如高铁、公交快线）；城市与周边普通乡镇驻地之间，则布局城乡联系交通干线和城乡公共交通线路；乡镇与村庄之间建设基础的通村道路，从而形成"树枝状"交通设施布局结构。该布局模式下，村庄自身多

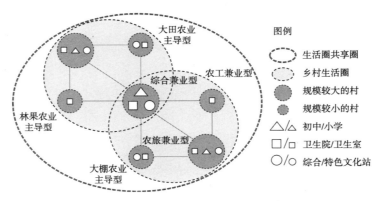

图6-9　城市边缘区乡村生活圈空间模式
（来源：作者自绘）

元化的交通需求被忽视，村民出行便捷程度取决于村庄是否处于城市空间拓展轴线上、是否处于城市与周边乡镇驻地联系通道上。

事实上，不同类型村庄的交通出行需求具有显著差异性。在就业出行需求方面，城乡兼业需求旺盛的村庄，因工作需要定期往来于城乡之间，形成较为稳定的客流，因此，大田及林果农业主导型等劳动力析出比例较高的村庄，就业出行需求较大。在特色产业的交通需求方面，旅游产业对客流的吸引效应最为显著，发展旅游产业的村庄（农旅兼业发展型、综合兼业发展型等）对来自城市的客流交通需求较为敏感。

因此，为满足城市边缘区乡村多元化的兼业工作和旅游产业的出行需求，实现交通设施的精准配置，有效提升乡村民生韧性水平，城市边缘区交通设施布局应从过去由城市拓展主导的"树枝状"发展，走向由乡村需求主导的"网络化"布局（图6-10）。

根据各类村庄城乡兼业就业的出行需求特征，在城市与兼业就业需求旺盛的村庄之间建设城乡交通干线，并设置服务于职住通勤的公共交通设施（早晚高峰及周末班次加密）；根据各类村庄的旅游产业发展需求特征，在城市与旅游产业主导的村庄之间布局城乡交通干线，并设置服务于旅游客流需求的公共交通设施和静态交通设施；在城市与其他村庄之间及各相邻村庄之间，完善城乡交通联系支线，便于城乡及各村之间产业联动、文化交流、设施共享、协同治理，最终形成基于乡村多元交通需求的"网络化"设施布局模式。

6.3.1.3　市政基础设施：从"均等化"供给走向"多元化"配置

传统的城市边缘区乡村市政基础设施布局，常以政策为引领，如"农村厕所革命""村庄污水处理站"等，参考城市市政基础设施配置模式，"均等化"地将相关设施布局于各村庄，

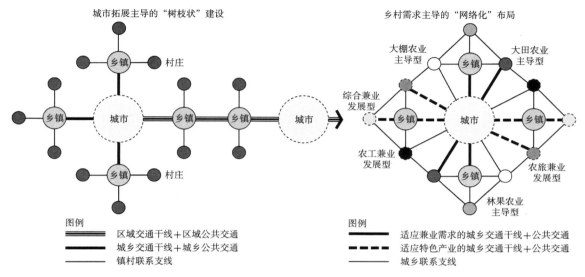

图6-10　从城市拓展主导的"树枝状"发展走向乡村需求主导的"网络化"布局
（来源：作者自绘）

缺少对不同类型村庄差异化的实际需求和运营能力的考虑，造成"旧设施不让用、新设施用不起"等诸多问题。

事实上，不同规模不同类型的村庄，其设施集中配置效率、支撑设施运营能力均有所差异：如乡镇驻地村庄与镇区接连成片，设施的集中化、规模化配置效率较高，平均成本较低；规模较小的村庄布局分散，集中化配置的设施成本高，运营支撑能力不足；部分类型（如兼业发展型、大棚农业主导型等）村庄收入水平高，经济实力强，可以配置相对高标准的设施类型。

因此，符合乡村民生韧性提升目标的市政设施配置策略，是从照搬城市的"均等化"供给走向适应村庄需求的"多元化"配置，根据多元类型村庄的多元化特征，采用满足每类村庄自身需求的多模式适宜性技术，并通过计算、建设、运行、管理和维护成本，增强多元设施配置策略的可实施性。研究以乡村供热设施配置为例，采用分类供热的模式[168]，解决城市边缘区不同类型村庄居民的实际取暖需求（表6-10）。

乡镇驻地村庄人口规模大、设施运营能力强，可采用城镇集中供热模式（天然气锅炉），部分条件不允许的村庄可采用成本相对较低的燃煤锅炉；人口较多的村庄中，城镇工商主导型村庄已向城镇社区转变，可采用天然气锅炉，其余村庄可采用燃煤锅炉；人口较少的村庄设施集中化配置效率低、成本高，因此宜采用分散供暖和新能源设备，其中大田农业主导型村庄经济实力较弱，可采用成本略低的家庭燃煤炉，其他类型村庄宜采用燃气壁挂炉与太阳能相结合的模式。

城市边缘区乡村供热设施分类配置模式 表 6-10

村庄类型	城镇工商主导型村庄	大田农业主导型村庄	林果/大棚农业主导型村庄	各类兼业发展型村庄
乡镇驻地村庄	天然气锅炉	—	—	天然气锅炉/燃煤锅炉
人口规模较大村庄	天然气锅炉	燃煤锅炉	燃煤锅炉	燃煤锅炉
人口规模较小村庄	燃气壁挂炉/太阳能	家庭燃煤炉/太阳能	燃气壁挂炉/太阳能	燃气壁挂炉/太阳能

资料来源：作者自绘

6.3.2　化解就业供需空间错位风险：乡村非农就业精准布局

乡村劳动力析出与非农就业供给的空间错位，是城市边缘区乡村民生风险的主要表征之一。基于乡村劳动力析出规律和不同产业的就业岗位供给特征，精准设计乡村非农就业岗位供给的空间布局，实现城市边缘区乡村劳动力吸纳平衡和就近就业目标，是优化乡村民生韧性格局的重要措施。

6.3.2.1　城市边缘区乡村就业平衡作用原理

城市边缘区乡村就业平衡作用关系，是由乡村劳动力析出形成的推力、城乡就业岗位供给形成的拉力共同组成：当推力与拉力相当时为就业平衡关系；当推力大于拉力时为就业推动关系，反之则为就业吸引关系（图 6-11）。乡村劳动力的析出水平包括劳动力析出比例、季节性变化等，这主要取决于农业种植种类的不同；城乡产业的就业岗位供给能力与产业类型和规模有关，劳动、技术和资本密集型产业对劳动力数量和技能水平的要求不尽相同。

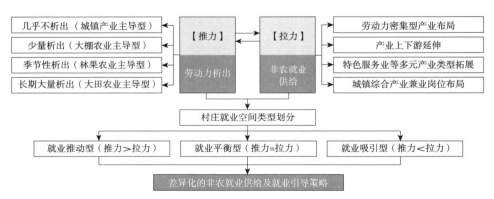

图 6-11　城市边缘区乡村就业平衡作用关系及分类布局策略
（来源：作者自绘）

基于城市边缘区乡村就业供需空间平衡的民生韧性发展策略，就是根据不同类型村庄劳动力析出规律与资源条件，通过针对性的就业空间布局和多样化的就业渠道设置，引导劳动力就近就业，在半小时交通范围内满足多数居民就业需求，实现乡村劳动力析出与就业供给在空间上相对平衡。

6.3.2.2　基于多元类型村庄需求的非农就业精准布局策略

根据城市边缘区各类村庄的产业发展特征和劳动力析出规律，可将乡村分为大量就业推动、少量就业推动、就业吸引和就业平衡等类型，每类村庄的非农就业发展策略不尽相同（表6-11）。

城市边缘区乡村多元非农就业类型的就业引导策略　　　　　　　　　　表 6-11

非农就业类型	村庄类型	就业特征	就业引导策略
大量就业推动型	大田农业主导型	劳动力析出较高	劳动密集型产业布局；多元产业培育；城乡公交建设服务兼业需求
	生态保护型		
少量就业推动型	林果农业主导型	劳动力析出一般	优化生产力、延长产业链条；改善交通条件，服务兼业需求
就业吸引型	综合兼业发展型	就业岗位充足，吸引外部劳动力	提升产业发展水平和非农就业岗位的多样性；加大劳动力培训力度
	城镇工商主导型		
就业平衡型	大棚农业主导型	劳动力析出较低	提升农作技术，延伸产业链条 转型升级落后产能 提升服务业水平和业态经营多样性
	农工兼业发展型	非农就业供给满足本村就业需求	
	农旅兼业发展型		

资料来源：作者自绘

1）大量就业推动型。大田农业主导型、生态保护型村庄，劳动力析出水平较高，属于大量就业推动型。附近宜布局劳动力密集型产业，充分吸纳劳动力就业；有条件的村庄通过发展农产品物流服务业、特色旅游业等提供多元就业岗位；同时，积极布局便捷的城乡公交系统，满足居民就近进入城市就业的通勤需求。

2）少量就业推动型。林果农业主导型村庄，劳动力析出水平一般，属于少量就业推动型。应通过优化生产力、延长产业链条，增加本地就业岗位和居民收入，并通过改善交通条件，便于部分析出的劳动力就近进入市区工作。

3）就业吸引型。综合兼业发展型、城镇工商主导型村庄，具有多元化的产业类型，服务业相对发达，可提供的就业岗位除满足本村居民就业外，还可吸纳外来人口就业，属于就业吸引型。应进一步提升产业发展水平和非农就业岗位的多样性，增强就业吸引力；同时加大对劳动者技能培训的投入，促进乡村劳动力顺利适应新的非农就业工作岗位。

4）就业平衡型。大棚农业主导型村庄的农业用工量高，劳动力析出水平较低；农工、农旅兼业发展型村庄，在析出劳动力的同时也产生新的非农就业岗位，以上村庄属于就业平衡型。应以原有产业为基础，通过提升农业生产技术（如大棚农业生产）、转型升级相对落后产能（如乡村加工制造）、提升服务业水平和业态经营的多样性（如乡村特色旅游），进一步改善本村居民的就业质量和收入水平。

6.3.3 化解民生建设动力不足风险：设施多方共建制度设计

乡村公共设施支撑能力是乡村民生发展的重要保障，但长期以来乡村公共设施建设受困于资金不足的问题。研究结合城市边缘区多元类型村庄的发展特征，响应国家关于乡村发展中"引入多元建设主体"的战略要求，针对性地提出多元化的乡村公共产品多方共建共赢机制，引入社会资本，盘活乡村资源，促进多方共建共享共赢，为城市边缘区乡村系统民生韧性格局优化提供制度支持。

6.3.3.1 乡村公共设施多方共建共享的政策衔接

国家一贯重视乡村民生发展保障和公共产品供给，2008 年就曾提出"必须加快发展农村公共事业，提高农村公共产品供给水平"[①]。但长期以来乡村公共设施建设的资金来源不足，政府财政在确保城镇优先投入的基础上，分配给广大乡村的建设资金捉襟见肘，而多数村庄村集体的财力也相对有限，因此，如何设计乡村公共产品供给机制、创新乡村公共设施建设动能，成为实现乡村民生保障目标的关键。

2017 年中央一号文件《中共中央 国务院关于深入推进农业供给侧结构性改革 加快培育农业农村发展新动能的若干意见》，2018 年中共中央、国务院印发的《乡村振兴战略规划（2018—2022 年）》中提出鼓励乡村发展中引入多元建设主体、创新建设机制的理念[169]，为建构乡村公共设施多方共建共享模式、拓展乡村公共产品资金供给来源提供了政策支持和发展思路。

---

① 参见 2008 年中央一号文件《中共中央 国务院关于切实加强农业基础建设进一步促进农业发展农民增收的若干意见》。

6.3.3.2 乡村公共设施多方共建共享机制的制度设计

城市边缘区乡村公共设施多方共建共享机制，是由政府监管，通过组织多方参与平台，形成由村集体统筹协调、村民互助协作并高度参与、相关企业及个人投资建设、乡贤协调组织、乡村规划师参与策划设计的多方参与协同共赢的格局（图6-12）。在该机制下，通过细化公共产品类型，协调每类公共产品利益相关人发展诉求，针对产品类型扩展资金筹措渠道[①]，实现乡村公共产品的多元供给目标。

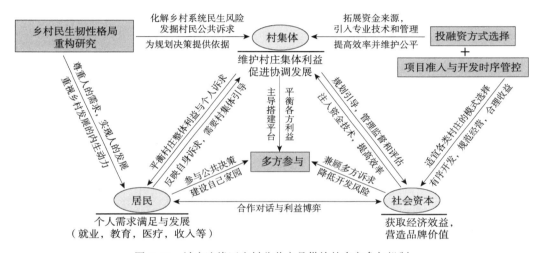

图6-12　城市边缘区乡村公共产品供给的多方参与机制
（来源：作者自绘）

首先，根据城市边缘区村庄发展类型，采取多模式的多方共建策略。如城镇工商主导型村庄逐渐向城镇社区转化，公共产品供给应以政府为主导，部分产品可与房地产开发等盈利项目绑定建设，引入社会资本，缓解财政压力；旅游地产主导型村庄，应采用开发商主导、村集体监管、以旅游开发与公共产品绑定建设为主的模式；大棚农业主导型村庄村民收入水平较高，宜采用村集体主导、部分村社企业投资、部分村民自建的模式；大田农业主导型村庄集体经济与村民收入水平不高，宜采用政府主导、村集体参与的模式；综合兼业发展型村庄村集体经济发达，与社会资本合作经营模式成熟，宜采用村集体主导、村社企业与社会资本共同建设的模式。

其次，加强公共产品类型准入管理并实行触媒先行的开发时序管控。根据不同类型村庄的实际需求，选择合理的公共产品类型，实现公共设施的精准配置。同时加强开发时序管控，将

---

① 如河北省保定市阜平县天生桥镇各村庄公共设施建设中积极引入社会资本，尝试多方共建模式：栗园铺村食用菌产业区道路及相关设施，由村集体食用菌企业投资建设；沿台村公路及旅游服务设施由天生桥景区旅游企业投资建设；各村庄宗地边界景观风貌整治由村集体和相关农户共同完成等。

可以修复生态本底、提升环境品质、增强交通和服务设施水平的触媒类产品先行建设，从而提高村庄的品牌价值和民生支撑能力，为后续公共产品的多渠道融资奠定基础。

此外，还应选择合理的投融资模式，增强公共产品建设的可实施性。如城市边缘区湿地公园项目，政府通过特许权协议，授权投资者组建项目公司进行融资、设计、建造、运营和维护，经营期满后无偿转交村集体；政府将周边部分土地开发权出让给项目公司，以捆绑的方式提高社会资本参与的积极性，政府与村集体负责监管各个环节以维护公共利益。这样不仅可以减轻财政负担，还可利用企业的品牌、技术、客源等优势加强公共设施的管理和运营。

6.4 城市边缘区乡村生态支撑韧性格局重构策略

城市边缘区乡村生态风险主要来自两方面影响：一是乡村内部工业用地建设粗放发展和垃圾、污水的无序排放对生态环境造成破坏，二是城镇功能与空间扩张对乡村生态空间的挤占与蚕食。针对前者，宜从乡村内生动力培育出发，通过培育生态经济动能，形成绿色产业与循环经济主导的发展模式；针对后者，宜从自上而下的空间用途管制入手，基于科学评价与模拟分析，识别城市边缘区生态安全空间格局并提出生态空间的分级管控方法。

6.4.1 化解村庄内部破坏生态风险：乡村生态韧性内生培育

生态资源是乡村形成区别于城市的特色价值的核心资源，是乡村赖以可持续发展的重要支撑。保护与修复乡村生态资源，是提升乡村生态韧性的基础。保护利用生态资源，需要乡村主体的共同参与，而静态的保护模式不利于乡村主体参与。因此，从城市边缘区乡村生态韧性内生动力培育角度，应重点发掘乡村生态经济动能，协调生态资源与利用的关系[170]，使村民科学利用生态资源获取合理的经济收益，提升乡村主体保护生态资源的主观能动性。

针对既有的乡村工业用地，应展开生态化改造，降低污染物排放、淘汰落后产能，发展绿色产业与循环经济，闲置用地逐步复垦或还林；针对现存的生态空间资源（非生态保护红线范围），应引导村民充分发掘、科学合理利用生态经济动能，如运用现代技术栽培各类生态经济作物，发展生态文化旅游服务产业，建设生态教育体验及素质拓展基地等。

1）生态经济作物种植。结合乡村实际的自然资源特点，选择合适的生态经济作物类型。如结合生态湿地保护与开发需求，合理种植水芹、茭白、莲藕、荸荠、香蒲、水葫芦等湿地经济作物，既对水体产生净化作用、维持湿地水生态平衡，又可以产生较高的经济价值^①，丰富村民收入来源；结合生态林地保护与开发需求，根据作物兼容科学原理，合理选择林菜兼养模式（如菠菜、辣椒、甘蓝、洋葱、大蒜）、林菌兼养模式（如蘑菇、黑木耳）、林药兼养模式（如金银花、白芍、板蓝根）、林油兼养模式（如大豆、花生等油料作物），提高生态林地的经济效益，提升村民参与林地保护开发的积极性。

2）生态文化旅游服务。结合乡村生态文化景观资源和城市边缘区贴近市场的优势区位条件，积极发展多元形式的乡村生态文化旅游项目[171]，既满足广泛的城市居民短途休闲市场需求，又促进乡村可持续的生态经济发展。如依托农业生产开展的生态采摘、磨坊体验、玉米迷宫等项目；依托大运河生态文化资源开展的运河游览系统、渔港风情体验等项目；依托乡村特色景观风貌和生活体验开展的深度旅居项目（如天津蓟州西井峪村石头生态文化旅居体验）等。

3）生态教育素质拓展。结合乡村生态空间资源条件和城市日益增长的生态教育、素质拓展需求，适度建设乡野生态教育及素质拓展基地。如儿童趣味教育、亲子休闲活动、夏令营地、企业素质拓展等，充分利用生态与半生态空间（树林、滨水区、田野等）发展林下经济、田间经济，通过适度经营乡村生态空间资源，丰富城市边缘区乡村产业类型与村民收入渠道，提高村民参与生态空间资源保护利用的主观能动性。

6.4.2　化解外部城镇冲击生态风险：乡村生态韧性外源保障

作为支撑乡村可持续发展的宝贵资源，城市边缘区生态空间受到城镇化发展冲击破坏作用较大，在城市外延扩张的压力下表现出显著的脆弱性，乡村生态空间保护工作需要强有力的外源保障。首先，研究基于城乡整体安全视角，综合识别城市边缘区乡村生态安全格局；然后以此为基础结合国土空间用途管控原则，划分乡村生态空间分区，并提出分级管控策略。

6.4.2.1　"城乡一体"视角下的城市边缘区乡村生态安全格局

城市边缘区乡村生态空间并非独立的生态空间单元，它是城市生态的本底与屏障空间，同时它也是乡村和城市的连接与纽带空间。因此，应从"城乡一体"视角出发，整体识别城市边缘区乡村生态安全格局，进而明确其生态功能区划。

---

① 根据国内学者童宁等研究结论，水耕型湿地中种植水蕹菜和水芹，年经济收益可达 31000 元 / 亩。

　　研究以国家生态保护红线划定中的生态安全格局评估技术路线为基础[172]，以"城市＋边缘区乡村地区"为整体空间单元，分别通过评估生态功能重要性和生态环境敏感性，识别生态功能重要区和生态环境敏感区；结合国家各类规划提出的禁止或限制开发区、各类保护地范围，经过现状核查、区域协同及上下协调，初步划定生态空间功能区划（图6-13）。

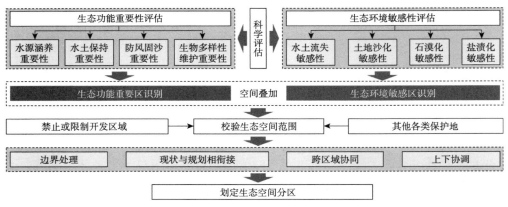

图6-13　城市边缘区乡村生态安全格局识别路径
（来源：基于参考文献[172]修改）

　　在生态空间功能区划的划定中，应打破城乡界限，对城乡各类生态空间子系统（"河""山""风""林""淀"等）分别进行整体识别，确保系统完整性（表6-12）。如梳理城乡一体的水生态空间系统，根据水系连通需求、防洪排涝安全需求等，划定完整的水生态功能区，进而细化功能分区（包括水源保护区、蓝线保护范围、城市滨水公园、城郊滨水空间等），为分区分级管控提供空间范围支持。

城乡整体生态空间系统识别及生态功能细分　　　　　　　　　　　　表6-12

生态空间子系统	整体识别	功能细分
河（水系）	水系网络连通，防洪排涝空间	水源保护区，河道蓝线，城市滨水公园，城郊滨水空间，生态保护红线
山（山脉）	山脉完整性，地质灾害缓冲区	城市山体公园，郊野山体公园，生态保护红线
风（通风空间）	城乡通风空间系统	风源区，各级通风空间廊道，风汇区[173]
林（林草绿地）	森林绿地空间系统	城市各级公园，郊野公园，防护林带，生态保护红线
淀（湖塘湿地）	湿地空间系统，与水系连通	湿地公园，生态保护红线

资料来源：作者自绘

6.4.2.2 衔接国土空间用途管控的城市边缘区乡村生态空间分区分级管控

基于城市边缘区乡村生态安全格局和生态空间功能区划，分区分级管控乡村生态空间系统，严格保护和修复生态空间资源，提升城市边缘区乡村可持续发展的生态韧性支撑水平。

根据国家对国土空间分区管制的有关内容[①]，城市边缘区乡村生态空间主要涉及生态保护区、生态控制区、农田保护区、乡村发展区和城镇发展区内的生态空间等，每类区域按照细化的功能分区制定相应的分级管控措施（表6-13）。

城市边缘区乡村生态空间分区分级管控措施 表6-13

生态空间相关的国土空间区划		城市边缘区乡村生态空间分区细化		分区分级管控措施
一级规划分区	二级规划分区	总体分区	生态功能细化	
生态保护区	—	自然生态区	生态保护红线内	最严格准入制度，原有村庄和工矿逐步引导退出
生态控制区	—		生态保护红线外	名录管理＋指标约束＋分区准入，保护为主，可开展生态修复和适度开发利用
农田保护区	—	乡村发展区内的生态空间	永久基本农田集中区	按《中华人民共和国土地管理法》和《基本农田保护条例》严格保护
乡村发展区	村庄建设区里的生态空间		村庄建设区里的生态空间	可建设村民生活休闲、文化活动场所
	一般农业区		一般农田	以农业生产为主，适度发展涉农生态休闲经济
	林业发展区		林地	以规模化林业生产为主，结合林木特征，可适度发展林下生态休闲经济
	牧业发展区		牧草地	草地保育与畜牧业发展协调
城镇发展区	集中建设区里的绿地休闲区	半城镇化村庄（乡镇驻地村庄）内的生态空间	蓝线范围内	严格按照《城市蓝线管理办法》管控
	弹性发展区里的生态空间		绿线范围内	严格按照《城市绿线管理办法》管控
	特别用途区里的生态空间		一般生态空间	可适度开展都市农业、休闲服务、文化艺术展示教育等

资料来源：作者自绘

（1）自然生态区

自然生态区是生态空间的核心保护范围，其中可以分为生态保护红线内和红线外两部分（对应国土空间区划内的生态保护区、生态控制区）。生态保护红线范围内需要依据中共中央

---

① 参照国务院自然资源部《市县国土空间规划基本分区与用途分类指南（试行）》、自然资源部办公厅发布《市级国土空间总体规划编制指南（试行）》（自然资办发〔2020〕46号）的相关内容。

办公厅、国务院办公厅印发的《关于划定并严守生态保护红线的若干意见》文件，执行最严格准入制度，原有村庄和工矿逐步引导退出；生态保护红线外的生态保护区，采取"名录管理＋指标约束＋分区准入"的管控措施，以保护为主，可开展生态修复活动和适度的开发利用等。

（2）乡村发展区内的生态空间

乡村发展区是城市边缘区乡村地区的主体空间，涉及生态功能的区域主要包括永久基本农田集中区、一般农业区、村庄建设区内生态空间、林业发展区等。其中，永久基本农田集中区应按照《中华人民共和国土地管理法》《基本农田保护条例》等法律法规予以严格保护；一般农业区应以农业生产为主，可以适度发展涉农生态休闲经济，建设保障农业及特色产业发展所需的配套设施等；村庄建设区内生态空间一般规模较小，可以结合生态景观建设村民生活休闲、文化活动场所；林业发展区是以规模化林业生产为主的区域，应实行"详细规划＋规划许可"和"指标约束＋分区准入"的管控措施，在封育和采伐生产的同时，可以结合林木种类特点，适度发展林下生态休闲经济。

（3）半城镇化村庄（乡镇驻地村庄）内的生态空间

城市边缘区的部分村庄（如城镇周边村庄、乡镇驻地村庄等）呈现高度城镇化发展趋势，被划入城镇发展区。该区域内的生态空间，一部分被划入城镇蓝线、绿线等控制线内，需要按照各类控制线管理规定严格管控；另一部分未列入任何控制线内，属于一般生态空间，在不改变生态空间主体性质的基础上，可适度开展都市农业、休闲服务、文化艺术展示教育等活动。

6.4.3　化解生态保护动力不足风险：生态动能培育及补偿制度设计

城市边缘区乡村生态保护存在城市扩张、乡村发展、区域格局安全等多方博弈关系，单纯刚性的空间保护（空间用途管制）易引发社会矛盾，并存在生态保护动力不足风险。城市边缘区乡村生态韧性格局优化的关键：一是通过培育生态经济动能，提升乡村生态保护发展的内生动力；二是通过高效精准的生态补偿，有效保障生态空间管控过程中的村民合理权益。因此，研究从乡村生态经济动能培育、生态补偿两方面提出促进乡村主体参与生态保护利用的制度保障策略。

6.4.3.1　城市边缘区乡村生态经济动能培育的政策衔接与制度设计

（1）政策衔接

国家高度重视乡村生态空间资源的保护利用，鼓励发展林下经济、生态旅游等多元生态经济形式，为乡村生态经济动能培育的制度设计指明方向（表6-14）。

乡村生态经济动能培育的相关国家政策 表 6-14

政策文件	发布时间	相关主要内容
《国务院办公厅关于加快林下经济发展的意见》	2012 年	加大资金投入、税收政策扶持、金融支持、基础设施优先建设等
《中共中央 国务院关于加快推进生态文明建设的意见》	2015 年	依托乡村生态资源，在保护生态环境的前提下，加快发展乡村旅游休闲业
《中共中央 国务院关于实施乡村振兴战略的意见》	2018 年	将乡村生态优势转化为发展生态经济的优势，提供更多更好的绿色生态产品和服务，促进生态和经济良性循环
《乡村振兴战略规划（2018—2022 年）》	2018 年	发挥自然资源多重效益，打造乡村生态产业链；盘活森林、湿地等自然资源，允许集体经济组织灵活利用现有生产服务设施用地开展经营活动

资料来源：作者自绘

（2）制度设计

根据国家相关政策，针对城市边缘区各类村庄的实际发展需求，研究设计支持乡村生态经济动能培育的相关制度，主要包括财政资金扶持、税收优惠、技术指导、用地指标扶持、设施支持等内容。其中，对于乡村生态经济建设项目应普遍配置一定的专项资金，并给予税收减免优惠；在技术指导、用地指标和设施支持等方面，则依据不同类型村庄多元化的发展条件，制定差异化的扶持策略（表 6-15）。如大田或林果农业主导型村庄，应结合其种植特点给予兼种兼养技术指导，丰富农产品类型，并对涉农生态休闲产业提供策划建议；农工兼业发展型村庄，应对存量工业开展生态化改造，对绿色生态工业产品提供仓储物流设施支持；农旅兼业发展型村庄，应重点通过生态休闲产业策划提升旅游服务质量，并通过建设旅游集散接待设施，为乡村生态旅游发展提供公共服务产品。

城市边缘区乡村生态经济动能培育的制度支持分类设计 表 6-15

村庄类型	乡村生态经济动能培育支持		
	技术指导	用地指标扶持	设施支持
大田农业主导型	兼种兼养技术 + 产业策划	中等：用于产业配套	道路 + 环卫设施
林果农业主导型	兼种兼养技术 + 产业策划	中等：用于产业配套	道路 + 环卫设施
大棚农业主导型	生态休闲产业策划	中等：用于产业配套	道路 + 环卫设施
农工兼业发展型	工业生态化改造技术	较少：存量改造腾挪	道路 + 仓储物流设施
农旅兼业发展型	生态休闲产业策划	中等：用于产业配套	道路 + 集散接待设施
综合兼业发展型	生态休闲产业策划	较多：用于产业配套	道路 + 集散接待设施
城镇工商主导型	生态改造工程技术	较少	管理监督设施
旅游地产主导型	生态提升工程技术	较少	管理监督设施

资料来源：作者自绘

6.4.3.2 基于高效精准原则的乡村生态补偿政策与机制保障

（1）政策衔接

生态补偿是打消村民后顾之忧、保障村民合理权益的有效措施，是城市边缘区乡村生态管控实施过程中避免出现社会、民生等新风险类型的必要保障[174]。国家高度重视对乡村生态补偿机制的建设，中共中央、国务院发布的《乡村振兴战略规划（2018—2022年）》中提出要"健全生态保护补偿机制""加大重点生态功能区转移支付力度"，并鼓励地方因地制宜完善重点领域生态保护补偿机制，提高补偿的针对性，为乡村生态补偿机制设计提供了政策依据。

（2）制度保障

建立乡村的生态补偿制度，首先需要明确乡村可用于交易补偿的生态权利及其交易方式；以此为基础，进而搭建乡村生态补偿交易平台，根据实际情况因地制宜地选择多元化、市场化的生态补偿方案（图6-14）。

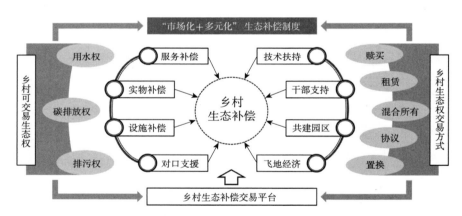

图6-14 城市边缘区乡村多元化市场化生态补偿机制
（来源：作者自绘）

根据城市边缘区多元类型村庄差异化的社会经济发展基础、生态资源条件、生态本底保护需求等，选择合理的生态权交易方式和生态补偿方案，既能保障村民合理权益，又符合村庄整体和长远发展需求，实现生态补偿制度的高效精准配给（表6-16）。如大田农业主导型村庄，劳动力析出水平较高，社会治理与产业发展基础相对较差，需要更直接和基础的生态补偿方式，如对口支援、干部驻村、实物补偿等；林果农业主导型村庄对智慧农业技术、产业支撑设施需求更高，应采用技术扶持、设施补偿等生态补偿方式；农旅兼业发展型村庄对生态本底的保护开发需求更高，因此应采用和旅游产业发展相关的服务补偿、设施补偿等方式；综合兼业发展型村庄产业发展基础好，具备参与更高级经济形式的能力，可尝试采用共建园区、飞地经济等补偿方式。

城市边缘区乡村生态补偿制度分类设计　　　　　　　　表 6-16

村庄类型	生态补偿特征	生态权交易方式	生态补偿方案
大田农业主导型	劳动力析出多，经济基础差	赎买 / 租赁 / 协议	对口支援 + 干部驻村 + 实物补偿
林果农业主导型	生态资源相对丰富	租赁 / 协议	技术扶持 + 设施补偿
大棚农业主导型	劳动力析出少，经济基础好	租赁 / 混合所有	服务补偿 + 设施补偿 + 共建园区
农工兼业发展型	生态资源基础薄弱	赎买 / 租赁 / 置换	技术扶持 + 设施补偿 + 干部支持
农旅兼业发展型	生态本底需求高	租赁 / 混合所有	服务补偿 + 设施补偿
综合兼业发展型	经济基础好	租赁 / 混合所有	共建园区 + 飞地经济
城镇工商主导型	生态资源基础薄弱	协议 / 置换	服务补偿 + 设施补偿
旅游地产主导型	生态本底需求高	租赁 / 协议	服务补偿 + 设施补偿

资料来源：作者自绘

6.5　城市边缘区乡村多元韧性策略间的耦合作用关系

　　城市边缘区乡村"产业—社会—民生—生态"多元韧性策略并非孤立存在、单一作用，而是存在彼此之间的耦合强化效应，部分策略可以对其他韧性类型的优化策略提供支持，提升村庄主体的整体抗风险能力，化解多重系统风险（图 6-15）。

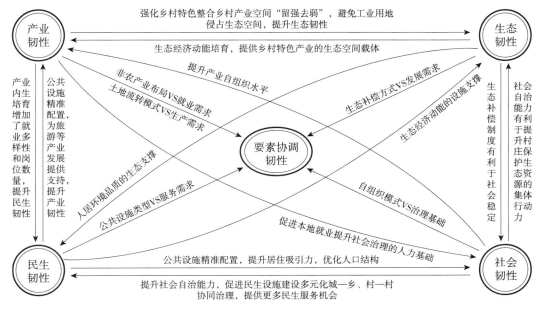

图 6-15　城市边缘区乡村多元韧性策略间的耦合作用关系
（来源：作者自绘）

如产业韧性策略中，通过强化乡村特色、整合乡村产业空间的"留强去弱"策略，有利于清理低能低效产业空间，避免工业用地粗放增长蚕食乡村生态空间，有效保护生态空间资源；而提升乡村生态资源保护利用的主体能动性的"生态经济动能培育"策略，为发展与生态空间兼容的多元类型特色产业，提供了具体指引。再如通过产业内生培育和外源协同策略，提升了乡村产业发展水平和就业岗位类型、数量，吸纳本地就业，提升了民生韧性，同时为社会自组织建设提供了人力基础和经济支持，增强了社会韧性；而社会自组织培育策略，有助于提升乡村集体经济组织、合作社等产业自组织水平，提高乡村主体的产业经营能力；同时民生韧性策略中的公共设施精准配置策略，为乡村旅游休闲等产业发展提供基础支撑，通过促进多元产业类型发展提升了产业韧性水平。

各类内生支撑韧性策略，对提升系统要素协调韧性有直接促进作用：如产业韧性策略中根据不同村庄劳动力析出特点布局多元非农产业类型，规避了产业布局与劳动力就业需求不协调风险；适应各村庄土地流转需求的多元土地流转模式设计，规避了部分村庄土地流转滞后于产业发展需求的风险；民生韧性策略中基于不同村庄需求差异性的公共服务设施、交通设施、市政基础设施分类精准配置，规避了公共设施资源配置与村庄实际需求不协调的风险。

6.6 本章小结

城市边缘区乡村系统韧性策略，一方面是通过改善韧性薄弱的高风险环节（化解风险源），另一方面是通过改善系统风险格局的影响机制（切断风险链），实现风险治理目标。由此形成韧性策略矩阵，即从"产业培育—社会治理—民生发展—生态支撑"角度提出差异化的"内生培育—外源协同—制度设计"组合优化策略。

1）产业培育韧性格局重构策略——在内生培育方面强调"特色价值强化—主体经营能力提升"，在外源协同方面强调"设施精准配置—城乡空间协同"，在制度设计方面强调"村集体—合作社—开发商—农户自主"多元土地流转模式适配。

2）社会治理韧性格局重构策略——在内生培育方面强调"乡村自组织建设"，在外源协同方面强调"区域协同治理体系建设"，在制度设计方面强调"村集体—社群—村民"多元主体共治机制。

3）民生发展韧性格局重构策略——在内生培育方面强调"公共设施精准配置"，在外源协同方面强调"非农就业精准布局"，在制度设计方面强调"村集体—社会资本—村民"多方共建共享制度。

4）生态支撑韧性格局重构策略——在内生培育方面强调"生态经济动能培育"，在外源协同方面强调"国土空间用途管制"，在制度设计方面强调"生态经济动能培育及生态补偿制度"。

以上城市边缘区乡村"产业—社会—民生—生态"多元韧性策略并非孤立存在、单一作用，而是存在彼此之间的耦合强化效应，部分策略可以对其他韧性类型的优化策略提供支持；同时各策略中涉及了非农产业布局与劳动力析出相协调、公共设施配置与村庄实际需求相协调等具体内容，可以有效提升系统要素协调韧性。从而提升村庄主体的整体抗风险能力，从源头化解系统风险。

各类系统韧性提升策略，均结合不同类型村庄系统风险和韧性水平的差异性，予以分解和针对性适配，确保城市边缘区乡村系统韧性格局重构策略的灵活适用性和可实施性，为系统韧性规划技术方法建构提供指引。

规划响应：基于风险治理的城市边缘区乡村韧性规划应用

"规划响应"是城市边缘区乡村系统风险与韧性研究的落脚点，结合现行空间规划体系提出落实乡村系统韧性策略的规划方法与技术，保障理论研究成果精准落地实施，从实践层面实现城市边缘区乡村系统风险的长效治理目标。

本章依据第 3 章"城市边缘区乡村韧性规划理论"的"韧性规划响应"理论内容，结合现行国土空间规划体系内的乡村规划内容及优化需求，针对乡村系统韧性格局重构策略的空间落地实施目标，从宏观和中观两个层次分区分类提出城市边缘区乡村产业培育、社会治理、民生发展、生态支持的空间及相关设施布局方法，设计相关规划实施机制，实现"宏观统筹 + 中观精控 + 微观落实"多尺度规划衔接，提升研究成果实施应用的可操作性，促使城市边缘区乡村系统韧性格局优化目标于现行国土空间规划编制管理框架内落地实施。

7.1 边缘区乡村韧性规划框架：宏观统筹＋中观精控＋微观落实

7.1.1 落实需求：现行空间规划体系发展＋乡村系统韧性重构策略落地

建构城市边缘区乡村系统韧性规划方法，需要落实两方面需求：一是我国现行空间规划体系中乡村相关规划内容的优化需求[175]，弥补现行规划在乡村系统风险识别与治理方面的缺环，加强现行空间规划中乡村宏观、中观层面的前置研究，提升规划质量；二是城市边缘区乡村系统风险治理与韧性格局重构策略的落地需求，有效保证乡村系统风险治理与韧性提升目标、优化策略的空间落地实施。

基于我国现行空间规划体系建构城市边缘区乡村系统韧性规划方法，使其符合我国现行空间规划编制及管理实际，增强规划方案的可实施性；同时规划方法结合现行空间规划体系中存在的宏观和中观层面规划内容对乡村发展指导内容少、操作性不强，以及村庄规划分类较粗、灵活性不足[176]、管控内容不适应系统边缘区乡村系统风险差异化治理需求、韧性优化需求等典型问题，进行针对性的改善，提升乡村规划效率，丰富乡村规划内容[177]。

基于城市边缘区乡村系统韧性格局重构策略的空间落地目标，将乡村产业培育韧性、社会治理韧性、民生发展韧性、生态支撑韧性等优化提升策略转化为空间布局方案，为系统韧性发展目标下的城市边缘区乡村功能、设施、空间合理布局提供抓手，为各层级规划衔接、规划落地实施及动态维护提供支撑。

7.1.2 总体结构：宏观统筹分类指引＋中观布局精细管控＋微观传导落实

宏观城市边缘区乡村系统韧性规划，范围覆盖整个城市边缘的乡村地区，主要针对乡村系统风险特征及韧性薄弱环节，落实乡村系统韧性格局重构策略。规划方法侧重整体统筹与分类指引，以乡镇为基本数据单元，遵循空间协同与资源共享原则，划分系统韧性发展分区和乡镇单元韧性发展分类，进而分区分类布局产业服务设施、就业空间体系、民生服务设施、生态空间格局，最终形成单元分类规划导则，指导中观、微观规划编制。

中观城市边缘区乡村系统韧性规划，是以宏观规划成果为依据，侧重村庄分类布局和指标管控，范围包括局部城市边缘的一个或若干乡镇内乡村地区，以行政村为基本数据单元，首先明确村庄系统韧性优化分区和发展类型，进而分类制定产业培育韧性、社会治理韧性、民生发展韧性、生态支撑韧性的空间布局方案和指标管控内容，实现对微观村庄规划的精细化指导。

同时，通过编制系统韧性规划实施导则、建构规划实施评估指标体系及规划信息管理平台，形成城市边缘区乡村系统韧性规划传导及实施管理机制，从而对村庄系统风险化解和韧性水平提升进行长期有效管理（图7-1）。

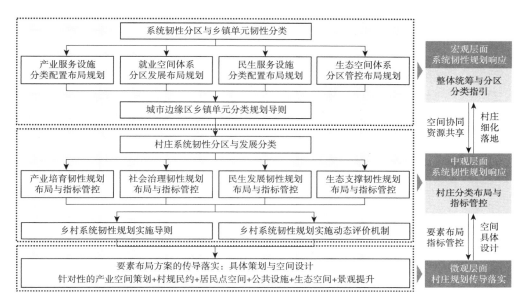

图7-1　城市边缘区乡村系统韧性规划框架
（来源：作者自绘）

7.1.3　衔接上位规划

城市边缘区乡村系统韧性规划需要衔接的上位规划类型包括区域发展规划、战略规划、上级国土空间总体规划及乡村相关专项规划等。根据资料可获取性和有效指导性，本书中天津规划实例主要衔接《京津冀协同发展规划纲要》[178]和《天津远景发展战略规划》[179]及《天津市国土空间总体规划（2019—2035年）》（阶段稿）[180]等上位规划。

在京津冀城镇群协同发展层面，充分考虑区域生态空间体系、城镇及交通廊道布局要求，针对大运河、独流减河、永定新河等生态廊道及京津、津雄等城镇建设走廊将制定差异化的乡村系统韧性优化策略和布局方案（图7-2、图7-3）。

在天津市域层面，严格依据生态红线、永久基本农田、城镇开发边界等上位规划，同时依据城乡生态系统整体识别及村庄发展需求，提出"三线"优化建议；充分落实市域生态空间体系中水系、林地、湿地等要素布局方案。

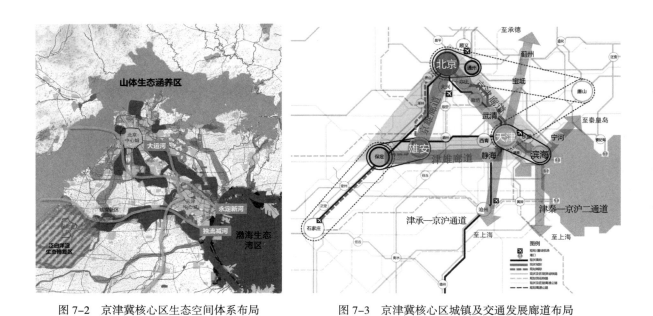

图 7-2 京津冀核心区生态空间体系布局
（来源：根据资料 [179] 整理）

图 7-3 京津冀核心区城镇及交通发展廊道布局
（来源：根据资料 [179] 整理）

7.2 城市边缘区乡村韧性宏观响应：整体统筹与分区分类指引

宏观层面城市边缘区乡村系统韧性规划，侧重在城乡和区域整体空间层次统筹空间资源配置，为乡村系统韧性发展建构空间协同、资源共享的秩序基础。规划以乡镇为基本单元划分系统韧性发展分区与乡镇韧性优化分类，分区分类布局乡村产业服务设施、就业空间体系、民生服务设施、生态空间格局，并通过编制规划导则，提高市县层面规划编制及管理部门对成果的使用效率。

7.2.1 系统韧性发展分区与乡镇单元分类管控

7.2.1.1 系统韧性发展分区规划：资源统筹与空间协同

城市边缘区乡村系统风险和系统韧性发展条件，呈现出一定的空间聚类特征，在宏观层面上表现为部分乡镇单元具有相似的系统风险及韧性发展条件，相邻或相近的空间单元之间可采用相同的系统韧性重构策略，共享公共设施等空间资源 [181]，实现产业、设施、生态等空间协同布局。

根据前述宏观层面城市边缘区乡村系统风险要素空间格局特征，城市边缘区系统韧性发展分区主要包括城镇服务优化区、农业高效发展区、综合兼业提质区、生态经济培育区四类，研究以天津为例划定城市边缘区乡村系统韧性发展分区，形成资源统筹与空间协同指引规划内容（图7-4）。

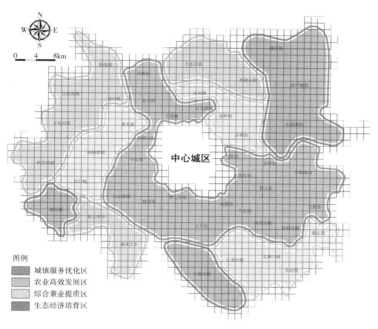

图例
城镇服务优化区
农业高效发展区
综合兼业提质区
生态经济培育区

图 7-4 天津城市边缘区系统韧性发展分区
（来源：作者自绘）

1）城镇服务优化区，即系统风险格局中，系统各类要素呈现高度城镇化发展的乡镇单元。传统乡村空间风貌、产业特征已不明显，正向成熟的城市社区转变，不属于典型乡村的系统风险，其主要问题为城市公共服务、社区配套、都市服务业等滞后于城市空间拓展，未来应强化城乡一体的新社区设施、产业、空间布局，加强该区域与周边乡村社区、乡镇的协同布局，由过去的层级化结构向网络化、多维度的社会治理、产业联动、民生设施联系模式转化。

2）农业高效发展区，即系统风险格局中，以传统乡村聚落和自然生态空间风貌为主，农业和乡村内生工业为主导产业的乡镇单元。在社会风险方面主要为劳动力大量析出削弱社会治理基础；在产业风险方面主要为产业类型单一，乡村工业产能落后、转型难度较大；在生态风险方面主要为粗放的工业用地挤占生态空间。未来应以高效大田农业为基础，培育内生型多元产业，结合大田农作产业规模化、机械化发展特征，适度建设新社区，建构设施共享的生活圈。

3）综合兼业提质区，即系统风险格局中，乡村产业类型及居民兼业就业形式多元，就业供给较为充足，部分乡村呈现半城半乡格局的区域。在社会风险方面主要为外来人口增多，绅士化趋势明显，传统社群结构瓦解；在生态风险方面主要为各类功能用地挤占生态空间。未来应以村庄保留、提质升级为主，统筹强化各村庄特色，形成高品质服务设施、空间环境和具有较强产业吸引力的乡村特色休闲服务区域。

4）生态经济培育区，即系统风险格局中，生态敏感度较高，生态空间资源丰富的乡镇单元。在社会与产业风险方面主要为劳动力大量析出削弱社会治理及产业发展基础；在民生风险方面主要为公共设施建设相对滞后。未来应在强化生态管控的同时，结合乡村居民点统筹布局生态经济服务设施，激发生态经济动能，成为城市郊区高品质的生态休闲服务后花园（表 7-1）。

城市边缘区乡村系统韧性发展分区资源统筹与空间协同指引　　　　表 7-1

系统韧性发展分区	空间分布	基本特征	空间资源统筹	城乡居民点协同布局优化方向
城镇服务优化区		高度城镇化发展，乡村特征已不明显	城乡一体的新社区设施、产业、空间布局	
农业高效发展区		以高效大田农业为基础的多元产业培育区域	结合产业特征的新社区及设施共享的生活圈建构	
综合兼业提质区		半城半乡，多元产业基础和兼业就业形式	统筹强化特色，设施、产业、空间环境提质	

续表

系统韧性 发展分区	空间分布	基本特征	空间资源统筹	城乡居民点协同布局优化方向
生态经济 培育区		生态敏感度较 高，生态空间 资源丰富	强化生态管 控，统筹布局 生态经济服务 设施	

资料来源：作者自绘

7.2.1.2 城市边缘区乡镇单元分类韧性优化：空间资源精准配置

根据前述宏观层面乡村系统风险要素空间格局特征，结合系统韧性发展分区，城市边缘区乡镇单元韧性优化类型主要包括城市高效产业类、城市社区优化类、城乡兼容提质类、新经济转型发展类、复合农旅提升类、高效农业发展类、生态经济示范类七类（表7-2），研究以天津为例划分城市边缘区乡镇单元韧性优化类型（图7-5）。

城市边缘区乡镇单元韧性发展分类及规划策略　　　　　　　　表 7-2

韧性发展类型	宏观风险聚类	韧性提升策略	韧性规划目标
城市高效产业类	高度城市化生产型乡镇	提升设施支撑水平，淘汰落后产能、提高产业集聚发展水平	形成高效的多元产业、多元功能融合发展的城市产业型社区
城市社区优化类	高度城市化生活型乡镇	补足城郊居住社区配套设施	形成交通便捷、环境优美、设施齐备的高品质城市生活社区
城乡兼容提质类	半城半乡型乡镇	城镇化区域提升设施配置和空间品质，乡村部分保留并强化乡村特色	形成城乡并行发展格局，防止城市功能、空间进一步向乡村扩张
新经济转型发展类	传统乡村工业主导型乡镇	保护传统乡村风貌，培育乡村特色产业，指导乡村工业向新经济业态转型	形成具有乡村特色、与城市市场紧密关联的乡村新经源地
复合农旅提升类	传统乡村复合产业型乡镇	保留乡村传统风貌和多元产业特色，提升农作技术和涉农休闲旅游产业品质	形成现代乡村内生型复合产业和乡村宜居社区典范
高效农业发展类	传统乡村农业主导型乡镇	强化传统风貌特色，发展高效农业，培育多元产业；完善服务设施，加强社会自组织建设	形成具有就业吸引力的新型乡村社区
生态经济示范类	高度生态敏感型乡镇	加强生态管控并完善为生态经济服务的设施建设	成为生态社区及生态产业发展典范

资料来源：作者自绘

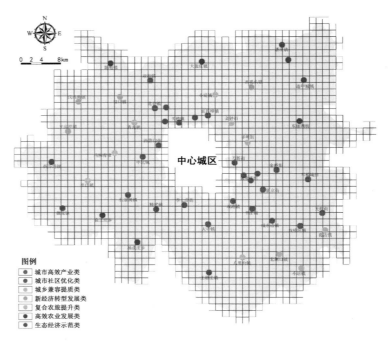

图 7-5　天津城市边缘区乡镇单元分类管控
（来源：作者自绘）

7.2.2　产业服务设施布局：精准配置＋统筹城乡

产业服务设施的精准配置，是化解设施配置与需求错位风险、促进乡村内生产业培育、提升产业发展支撑水平的重要保障。根据城市边缘区系统韧性发展分区和乡镇单元分类，结合各类乡镇单元产业发展特征及韧性优化需求，研究以天津为例编制乡村产业服务设施分类配置的空间布局方案（图 7-6）。

以高效农业发展类乡镇（扬芬港镇）为例，基于农业提质升级需求和产业链条延伸拓展需求，配置农业综合服务站、农产品加工技术服务站、农产品二级交易市场等，同时针对大量劳动力析出和兼业需求，配置非农就业培训站和城乡通勤客运站等；又如生态经济示范类乡镇（王稳庄镇），基于生态休闲旅游服务业发展需求，设置旅游综合服务站、城乡旅游客运站、非农就业培训站等，同时根据保留的农业生产功能，配置支持农业发展的相关设施；再如城乡兼容提质类乡镇（杨柳青镇），基于其城乡人流、物流、信息流交汇特征及多元产业发展需求，配置城乡商贸物流市场、客运及货运枢纽站、非农加工技术服务站、旅游综合服务站、非农就业培训站等设施。

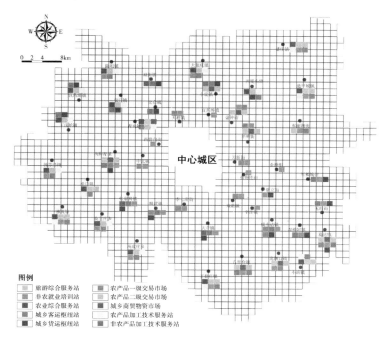

图 7-6 天津城市边缘区乡村产业服务设施分类配置布局
（来源：作者自绘）

7.2.3 就业供需体系布局：分区发展＋分类供给

乡村劳动力析出与非农就业岗位供给在空间上不协调，是城市边缘区乡村系统风险的主要表征之一。构建就业供需平衡体系，是提升生产力布局、协调单项韧性进而优化系统韧性的重要措施，通过改善系统要素协调度化解乡村系统风险。

根据城市边缘区系统韧性发展分区和乡镇单元分类，结合各类乡镇单元劳动力析出特征及韧性优化需求，研究以天津为例，构建以"劳动力析出分区＋就业供需分类"为核心、以多元非农就业点空间布局为特色的城市边缘区乡村就业供需体系分区发展的空间布局方案（图 7-7）。

7.2.3.1 劳动力析出分区

城市边缘区乡村差异化的劳动力析出格局，是确定非农就业布局空间方案的重要依据。基于宏观层面乡村劳动力析出的实证数据分析结论，城市边缘区可以分为三类区域（表 7-3）：劳动力长期（大量）供给区，主要位于大田农业种植为主的高效农业发展类乡镇、生态经济示

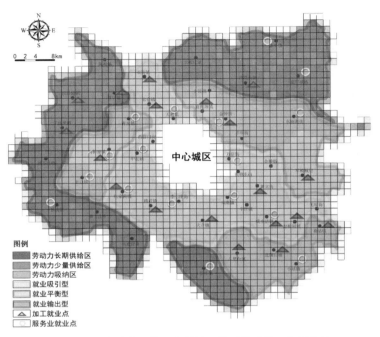

图7-7　天津城市边缘区乡村就业供需体系分区发展布局
（来源：作者自绘）

范类乡镇等，农业土地要素密集、劳动力要素依赖度低，非农产业发展基础不足，就业吸引力较低；劳动力少量供给区，主要位于复合农旅提升类乡镇和部分林果、大棚农业种植为主的高效农业发展类乡镇，农业劳动力要素密集，非农产业有一定的发展基础；劳动力吸纳区，主要位于城市高效产业类乡镇、城市社区优化类乡镇和部分城乡兼容提质类乡镇，非农产业类型多元、非农就业岗位供给充足，可吸纳外来劳动力就业。

城市边缘区乡村劳动力析出分区特征　　　　　　　　　　　　　　　　表7-3

劳动力析出分区	系统韧性发展分区	乡镇韧性优化分类	产业及就业特征
劳动力长期（大量）供给区	农业高效发展区、生态经济培育区	高效农业发展类、生态经济示范类	劳动力需求低；非农产业基础不足，就业吸引力较低
劳动力少量供给区	综合兼业提质区	复合农旅提升类、高效农业发展类	劳动力要素密集，非农产业有一定基础，满足本地多数就业
劳动力吸纳区	城镇服务优化区	城市高效产业类、城市社区优化类、城乡兼容提质类	非农产业多元，非农就业岗位供给充足，吸纳外来劳动力

资料来源：作者自绘

7.2.3.2　就业供需关系分类

根据前述城市边缘区乡村系统韧性格局重构策略中的"基于多元类型村庄需求的非农就业精准布局策略"，城市边缘区乡村的就业供需关系可以分为就业吸引型，就业平衡型，就业推动型三种类型。其中，就业吸引型乡镇，就业岗位较为充足，需要进一步提升非农就业岗位数量和质量，加强就业培训，完善满足外来劳动力生活、工作的相关配套设施；就业平衡型乡镇，产业的就业供给能力与劳动力析出水平基本相当，需要提升产业发展水平、提高就业质量；就业推动型乡镇，劳动力外溢较为显著，需要布局劳动力密集型产业，同时通过交通设施建设方便劳动力进入附近就业吸引型区域就业。

7.2.3.3　多元非农就业点空间布局

基于城市边缘区劳动力析出分区和就业供需关系分类的空间格局特征，通过布局多元类型非农就业点，针对性地解决城市边缘区乡村就业需求，平衡乡村劳动力析出和非农就业供给的空间关系。

非农就业点主要包括加工业就业点、服务业就业点。其中，加工业就业点主要布局于两类区域：一是劳动力长期供给区的具有加工业基础的乡镇，主要涉及农产品、文化创意产品等，提升乡村产品附加值；二是劳动力吸纳区的加工业就业点，产品类型更加多元，分布更为广泛。服务业就业点主要布局于两类区域：一是劳动力长期供给区的生态经济示范类乡镇，重点供给生态休闲旅游服务的就业岗位；二是劳动力吸纳区，主要为城市社区商业、休闲、物流等服务就业岗位。

7.2.4　民生服务设施布局：统筹城乡 + 需求导向

宏观层面城市边缘区乡村系统韧性发展，需要统筹城乡公共服务布局，城乡各级公共服务设施的类型和规模需满足乡村本地居民的真实需求，避免设施配置与村民需求错位的风险，从而为稳定的乡村就业和生活环境提供保障。

基于城乡公共服务需求及可实施性，适当提升服务广大乡村腹地的乡镇公共服务设施水平，形成三大类多层级的结构体系（表7-4）。对于全面型公共服务设施，应满足设施种类齐全，并通过改善交通条件扩大服务半径，方便城乡居民共享；对于基本型公共服务设施，应秉承分区统筹、多模式和均等化的原则，根据乡镇韧性优化分类，提供不同类型的公共服务设施，兼顾效益和可操作性；对于特色型公共服务设施，根据系统韧性发展分区，进行特色化配置，如生态经济示范类乡镇，应配置旅游服务中心、客运服务点等。

城市边缘区城乡公共服务分类统筹发展　表 7-4

类型	全面型公共服务			基本型公共服务		特色型公共服务
层级	高级	中级	初级	高级	初级	灵活设置
服务人口	100 万以上	20 万以上	5 万以上	1 万以上	0.2 万以上	特色区域内人口
特点	种类齐全，提供高端服务，国际化影响	种类齐全，提供中高端服务	种类齐全，能满足不同年龄段居民各项需求	基本公共服务种类齐全，乡村重要服务中心	提供日常的基本公共服务，使用便捷	针对区域特色的公共服务设施，专业化水平高

资料来源：作者自绘

　　宏观层面城市边缘区乡村系统韧性发展，需要城乡交通为就业和获取基本公共服务提供便利条件，研究在传统规划内容的基础上增加城乡公交骨干线和基本线布局。公交骨干线要联系市区与各乡镇，构成城乡快速公交骨架；公交基本线是连接市区、乡镇与村庄，满足乡村兼业就业需求和产业发展需求。积极发展城乡公交和巴士，城乡公交设置在通勤量较大的非农就业集中地区，提供便捷的公共交通联系；城乡巴士布局在人口稀疏、非农就业不足的地区，适应其交通量小的特点。研究以天津为例，依据上述规划原则，形成城市边缘区乡村公共服务及公共交通统筹发展布局的空间方案（图 7-8）。

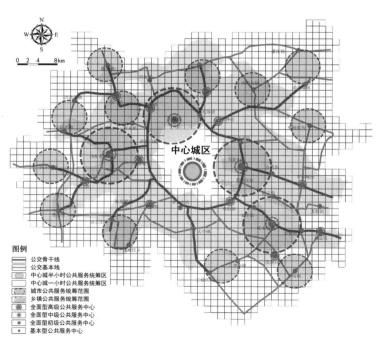

图 7-8　天津城市边缘区乡村公共服务及公共交通统筹布局
（来源：作者自绘）

7.2.5　生态空间体系布局：整体识别＋分区管控

城市边缘区乡村系统风险中的生态风险主要来自城镇外延扩张带来的生态空间压缩、生态安全格局破坏等。科学识别并精细管控生态空间，是提升乡村生态支撑韧性、保护乡村特色及保障城乡空间可持续发展的主要途径。

宏观层面城市边缘区乡村生态韧性规划，侧重于城乡整体生态空间格局统筹，研究在传统的生态功能重要性和生态环境敏感性评估基础上，增加城乡整体生态空间系统识别内容，打破城乡界限，确保城乡生态空间系统各子系统的空间完整性。研究以天津城市边缘区为例，以遥感影像解译数据为基础，分别识别河湖水系、林草绿地系统、农田空间系统、风廊空间系统等生态子系统空间，为建构城乡一体的生态空间格局奠定基础（图7-9）。

在生态空间系统识别的基础上，结合国家各类规划提出的禁止或限制开发区、各类保护地范围，划分生态功能管控区划，实现城市边缘区乡村生态空间的分区分级精细化管控目标。研究以天津城市边缘区为例，划分自然生态区、乡村发展区、城镇发展区（乡镇驻地村庄）三大类七小类生态功能管控区，每类区域管控级别和内容不尽相同（图7-10）。

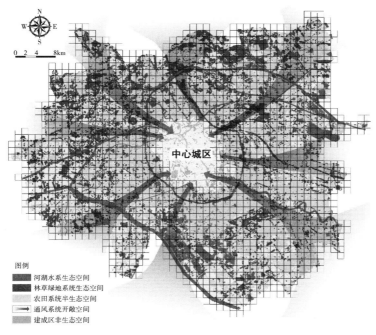

图7-9　天津城市边缘区城乡整体生态空间（子）系统识别
（来源：作者自绘）

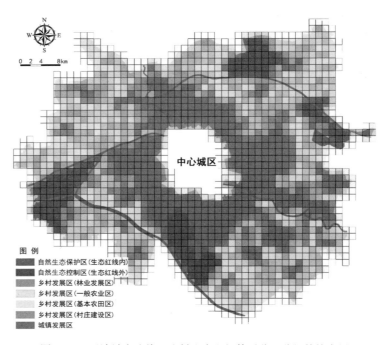

图 7-10　天津城市边缘区乡村生态空间体系分区分级管控布局
（来源：作者自绘）

自然生态区分为两个级别，其中生态保护红线范围内（自然生态保护区）执行最严格准入制度，原有村庄和工矿逐步引导退出；生态保护红线范围外（自然生态控制区）采取"名录管理＋指标约束＋分区准入"的管控措施，以保护为主，可开展适度的开发利用活动。

乡村发展区内的生态空间主要分为四类，其中永久基本农田集中区管控级别最高，应按照相关法律法规予以严格保护；林业发展区以规模化林业生产为主，实行"详细规划＋规划许可"和"指标约束＋分区准入"的管控措施，可适当发展林下经济；一般农业区和村庄内生态空间管控级别最低，可适度发展涉农生态休闲经济，包括为农业生产配套相关设施及为居民生活修建休闲活动场地等。

半城镇化村庄（乡镇驻地村庄）内的生态区域也分为两个级别，其中蓝线、绿线以内需要按照各类控制线管理规定严格管控；未列入任何控制线的属于一般生态空间，在不改变生态功能属性的基础上，可适度开展生态休闲服务、文艺展示教育等活动。

7.2.6 宏观城市边缘区乡镇单元韧性提升分类导则

为提升不同层级规划之间的传达效率，确保宏观层面系统韧性提升规划对中微观规划的有效指导，研究以乡镇为单元编制"宏观层面城市边缘区乡镇韧性提升规划分类导则"。同时，通过编制规划导则，可以提高市县层面国土空间规划编制及管理部门对韧性规划成果的使用效率，将城市边缘区乡村系统韧性重构策略和韧性规划布局内容，针对性地分解到每个乡镇单元，便于在一定行政区范围内开展规划编制与实施管理工作[182]。

研究以天津城市边缘区为例，基于前述宏观层面城市边缘区乡村系统韧性发展分区、乡镇单元韧性优化分类成果，以及城乡产业服务设施配置、就业供需体系发展、民生服务设施配置、生态空间体系管控的布局规划方案，形成以乡镇（街道）为单元的天津城市边缘区乡镇单元韧性提升规划分类发展导则（图7-11）。

以西青区辛口镇为例，导则基于其韧性发展分区（综合兼业提质区）和乡镇韧性优化类型（复合农旅提升类），在产业服务设施配置方面，明确其产业特征、发展需求及应配置的具体设施类型；在就业供需体系布局方面，明确其劳动力析出分区、就业供需类型及需要布局的非农

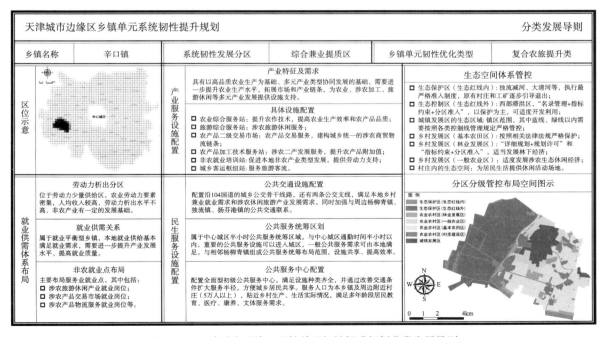

图7-11　天津城市边缘区乡镇单元韧性提升规划分类发展导则

（来源：作者自绘）

就业点类型；在民生服务设施配置方面，明确其公共交通设施布局方案、区域公共服务设施统筹方案、应配置的公共服务中心级别和内容；在生态空间体系管控方面，明确其分区分级管控空间布局方案及各区域具体的管控措施等。

导则内容为中观层面乡镇单元内各村庄系统韧性规划提供上位指导，为市县层面国土空间规划中城市边缘区系统韧性发展内容提供专题研究支撑。

7.3 城市边缘区乡村韧性中观响应：村庄分类布局与指标管控

中观层面城市边缘区乡村系统韧性规划技术，侧重于村庄系统风险要素格局精细化的优化和管控。研究基于以村庄为空间单元的系统风险要素聚类特征、系统韧性格局重构策略，划分乡村系统韧性发展分区及村庄系统韧性优化类型，进而分别从产业培育、社会治理、民生发展、生态支撑等单项韧性提升角度，分类提出村庄系统要素规划布局与指标管控方案，从城市边缘区乡村系统韧性优化角度，弥补现行空间规划在乡村风险研究方面的缺环，并有效指导微观村庄规划。

7.3.1 边缘区乡村系统韧性分区与村庄分类管控

7.3.1.1 城市边缘区乡村系统韧性优化分区

中观层面城市边缘区各村庄空间要素表现出一定的聚类特征，如生态高度敏感、农田空间富集、高度城镇化发展等，不同区域因其空间要素的集聚特征差异，韧性提升方法不尽相同。基于前述中观层面城市边缘区乡村系统风险要素格局及韧性评价，结合国土空间规划中的生态功能重要区、生态环境敏感区识别、"三线"划定成果，总体上可以划分为生态保护发展区、内生特色发展区和外部主导优化区三类区域。研究以四镇乡村地区为例，划定乡村系统韧性优化分区（图 7–12）。

1）生态保护发展区，是生态较为敏感和生态空间资源富集的区域（如四镇中亭河、大清河之间的蓄滞洪区），其中生态保护红线范围内执行最严格的保护措施，禁止开发建设活动；红线以外区域在保障生态安全格局完整性的基础上，宜耕则耕、宜林则林，适度发展以现代农业和涉农休闲服务业为主的生态经济。应限制乡村居民点建设用地扩张，保护生态空间资源、维护生态安全格局。

2）内生特色发展区，是保存着传统乡村风貌、生产及生活方式的乡村地区，以基于乡村自身资源禀赋的内生型产业为主导（如天津杨柳青镇西部、扬芬港镇西北部、独流镇东南部

图 7-12　四镇乡村系统韧性优化分区
（来源：作者自绘）

和辛口镇东南部）。区域内各村庄因农作方式不同、兼业类型不同，系统风险类型差异较大，系统韧性提升需求不尽相同，需要通过细化分类展开针对性的规划布局。

3）外部主导优化区，是由外部城市产业及功能占主要形式、或由外部市场资本主导产业发展的乡村地区（如四镇各镇区所在村庄、杨柳青镇北部）。该区域村庄或已逐渐转变为城镇社区，乡村传统社会结构、生产方式、空间风貌均不复存在，或在外部资本影响下乡村社会自组织及产业内生发展能力逐渐降低，系统韧性较为脆弱。

7.3.1.2　城市边缘区乡村居民点系统韧性提升分类指引

现行空间规划中将村庄（乡村居民点）划分为四类：集聚提升类、城郊融合类、特色保护类、搬迁撤并类（图 7-13）。通常城市边缘区乡村会涉及集聚提升类和城郊融合类，特色保护类和搬迁撤并类村庄则视具体情况或有或无。

该村庄分类方法存在类型划分过粗、不适应城市边缘区乡村差异化的系统风险防治需求的问题：集聚提升类是村庄数量较多的一种村庄类型，是需要保留并进一步提升的传统乡村，该类村庄数量庞大，农作方式多元，兼业形式各异，社会组织水平、民生发展水平、生态资源条件等不尽相同，系统风险类型差异较大，系统韧性优化方法也应区别对待；城郊融合类的划分

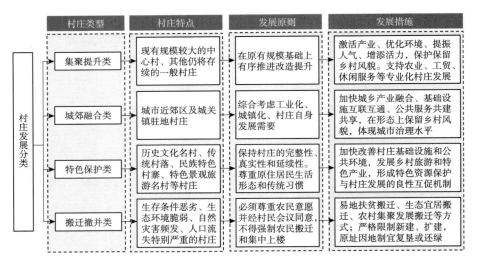

图7-13 现行空间规划中的村庄发展分类
（来源：作者自绘）

也较为泛泛，事实上，"城市近郊区"是一种区位，它包含了部分位于近郊区的其他三种类型村庄，因此狭义上的"城郊融合类"应当是指已城镇化或半城镇化的村庄，或是虽具有乡村特征但被外部城市资本主导发展、内生发展能力显著降低的村庄，这两种村庄的系统风险和韧性提升方法也不尽相同；搬迁撤并类村庄其实应当谨慎迁并，除部分生存条件极恶劣、生态环境极脆弱的村庄外，大部分位于生态敏感区的村庄不宜大量迁并，而是应该限制其扩张。

　　研究针对上述问题，结合城市边缘区乡村实际特点，在现行空间规划村庄分类的基础上，按照乡村系统风险聚类特征和系统韧性提升需求，优化并细化村庄分类，形成八种村庄系统韧性提升类型（表7-5），并以四镇乡村地区为例，形成各类乡村居民点空间布点方案（图7-14）。

城市边缘区乡村居民点系统韧性提升分类与现行规划分类的对应关系　　　　　表7-5

现行规划中的村庄分类标准	基于系统韧性提升的村庄分类	对应的系统风险聚类（基于主导产业）	村庄特征
集聚提升类[①]	基础提升类	大田农业主导型	多种风险，韧性水平低
	产业拓展类	林果农业主导型、大棚农业主导型	内生动力较强，但产业较单一
	新经济转型类	农工兼业发展型	产业粗放，亟待转型
	综合提升类	农旅兼业发展型、综合兼业发展型	内生动力较强，需强化特色、提升品质

----

① 本书中涉及的是位于城市边缘区范围内的集聚提升类村庄。

续表

现行规划中的村庄分类标准	基于系统韧性提升的村庄分类	对应的系统风险聚类（基于主导产业）	村庄特征
城郊融合类①	城镇社区转型类	城镇工商主导型	空间、产业、功能均已城镇化或半城镇化
	内生强化转型类	旅游地产主导型	仍有部分乡村特色，外部资本主导、内生动力不足
特色保护类	特色保护类	—	具有极高保护价值
搬迁撤并类	限制扩张类	—	谨慎迁并，可限制扩张

资料来源：作者自绘

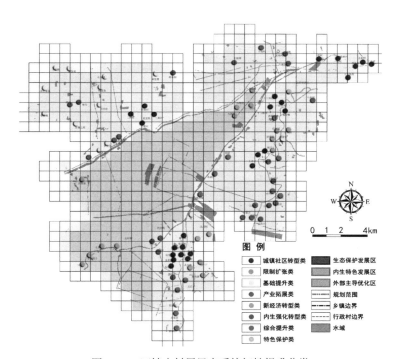

图 7-14　四镇乡村居民点系统韧性提升分类
（来源：作者自绘）

---

① 将其中需集聚提升发展的村庄归入集聚提升类对应的四类村庄，这里城郊融合类特指城市边缘区内由城市产业及市场主导的村庄，包括已高度城镇化或正在向城镇社区转化的村庄、外部旅游资本主导开发的村庄。本书认为，从乡村主体发展需求考虑，应谨慎将村庄纳入城镇开发边界；若城市空间拓展确需纳入，应充分尊重村庄主体发展基础，优先选择城镇社区转型类等有一定的城镇化发展基础的村庄，确保村民可以尽快适应城镇生活、就业状态，避免系统风险。

这里特别说明的是，本书从乡村主体发展视角，为国土空间规划中城镇开发边界纳入的村庄类型提出建议：①新时期下，乡村不再是城镇化的被动应对者，乡村居民具有与城镇居民相同的主体发展地位，要规避任何由不尊重村民意愿和城镇适应能力、盲目侵占村庄所产生的系统风险，城镇开发边界首先应尽量避开村庄；②如果城镇发展需求强烈、确需纳入村庄（如处于城镇化中前期城市，空间扩展需求较高），应充分尊重村庄主体发展基础，优先选择城镇社区转型类[①]等具有一定的城镇化发展基础的村庄，确保村民可以尽快适应城镇生活、就业状态，避免产生系统风险。

1）基础提升类村庄，指处于传统农业体制的初级阶段村庄，以大田农业种植为主导，农作收益不高、劳动力吸纳能力不足，劳动力析出水平较高，社会自治能力、产业发展活力不足，多种风险类型并存，亟待提升村庄发展基础，优化种植技术，拓展产业类型和非农就业渠道，培育基于自身特色的发展动能。

2）产业拓展类村庄，指处于传统农业体制的高级阶段村庄，以林果及大棚种植为主导，农作收益较高、劳动力需求较大，本地就业相对充分；但产业类型相对单一，多元兼业培育不足，需要在提升农业品质基础上拓展多元产业。

3）新经济转型类村庄，指处于农业兼业体制的农工兼业发展型村庄，乡村工业发展相对粗放，与城市工业相比市场竞争力不足、更易产生环境污染，不符合高质量发展需求，未来向与乡村自身资源特色紧密结合的内生型产业转型，结合工业存量空间发展具有乡村特色的新经济。

4）综合提升类村庄，指农旅兼业和综合兼业发展型村庄，农作方式多元、技术先进，涉农服务业类型丰富，乡村产业活力旺盛、就业较为充足，系统风险相对较低，需要有选择地综合提升乡村产业品质、环境品质、设施服务品质，成为宜居、宜游、宜业的现代乡村典范和城郊休闲胜地。

5）城镇社区转型类村庄，指空间、产业、功能均已城镇化或半城镇化的村庄，由于城镇化进程很难再逆，因此未来需要向成熟的城镇社区转型发展，在传统乡村社会及产业体系解体的背景下，尽快建立起成熟的城镇社会治理和产业发展体系，推进居民适应新的就业及生活方式。

6）内生强化转型类村庄，指仍有部分乡村特色，但由外部资本主导发展的村庄，乡村社会自组织及产业内生发展能力不足，村庄面临绅士化、传统社群解体、产业外部依赖过高等风险，亟待强化乡村主体地位、提升内生发展能力。

---

① 部分乡村社会结构已瓦解、自组织体系已破坏的内生强化转型类村庄，也可以优先纳入城镇开发边界。

7.3.2 产业韧性规划：特色强化＋主体提升＋精准适配

7.3.2.1 村庄产业培育韧性提升规划布局

（1）产业韧性内生培育策略空间落位：特色价值强化＋主体经营能力提升

从内生动力角度提升城市边缘区乡村产业培育韧性，重点是强化村庄自身产业特色价值并提升村庄主体的产业经营能力。

不同类型村庄需要强化和输出的特色价值应有显著差别，从而在城乡产业分工体系中找准自身定位。如基础提升类和产业拓展类村庄，丰富的田园风光和多元的农作方式极具特色，应强化提升田园价值，提高农产品附加值，拓展涉农休闲产品类型；又如城镇社区转型类村庄，基于乡村特色的内生产业体系趋于瓦解，作为城镇边缘的新社区，产业应与城市中心区错位发展（如对地价敏感的专业市场），培育多链条、多业态的城郊新社区服务综合体；再如新经济转型类村庄，依托工业存量空间资源和工业积累资本，着力发展与村庄资源禀赋相契合的多元创新服务业态，塑造乡村新经济价值（图 7-15）。

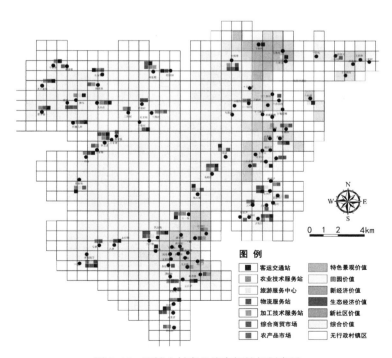

图 7-15　四镇乡村产业培育韧性规划布局
（来源：作者自绘）

各类村庄主体经营能力提升内容的侧重点也不尽相同，如基础提升类村庄应通过促进土地适度流转，培育规模化生产经营主体（合作社、种植大户），逐步建立基础性的经济组织；又如内生强化转型类村庄，应建立基于集体产权的合作经营，加强村社的参与度及决策权，提升集体及村民的产业经营能力。

（2）产业韧性外源协同策略的空间落位：村庄生产服务设施分类配置

从外源协同角度提升城市边缘区乡村产业培育韧性，重点需要精准配置促进乡村生产的服务设施类型。如基础提升类村庄，以农业提质升级和涉农产业延伸为主要需求，应配置农业技术服务站、农产品交易市场及部分旅游服务设施；综合提升类村庄，产业发展需求主要为多元产业品质及效率提升，应配置综合商贸市场、农业技术服务站、旅游服务中心、客运交通站等设施；新经济转型类村庄，以加工制造业转型升级为主要需求，应配置加工技术服务站、物流服务站等设施。此外，相邻村庄之间可以共享部分生产服务设施，提高设施利用效率（如图7-15所示，独流镇九十堡村和凤仪村距离较近，且同属产业拓展类村庄，两村共享农业技术服务站、旅游服务中心、客运交通站等设施）。

7.3.2.2 村庄产业培育韧性提升规划指标管控

现行空间规划体系中的村庄规划管控指标，主要涉及人口、建设用地、耕地、绿化、公共设施、道路、环卫设施等，并未涉及产业发展类管控指标（附表4）。

根据乡村系统风险格局演化分异机制分析，影响乡村系统风险格局的主要产业类因子（即产业韧性评价指标）为人均工业用地面积、主要农作类型、主要非农产业类型、集体与民营经济水平、村集体收入、外部产业用地比例、技术人员比例等。其中，主要农作类型和非农产业类型是对村庄系统韧性条件及类型的界定指标，宜相应地改用人均农业产值、人均非农产值考量系统韧性发展目标。研究基于系统韧性评价指标体系的产业相关指标，确定村庄产业培育韧性提升规划管控指标类型（表7-6）。

城市边缘区村庄产业培育韧性提升规划管控指标类型   表7-6

指标名称	方向	产业韧性相关内容	对产业韧性的影响
人均农业产值	正	农业发展水平	乡村产业最基本特色
人均非农产值	正	非农产业发展水平	产业的多元适应性、高级形式
村企民企产值	正	村庄经济组织发展水平	产业自组织、自适应能力
村集体收入	正	村集体财政水平	产业自协调、可持续发展能力

续表

指标名称	方向	产业韧性相关内容	对产业韧性的影响
人均工业用地面积	负	产业高质量发展水平	过高的工业比例及外部产业植入不利于特色价值塑造和内生发展能力培育
外部产业用地比例	负	产业内生发展潜力水平	
技术人员比例	正	产业技术创新水平	产业创新、可持续发展能力
土地流转比例	正	生产资料与制度的支撑水平	不同农作类型对土地流转的比例和模式需求不同：影响产业高效性

资料来源：作者自绘

鉴于不同类型村庄的产业发展阶段和需求存在显著差异，每类村庄的各项韧性提升规划管控指标的数值范围也应精准定制，实现对各类村庄产业培育韧性提升目标的弹性管控和准确评价（表 7-7）。

城市边缘区各类村庄产业培育韧性提升规划管控指标取值范围　　　　表 7-7

村庄类型 指标名称	基础提升类	产业拓展类	新经济转型类	综合提升类	城镇社区转型类	内生强化转型类	特色保护类	限制扩张类
人均农业产值	1.5*	1.3*	1*	1.3*	—	—	0.8*	1*
人均非农产值	0.6*	1*	1.3*	1.5*	1.8*	1.5*	0.6*	0.6*
村企民企产值	0.8*	1.2*	1.2*	1.5*	—	1*	0.8*	0.8*
村集体收入	0.8*	1.2*	1.2*	1.5*	—	0.8*	0.8*	0.8*
人均工业用地面积（m²）	5	10	20	10	20	5	0	5
外部产业用地比例（%）	10	10	20	10	—	30	0	0
技术人员比例（%）	0.5	1	1	2	—	0.5	1	1
土地流转比例（%）	60	30	50	50	—	—	—	60

注：* 收入与产值标准因地因时而异，取值不宜采用具体金额，研究选取"与本地区同年所有村庄该项指标平均值的比值"作为取值参考，如基础提升类的人均农业产值为 1.5，是指某基础提升类村庄的人均农业产值应高于本地区所有村庄人均农业产值平均值的 1.5 倍。

资料来源：作者自绘

7.3.3　社会韧性规划：组织模式分类适配 + 协同治理

7.3.3.1　村庄社会治理韧性提升规划布局

（1）社会治理韧性内生培育策略空间落位：社会组织网络建设分类适配

根据城市边缘区乡村社会治理韧性内生培育策略，通过社会组织建设和网络培育，是提升乡村自组织能力和治理能力的有效途径[183]。社会组织建设和网络培育，主要包括基层管理体系建设（如村行政组织、村集体企业等）和村民自治组织培育（如多元形式合作社、村民互助小组和社团等）。

基于不同类型村庄社会风险特征及社会治理韧性优化需求，研究以四镇乡村地区为例，将社会治理韧性内生培育策略分解落位，每类村庄采用的优化策略的侧重点不尽相同（图7-16）。

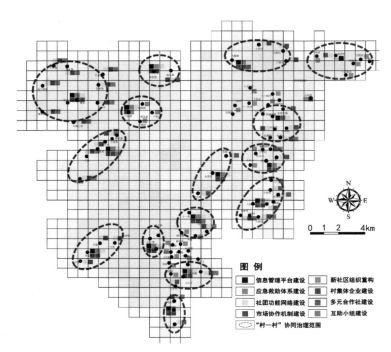

图7-16　四镇乡村社会治理韧性规划布局
（来源：作者自绘）

如村集体企业建设及互助小组建设，主要适用于村集体企业发育不足、村民产业经营水平不高的基础提升类村庄，充分利用现有村集体组织，通过互助小组广泛发动村民；新社区组织重构，主要适用于传统乡村社会组织已经或趋于瓦解的城镇社区转型类村庄，积极向成熟的城镇社区治理体系转型；多元形式的合作社建设，适用于产业拓展类和综合提升类村庄，根据不同产业类型发展需求，建设形式灵活的合作社组织，丰富乡村社会治理形式。

（2）社会治理韧性外源协同策略空间落位："城—乡"及"村—村"协同治理

根据城市边缘区乡村社会治理韧性外源协同策略，构建"城—乡"及"村—村"协同治理体系。其中，"城—乡"协同治理体系主要包括信息管理平台建设、应急救助体系建设、社团功能网络建设、市场协作机制建设等；"村—村"协同治理体系则划定需要协同治理的空间范围，便于空间相邻、需求相近的村庄之间资源与设施共享、组织与产业联动发展。

研究基于各类村庄社会风险特征及社会治理韧性优化需求，以四镇为例，将各类"城—乡"协同治理策略分解落位，同时划定"村—村"协同治理范围（图7-16）。

其中，信息管理平台、应急救助体系建设主要适用于距离城市较远、城市信息及应急救助设施尚未覆盖的村庄，一般考虑在一个"村—村"协同治理范围内选取较为中心的村庄集中建设；社团功能网络建设主要适用于基层社团组织发育不足的基础提升类、新经济转型类和限制扩张类村庄；市场协作机制建设主要适用于产业协作与市场拓展需求旺盛的产业拓展类、综合提升类村庄。

7.3.3.2　村庄社会治理韧性提升规划指标管控

现行空间规划体系中的村庄规划管控指标，涉及社会治理类的指标类型有人口规模、村庄建设用地规模、人均建设用地、户均宅基地、闲置建设用地盘活利用率等（附表4），主要管控方向为空间资源使用效率。

根据乡村系统风险格局演化分异机制分析，影响乡村系统风险格局的主要社会治理类因子（即社会治理韧性评价指标）为人均居民点面积、房屋空置率、人口增长幅度、集体活动组织频率、互助小组覆盖率、村民参与决策机制等。研究基于现行村庄规划管控指标及系统韧性评价指标体系的社会治理相关指标，确定村庄社会治理韧性提升规划管控指标类型（表7-8）。

城市边缘区村庄社会治理韧性提升规划管控指标类型　　　　　　　　　表7-8

指标名称	方向	社会治理韧性相关内容	对社会治理韧性的影响
人均建设用地	负	社会活力与空间治理水平	用地粗放扩张、空间资源闲置与社会治理的低效性有关；空间资源高效使用是社会治理能力的体现
户均宅基地	负		
房屋空置率	负		
闲置建设用地盘活率	正		
人口增长幅度	正	社会治理人力支撑水平	人力基础支撑社会自组织发展
集体活动组织频率	正	村集体治理水平	乡村基层组织能力
互助小组覆盖率	正	村民自组织水平	自下而上提升社会自组织能力
社团协会覆盖率	正	民间自组织发育水平	

资料来源：作者自绘

每类村庄的各项社会治理韧性提升规划管控指标的数值范围，需要根据不同类型村庄社会发展阶段和治理需求的差异性精准定制，实现对各类村庄社会治理韧性提升目标的弹性管控和准确评价（表7-9）。

城市边缘区各类村庄社会治理韧性提升规划管控指标取值范围 [1][2]   表 7-9

指标名称 ＼ 村庄类型	基础提升类	产业拓展类	新经济转型类	综合提升类	城镇社区转型类	内生强化转型类	特色保护类	限制扩张类
人均建设用地 [1]（m²）	100	100	120	100	110	100	100	90
户均宅基地 [2]（m²）	200	200	200	167	—	200	200	167
房屋空置率（%）	20	10	10	5	5	10	10	20
闲置建设用地盘活率（%）	50	80	60	80	80	60	50	50
人口年增长幅度（%）	1	2	2	3	4	2	1	0
集体活动组织频率（次）	6	10	10	12	6	10	10	6
互助小组覆盖率（%）	60	60	60	60	—	60	30	30
社团协会覆盖率（%）	50	60	60	80	50	60	60	50

资料来源：作者自绘

7.3.4 民生韧性规划：乡村生活圈＋网络织补＋职住平衡

7.3.4.1 村庄民生发展韧性提升规划布局

城市边缘区乡村民生发展韧性提升策略，主要包括基于村民发展需求的公共服务设施及交通设施精准配置、非农就业供需体系的合理布局等。

（1）基于民生发展韧性提升的乡村公共服务及交通设施布局

根据城市边缘区乡村民生发展韧性格局重构与优化策略，公共服务设施布局应从"等级化"配给走向"乡村生活圈"建构。根据不同类型村庄对公共服务设施的真实需求，在合理的设施服务半径范围内，整合村庄之间的设施资源，建构"乡村生活圈"，实现村庄之间设施共享与高效配置。以四镇乡村地区为例，规划形成4个镇区公共服务圈和13个乡村生活圈，每个乡村生活圈内共享一所初中、一所卫生院、一个综合文化站及若干小学、卫生室、特色文化站，与镇区相邻的乡村生活圈，根据设施服务半径，可以共享部分镇区设施（图7-17）。

---

① 参考《镇规划标准》GB 50188—2007。

② 参考《天津市土地管理条例》。

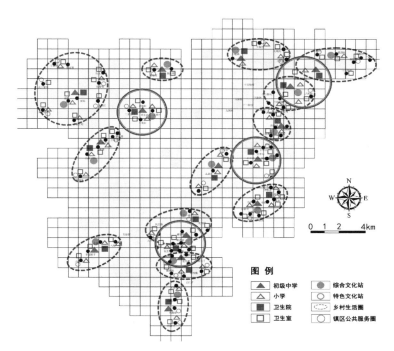

图 7-17 四镇乡村公共服务设施"生活圈"规划布局
（来源：作者自绘）

基于乡村民生发展韧性格局优化目标，乡村公共交通设施应从过去由城市拓展主导的"树枝状"发展，走向由乡村需求主导的"网络化"布局：根据各类村庄城乡兼业就业的出行需求特征，在城市与兼业就业需求旺盛的村庄之间建设城乡交通干线及公交站点；根据各类村庄的旅游产业发展需求特征，在城市与旅游产业主导的村庄之间布局城乡交通干线，并设置服务于旅游客流需求的公共交通设施；在城市与其他村庄之间及各相邻村庄之间，完善城乡交通联系支线，便于城乡产业联动、文化交流、设施共享、协同治理。如扬芬港镇西部村庄劳动力析出水平较高，兼业就业需求旺盛，规划增加公交基本线路和站点密度，便于该区域村民就业和涉农旅游客流通勤（图 7-18）。

（2）基于民生发展韧性提升的乡村非农就业供需体系布局

根据城市边缘区乡村民生发展韧性格局重构与优化策略，乡村就业供需关系应在空间上实现动态平衡，即根据不同类型村庄劳动力析出规律与资源条件，通过针对性的就业空间布局和多样化的就业渠道设置，引导劳动力就近就业，在半小时交通范围内满足多数居民就业需求。

如就业输出型村庄，劳动力析出水平较高，附近宜布局劳动力密集型产业，充分吸纳劳动力就业，有条件的村庄通过发展农产品物流、特色旅游业等提供多元就业岗位；就业吸引型村

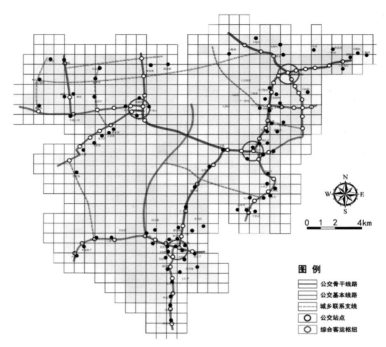

图 7-18　四镇乡村公共交通设施规划布局
（来源：作者自绘）

庄，具有多元化的产业类型，可提供的就业岗位除满足本村居民就业外，还可吸纳外来人口就业，应进一步提升产业发展水平和非农就业岗位的多样性，增强就业吸引力；就业平衡型村庄应以原有产业为基础，通过提升农业生产技术、转型升级相对落后产能、提升服务业水平和业态经营的多样性，改善本村居民的就业质量和收入水平（图 7-19）。

7.3.4.2　村庄民生发展韧性提升规划指标管控

现行空间规划体系中的村庄规划管控指标，涉及民生发展类的指标类型有人均公共服务设施面积、人均活动健身场地面积、道路硬化率、生活垃圾收集率、卫生厕所普及率等（附表4），主要管控方向为公共设施配置。

根据乡村系统风险格局演化分异机制分析，影响乡村系统风险格局的主要民生类因子（即民生发展韧性评价指标）为劳动力析出水平、就业多样性指数、居民户均年收入、一公里范围内中小学数量、卫生设施数量、公交站数量、与中心城区通勤时间、生活垃圾无害化处理率、生活污水处理率等。研究基于现行村庄规划管控指标及系统韧性评价指标体系的民生发展相关指标，确定村庄民生韧性提升规划管控指标类型（表 7-10）。

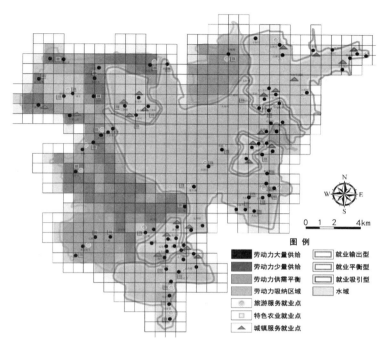

图 7-19 四镇乡村非农就业供需体系规划布局
（来源：作者自绘）

城市边缘区村庄民生韧性提升规划管控指标类型 表 7-10

指标名称	方向	民生韧性相关内容	对民生韧性的影响
人均公共服务设施面积	正	公共服务支撑水平	公共服务设施用地空间保障
一公里范围中小学数量	正		满足基本教育需求
一公里范围卫生设施数量	正		满足基本医疗卫生需求
一公里范围公交站数量	正	交通基础支撑水平	满足公共交通通勤需求
与中心城区通勤时间	负		交通可达性水平
道路硬化率	正		交通设施质量水平
生活垃圾无害化处理率	正	市政基础支撑水平	满足环境卫生需求与生活品质保障
生活污水处理率	正		
劳动力析出水平	负	就业本地化及多样化水平	本地就业水平反映职住便捷度
就业多样性指数	正		就业多样性反映灵活性、适应能力
居民户均年收入	正	居民生活水平	收入反映生活水平

资料来源：作者自绘

每类村庄的各项民生韧性提升规划管控指标的数值范围，需要根据不同类型村庄社会经济发展阶段和民生需求的差异性精准定制，实现对各类村庄民生韧性提升目标的弹性管控和准确评价（表7-11）。

城市边缘区各类村庄民生韧性提升规划管控指标取值范围　　　　　表7-11

指标名称　　村庄类型	基础提升类	产业拓展类	新经济转型类	综合提升类	城镇社区转型类	内生强化转型类	特色保护类	限制扩张类
人均公共服务设施面积[①]（m²）	6	10	8	12	18	10	8	6
一公里范围中小学数量	1	1	1	1	2	1	1	1
一公里范围卫生设施数量	1	1	1	1	2	1	1	1
一公里范围公交站数量	1	1	1	1	2	1	1	1
与中心城区通勤时间（min）	30	30	30	25	20	30	30	30
道路硬化率（%）	60	70	70	80	100	80	70	60
生活垃圾无害化处理率（%）	80	90	80	100	100	100	100	100
生活污水处理率（%）	80	90	80	100	100	100	100	100
劳动力析出水平（%）	50	30	30	20	20	30	40	50
就业多样性指数	2	3	2.5	3.5	3.5	2.5	2.5	2
居民户均年收入	0.8*	1*	0.9*	1.1*	1.1*	1*	0.9*	0.8*

注：* 收入标准因地因时而异，取值不宜采用具体金额，研究选取"与本地区同年所有村庄户均年收入平均值的比值"作为取值参考，如基础提升类的户均年收入为0.8，是指某基础提升类村庄的户均年收入应高于本地区所有村庄户均年收入平均值的0.8倍。

资料来源：作者自绘

7.3.5　生态韧性规划：动能培育 + 分区分级管控

7.3.5.1　村庄生态支撑韧性提升规划布局

城市边缘区乡村生态支撑韧性提升策略，主要包括基于乡村主体生态保护能动性提升的生态经济动能培育、基于外源保障的乡村生态空间分区管控等内容。

（1）乡村生态经济动能培育规划布局

从城市边缘区乡村生态韧性内生动力培育角度，应重点发掘乡村生态经济动能，使村民科学利用生态资源并获取合理的经济收益，提升乡村主体保护生态资源的主观能动性。主要方式包括生态经济作物种植、生态文化旅游服务、生态教育素质拓展等。以四镇乡村地区为例，中

---

① 参考《镇规划标准》GB 50188—2007。

亭河与大清河蓄滞洪区域作为一般生态保护区，水系和林地资源丰富，部分区域可以适当种植高效的生态经济作物；独流镇东部、辛口镇中东部和杨柳青镇东部作为京杭大运河流经区域，文化资源丰富，结合乡野生态环境发展生态文化旅游服务；独流减河两侧及大柳滩村西部的林地资源丰富，可以适当发展生态教育及素质拓展项目等（图7-20）。

乡村生态经济动能培育需要相应的配套设施用地指标支持，根据不同类型村庄差异化的发展条件，用地指标扶持力度有所不同：城镇社区转型类、新经济转型类村庄的存量用地较多，配套设施建设应以盘活存量、动能转换为主要路径，配套用地指标较少；综合提升类村庄产业类型多元、服务业基础较好，但可用的建设用地相对不足，需要给予较多的用地指标支持其生态服务产业品质提升；基础提升类和产业拓展类村庄，基于其生态服务业拓展需求，也应给予一定的配套用地指标支持。

（2）乡村生态空间分区分级管控规划布局

城市外延扩张、村镇工业用地粗放蔓延是城市边缘区乡村生态风险的主要来源，通过加强国土空间用途管控，对乡村生态空间实行严格的分区分级管控，为乡村生态空间资源保护和生态支撑韧性提升提供外源保障。

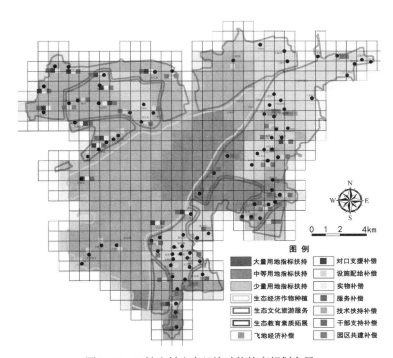

图7-20 四镇乡村生态经济动能培育规划布局
（来源：作者自绘）

　　根据宏观层面城市边缘区生态空间系统识别及乡村生态空间体系分区分级管控布局方案，结合更高精度的遥感影像解译数据，形成中观层面城市边缘区乡村生态空间分区分级的用途管控规划布局。以四镇乡村地区为例，重要水系空间形成自然生态区的生态红线内区域（生态保护区），管控最为严格；中亭河、大清河蓄滞洪区为红线外的生态控制区；杨柳青镇、辛口镇、独流镇和杨芬港镇等镇区村庄为城镇发展区，内部生态空间又可分为绿线、蓝线内空间和一般城镇生态空间；其余为乡村发展区内的生态空间，主要包括基本农田区、林业发展区、一般农业区和村庄建设区内的生态空间等（图7-21）。

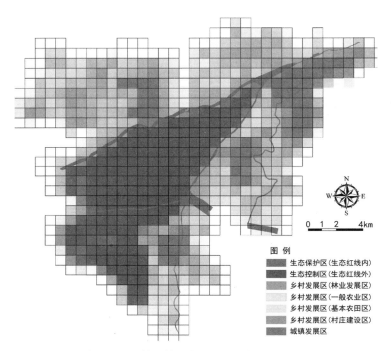

图 7-21　四镇乡村生态空间用途管控规划布局
（来源：作者自绘）

7.3.5.2　村庄生态支撑韧性提升规划指标管控

　　现行空间规划体系中的村庄规划管控指标，涉及生态支撑类的指标类型有耕地保有量、永久基本农田保护面积、村庄绿化覆盖率等（附表4），主要管控方向为农田耕地资源保护、村庄环境品质保障等。

　　根据乡村系统风险格局演化分异机制分析，影响乡村系统风险格局的主要生态类因子（即生态支撑韧性评价指标）为整体空间动态度、生态空间资源指数、生态斑块平均面积、人均耕地面积等。研究基于现行村庄规划管控指标及系统韧性评价指标体系的生态支撑相关指标，确定村庄生态支撑韧性提升规划管控指标类型（表 7-12）。

城市边缘区村庄生态支撑韧性提升规划管控指标类型　　　　　　表 7-12

指标名称	方向	生态支撑韧性相关内容	对生态支撑韧性的影响
村庄绿化覆盖率	正	村庄环境品质	体现人居生态环境品质
人均耕地面积	正	耕地资源支撑水平	体现乡村田园特色和耕地支撑力
林地覆盖率	正	生态空间资源支撑水平	林地是生态空间资源主要构成部分
生态空间资源指数	正		反映生态空间资源综合支撑力
生态斑块平均面积	正	生态空间格局完整性	生态空间集聚、格局总体稳定是生态韧性的重要保障
整体空间动态度	负	生态空间格局稳定性	

资料来源：作者自绘

每类村庄的各项生态支撑韧性提升规划管控指标的数值范围，需要根据不同类型村庄生态资源禀赋条件和社会经济发展需求的差异性精准定制，实现对各类村庄生态支撑韧性提升目标的弹性管控和准确评价（表 7-13）。

城市边缘区各类村庄生态支撑韧性提升规划管控指标取值范围　　　　表 7-13

指标名称 ＼ 村庄类型	基础提升类	产业拓展类	新经济转型类	综合提升类	城镇社区转型类	内生强化转型类	特色保护类	限制扩张类
村庄绿化覆盖率[①]（%）	4	5	4	6	8	8	6	4
人均耕地面积（亩）	1.6	1.4	1.4	1.3	—	0.6	1.4	1.5
林地覆盖率（%）	6	6	6	10	8	8	8	10
生态空间资源指数（%）	50	45	40	45	10	40	50	60
生态斑块平均面积（m²）	350	320	280	300	150	300	350	400
整体空间动态度（%/年）	0.5	0.6	1.2	0.6	1.6	0.8	0.2	0.2

资料来源：作者自绘

① 参考《镇规划标准》GB 50188—2007。

301

7.3.6　中观边缘区乡村系统韧性规划实施传导机制

7.3.6.1　城市边缘区村庄系统韧性提升规划导则

为增强中观层面城市边缘区乡村系统韧性提升规划方案对微观层面村庄规划建设的指导性，研究以行政村为单元，编制村庄单元系统韧性提升规划导则。导则明确每个村庄的系统韧性优化分区、村庄系统韧性提升类型，提出基于产业培育韧性提升的特色价值强化重点和产业服务设施配置类型、基于社会治理韧性提升的社会组织网络建设内容和区域协同治理体系建设项目类型、基于民生发展韧性提升的乡村"生活圈"公共设施布局方案和非农就业供需体系布局方案、基于生态支撑韧性提升的生态经济动能培育方案和生态空间分区分级管控内容。

导则内容为在村庄详细规划中落实中观层面乡村系统韧性提升规划方案提供了具体抓手，促进了现行空间规划体系中各空间尺度下的乡村规划间的有效衔接，有利于城市边缘区乡村系统韧性格局重构策略融入现行空间规划体系并落地实施。

以四镇乡村地区扬芬港镇辛立庄村为例，导则指出该村庄属于基础提升类村庄（以大田作物种植为主的传统农业体制），其北部属于内生特色发展区，南部属于蓄滞洪区内生态保护发展区。在产业韧性培育方面，重点强化田园价值，配置农业技术服务站、旅游服务站、客运交通站（劳动力大量析出和兼业客流需求）；在社会治理韧性提升方面，重点建设基层组织、发展互助小组，建设"村—村"协同的信息管理平台和应急救助体系；在民生发展韧性提升方面，培育与周边村庄共享的乡村公共设施生活圈，建设满足劳动力大量供给特征的公交设施和非农就业岗位；在生态支撑韧性提升方面，蓄滞洪区加强高效生态经济作物种植，给予一定的配套设施指标支持，明确各类生态管控区范围和管控措施（图 7–22）。

7.3.6.2　城市边缘区村庄系统韧性提升规划实施评价机制

（1）城市边缘区村庄系统韧性提升规划实施评价指标

乡村系统韧性格局重构策略落地与系统韧性提升规划布局方案实施的效果，直接影响策略及规划布局方案的调整方向。研究基于前述城市边缘区乡村系统韧性评价方法和系统韧性规划管控的各单项（产业、社会、民生、生态等）指标体系，综合提出城市边缘区村庄系统韧性提升规划实施评价指标类型（表 7–14），作为每年度采集数据、评价村庄系统韧性水平变化情况（即规划实施效果）的依据，从而为针对性地调整乡村系统韧性格局重构策略及规划方案提供支撑。

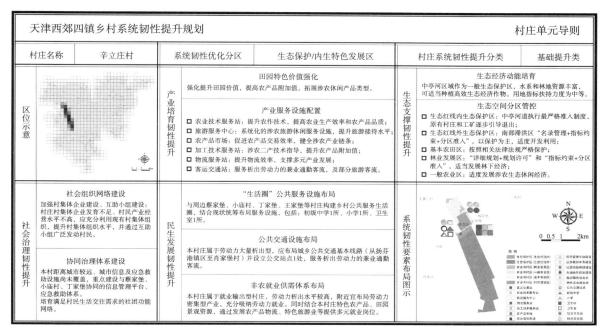

图 7-22 四镇村庄系统韧性提升规划村庄单元导则
（来源：作者自绘）

城市边缘区村庄系统韧性提升规划实施动态评价指标类型 表 7-14

目标层	准则层	指标层	方向	系统韧性影响
内生发展支撑韧性	产业培育韧性	人均农业产值（元）	正	农业发展水平
		人均非农产值（元）	正	非农产业发展水平
		村企民企产值（万元）	正	经济组织发展水平
		人均工业用地面积（m²）	负	产业高效集约水平
		村集体收入（万元）	正	村集体财政水平
		外部产业用地比例（%）	负	内生发展潜力水平
		技术人员比例（%）	正	产业技术创新水平
	社会治理韧性	人均建设用地面积（m²）	负	社会活力与空间治理水平
		户均宅基地（m²）	负	
		房屋空置率（%）	负	
		闲置建设用地盘活率（%）	正	
		人口增长幅度（%）	正	人力支撑水平
		集体活动组织频率（项/年）	正	村集体治理水平
		互助小组覆盖率（%）	正	村民自组织水平
		社团协会覆盖率（%）	正	民间自组织发育水平

续表

目标层	准则层	指标层	方向	系统韧性影响
内生发展支撑韧性	民生发展韧性	劳动力析出水平（%）	负	就业本地化水平
		就业多样性指数	正	就业适应性水平
		居民户均年收入（元）	正	居民生活水平
		人均公共服务设施面积（m²）	正	公共服务支撑水平
		一公里范围内中小学数量（所）	正	
		一公里范围内卫生设施数量（所）	正	
		一公里范围内公交站数量（个）	正	交通基础支撑水平
		与中心城区通勤时间（min）	负	
		道路硬化率（%）	正	
	生态支撑韧性	整体空间动态度（%/年）	负	生态空间格局稳定性
		村庄绿化覆盖率（%）	正	人居环境品质水平
		生态空间资源指数（%）	正	生态空间资源支撑水平
		林地覆盖率（%）	正	
		生态斑块平均面积（m²）	正	生态空间格局完整性
		人均耕地面积（亩）	正	耕地资源支撑水平
		工业垃圾无害化处理率（%）	正	污染防控治理水平
		工业污水处理率（%）	正	
统要素协调韧性	生产关系与生产方式协调	劳动力析出水平&主要非农产业协调	正	就业供需协调水平
		土地流转比例&主要农作类型协调	正	土地与农业生产协调水平
		居民点集聚度&主要农作类型协调	正	居住与农业生产协调水平
	设施配置与人口特征协调	教育卫生设施数量&常住人口协调	正	公共设施与实际需求协调水平
		公交站数量&城乡兼业人口协调	正	
		与市区通勤时间&城乡兼业人口协调	正	

资料来源：作者自绘

（2）系统韧性规划信息管理平台建设：数据动态更新及评价

研究运用"GeoServer + PostGIS + PostgreSQL + Leaflet"组合框架技术[①]，建设城市边缘区乡村系统韧性规划信息管理平台，依据上述乡村系统韧性提升规划实施评价指标类型，定期持续采集相关数据并录入平台，实现系统韧性规划的基础数据动态更新与实施效果评价。首先，根据每期数据客观特征计算各指标的熵值法权重值，并结合层次分析法确定最终的指标权重；

---

① GeoServer 提供城市边缘区乡村基础地理数据，便于用户共享地理信息；PostGIS 将乡村空间数据从数据引擎转移到数据库管理系统，便于使用 SQL 语言分析、计算空间数据（如韧性水平评价、历史数据比较）；PostgreSQL 是数据库管理系统，用于乡村系统风险与韧性数据的存储管理；Leaflet 是管理平台的前端处理，便于管理者在线使用。

其次，基于前述城市边缘区乡村系统韧性评价方法，计算出各期数据下各村庄单元系统综合韧性及单项韧性水平；最后对比系统韧性水平变化情况，分析规划实施效果。

以四镇乡村系统韧性规划信息管理平台为例（图7-23），可以根据某一年（如2018年）的各村庄基础数据、系统综合韧性及单项韧性评价结果，统计不同韧性水平（反映抗风险能力）村庄数量及空间位置。通过可视化图像分析，可以判断低韧性（高风险）水平村庄的空间分布特征与成因；通过对比不同时期的数据，可以解析某项数据（如劳动力析出水平、户均收入等风险要素数据，产业培育韧性、社会治理韧性等韧性评价数据）的变化趋势。边缘区乡村系统韧性规划信息管理平台为数据的集成处理、综合分析提供高效便捷的途径，为科学和动态地判断城市边缘区村庄系统韧性提升规划实施效果、调整相关方案决策提供有效支撑。

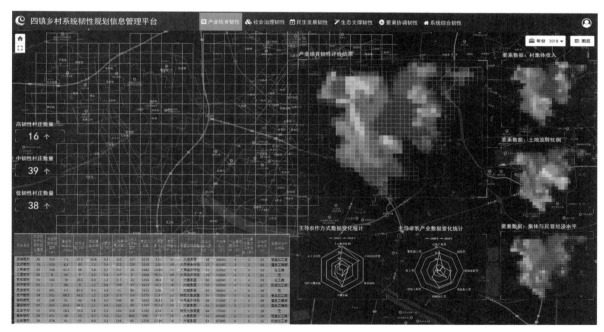

图7-23　四镇乡村系统韧性规划信息管理平台
（来源：作者自绘）

7.4　城市边缘区乡村韧性微观落实：详细策划与空间设计

中观层面乡村系统韧性规划方案向微观层面规划传导，主要是基于产业培育韧性，形成村庄产业策划方案和产业支撑设施布局方案；基于社会治理韧性，设计村庄协同治理机制类型和自组织活动空间载体；基于民生发展韧性，形成村庄"生活圈"公共服务设施布局方案；基于生态支撑韧性，形成村庄生态空间体系与生态经济布局方案。同时，各类土地利用、空间设计、设施配置等详细方案需满足中观层面乡村系统韧性相关指标管控范围。

研究选取辛口镇东南部八个村庄作为实例（其中以大沙窝村为例进行详细空间设计[184]），这些村庄地理位置相近（便于统筹布局），乡村产业集聚发展（具有相似的设施支持需求），且属于中观层面提出的"村—村"协同治理圈、生活服务圈和生态经济区范围（图7-24），具有较强的典型性和示范意义。

2018年辛口镇东南部八个村庄常住人口总计12653人，总面积1576hm²；其中大沙窝村常住人口为2479人，村域面积355hm²（图7-25）。

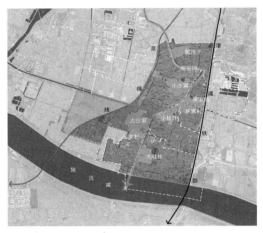

图 7-24 辛口镇东南部村庄范围
（来源：根据资料 [184] 整理）

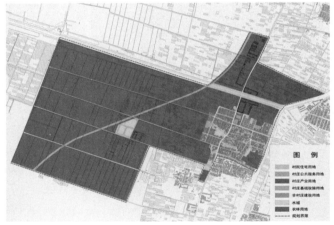

图 7-25 辛口镇大沙窝村现状空间格局
（来源：根据资料 [184] 整理）

7.4.1 基于产业韧性的村庄产业策划与设施建设

7.4.1.1 中观层面生产服务设施布局和乡村特色价值指导

根据中观层面乡村系统韧性分区和村庄发展类型分析，辛口镇东南部村庄位于内生特色发展区，即保存着传统乡村风貌、生产及生活方式，以基于乡村自身资源禀赋的内生型产业为主导。村庄类型涉及产业拓展类、综合提升类两类，其中，产业拓展类包括大棚种植和林果种植主导的村庄，有一定的内生发展能力，但产业类型还需要进一步拓展（如郭庄子村）；综合提升类包括农旅兼业和综合兼业发展型的村庄，农作方式多元，涉农服务业类型丰富，产业活力旺盛、就业较为充足，系统风险相对较低，有条件通过综合提升乡村产业品质、环境品质、设施服务品质，成为宜居、宜游、宜业的现代乡村典范和城郊休闲胜地（如大沙窝村）。

根据中观层面各村庄产业发展特征分析，适宜于辛口镇东南部村庄产业发展需求的设施类型包括客运交通站（乡村旅游服务）、农业技术服务站、旅游服务中心、物流服务站、综合商贸市场和农产品市场等（图 7-26）。该范围内村庄亟待加强和彰显的特色价值是田园价值和综合价值，即提高农产品、涉农旅游产品及生活环境的品质，提升各村庄参与城乡及区域市场竞争力、就业与人居环境吸引力。基于中观规划指导内容，在村域范围形成以沙窝萝卜为代表的特色农产区、以参与体验为特征的共享农业区和林地康养区等农业发展区类型（图 7-27）；在村庄建设用地范围结合村居环境整治、服务设施建设、存量工业空间改造，形成高品质生活社区、乡村特色旅游服务中心及新经济空间载体。

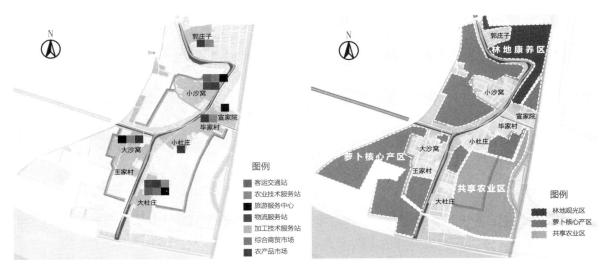

图 7-26 辛口镇东南部村庄落实中观层面
生产服务设施布局方案
（来源：作者自绘）

图 7-27 辛口镇东南部村庄农业空间发展布局方案
（来源：根据资料 [184] 整理）

7.4.1.2 辛口镇东南部村庄产业空间及生产服务设施布局方案

基于中观层面乡村产业培育韧性规划对辛口镇东南部村庄发展类型、村庄特色价值、产业发展方向、生产服务设施类型等指导内容，结合各村庄资源禀赋，形成产业空间及生产服务设施布局方案（图 7-28）。

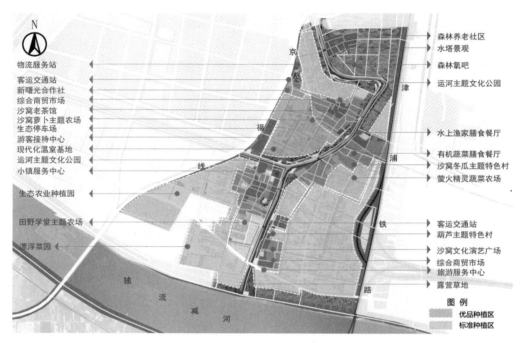

图 7-28　辛口镇东南部村庄产业空间及生产服务设施用地布局
（来源：根据资料［184］整理）

　　其中，北部郭庄子村结合林地资源，发展林下经济和森林康养社区。小沙沃村、毕家村、宣家院村和小杜庄村共享旅游接待中心、客运交通站、综合商贸市场等设施。小沙沃村重点发展沙窝萝卜主题农场、现代温室基地，毕家村基于冬瓜品牌发展冬瓜主题农场和有机蔬菜膳食园，宣家院村结合水塘资源发展渔家乐园，小杜庄村则结合儿童教育主题发展萤火精灵蔬菜农场。大沙窝村、王家村和大杜庄村共享旅游服务中心、客运站、综合商贸市场等设施，大沙窝村重点发展沙窝特色生态农业园，王家村发展田野学堂主题农场和水塘漂浮菜园，大杜庄村结合葫芦品牌建设葫芦主题特色村，并结合独流减河滨水景观资源，发展露营体验产业。

7.4.1.3　辛口镇大沙窝村生产服务设施布局与产业空间设计

　　基于辛口镇东南部村庄产业空间及生产服务设施布局方案，研究选取大沙窝村展开详细空间设计。

　　村域西部广阔的农田空间，是沙窝萝卜特色农产品生产的主要载体，通过保留田野格局，提升农作技术，提高生产效率，优化田园交通、灌溉、温室等设施条件，形成集沙窝萝卜生产、休闲体验等多元产业类型于一体的高环境品质主题农场。村域东北部的存量工业空间，通过更新改造成为运河文化和沙窝文化展示、创意产品交易、商业休闲体验的文化旅游产业发展区。毗邻文旅产业区和运河景观，形成小而精致的都市农业休闲体验区，通过细分田埂吸引市民参与种植、采摘。村庄北部结合公共服务中心配置产业综合服务中心，包括农业技术服务站、合作社及村集体企业办公等。村庄内部结合村居改造、基础设施提升、蓝绿系统优化等，形成具有乡村风貌特色的高品质示范社区（图7-29）。

图7-29　辛口镇大沙窝村生产服务设施布局与产业空间设计
（来源：根据资料[184]整理）

　　大沙窝村文化旅游发展区包括两部分：北部结合较大尺度的工业存量空间，改造成为文化展示体验区，展示京杭大运河漕运文化、沙窝文化和本区域各村庄文化创意作品，并配置文化体验、作品销售、有机膳食餐厅和老茶馆等空间；南部小尺度的工业存量空间则改造为商业休闲民宿区，包括地域特色产品销售、餐饮、娱乐及高端民宿等空间。两片区空间均与西侧的带状微型湿地游园相互连通，形成景村交融、收放有致、环境优美的高品质文旅服务空间（图7-30）。

7.4.1.4　辛口镇东南部村庄产业培育韧性规划指标落实

　　根据中观层面村庄发展分类，确定各村庄产业培育韧性规划指标的取值范围（表7-15）。

图 7-30　辛口镇大沙窝村工业存量空间改造为文化旅游休闲产业区
（来源：根据资料 [184] 整理）

辛口镇东南部各村庄产业培育韧性提升规划管控指标取值　　　　　　表 7-15

指标名称 ＼ 村庄名称	郭庄子村	小沙沃村	宣家院村	毕家村	小杜庄村	大沙窝村	王家村	大杜庄村
人均农业产值	1.3*	1.3*	1.3*	1.3*	1.3*	1.3*	1.3*	1.3*
人均非农产值	1*	1.5*	1.5*	1.5*	1*	1.5*	1*	1*
村企民企产值	1.2*	1.5*	1.5*	1.5*	1.2*	1.5*	1.2*	1.2*
村集体收入	1.2*	1.5*	1.5*	1.5*	1.2*	1.5*	1.2*	1.2*
人均工业用地面积（m²）	10	10	10	10	10	10	10	10
外部产业用地比例（%）	10	10	10	10	10	10	10	10
技术人员比例（%）	1	2	2	2	1	2	1	1
土地流转比例（%）	30	50	50	50	30	50	30	30

注：* 代表该村与本地区同年所有村庄该项指标平均值的比值。
资料来源：作者自绘

7.4.2　基于社会韧性的村庄协同治理载体设计

7.4.2.1　中观层面"城—乡"及"村—村"协同治理布局方案传导

乡村治理韧性提升主要包括社会组织网络建设和"城—乡"及"村—村"协同治理机制建设。根据中观层面村庄发展类型分析和协同治理布局方案，辛口镇东南部村庄位于同一"村—村"协同治理圈内，各村可共享信息管理平台、应急救助设施、市场协作平台，同时根据自身发展基础，有选择地重点建设社团功能、村集体企业、多元类型合作社、村民互助小组等（图7-31）。

社会组织网络和协同治理机制的具体空间布局，是在大沙窝村村庄北部形成协同治理中心，将各村庄共享的信息管理、应急救助、市场协作等功能集中布局；同时在各村庄展开针对性的社会网络和学习场所建设，如基层管理体系建设（村委会和集体企业）、村民合作组织建设（合作社、村民小组及各类社团）、村民适应性学习和创造力培育场所建设等（图7-32）。

图7-31 辛口镇东南部村庄落实中观"城—乡"及
"村—村"协同治理布局方案
（来源：作者自绘）

图7-32 辛口镇东南部村庄协同治理中心及
社会网络建设布局方案
（来源：作者自绘）

7.4.2.2 辛口镇大沙窝村协同治理中心空间设计

布局于大沙窝村北部的协同治理中心利用存量工业空间改造，不占用宅基地和农林生态空间。南部建筑包括基层行政组织、产业综合服务、应急救助和信息管理中心，侧重城乡治理衔接和多村庄治理协同功能；北部建筑包括社团活动中心、村史馆、学习教室和技术站，侧重对村民自组织、自学习和自适应能力的培养（图7-33、图7-34）。

7.4.2.3 辛口镇东南部村庄社会治理韧性规划指标落实

根据中观层面村庄发展分类，确定各村庄社会治理韧性规划指标的取值范围（表7-16）。

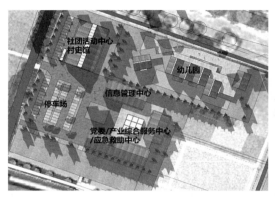

图 7-33　辛口镇大沙窝村协同治理中心平面布局方案　　　　图 7-34　辛口镇大沙窝村协同治理中心空间示意
（来源：根据资料 [184] 整理）　　　　　　　　　　（来源：根据资料 [184] 整理）

辛口镇东南部各村庄社会治理韧性提升规划管控指标取值　　　　　　　　　　表 7-16

村庄名称 指标名称	郭庄子村	小沙沃村	宣家院村	毕家村	小杜庄村	大沙窝村	王家村	大杜庄村
人均建设用地（㎡）	100	100	100	100	100	100	100	100
户均宅基地（㎡）	200	167	167	167	200	167	200	200
房屋空置率（%）	10	5	5	5	10	5	10	10
闲置建设用地盘活率（%）	80	80	80	80	80	80	80	80
人口年增长幅度（%）	2	3	3	3	2	3	2	2
集体活动组织频率（次）	10	12	12	12	10	12	10	10
互助小组覆盖率（%）	60	60	60	60	60	60	60	60
社团协会覆盖率（%）	60	80	80	80	60	80	60	60

资料来源：作者自绘

7.4.3　基于民生韧性的村庄公共设施具体布局

7.4.3.1　中观层面公共服务设施"生活圈"布局方案传导

根据中观层面公共服务设施"生活圈"布局方案，辛口镇东南部八个村庄位于同一公共服务设施"生活圈"内。从村庄发展类型看，各村庄分别属于产业拓展类和综合提升类，劳动力析出水平较低，各村庄对公共服务需求旺盛。根据乡村生活圈公共设施配置模式（共享原则）和设施覆盖范围常住人口规模，本乡村"生活圈"内应配置一所初级中学、一所小学、一处卫生院和综合文化站、五处卫生室与特色文化站。其中综合文化站、小学和卫生院布局于大沙窝村，中学布局于小沙沃村，其他设施相对均衡地布局于各村庄（图 7-35）。

在就业平衡体系中，辛口镇东南部村庄属于劳动力供需平衡和就业平衡型，应通过提升农业生产技术、转型升级相对落后产能、提升服务业水平和业态经营的多样性，改善本村居民的就业质量和收入水平。根据各村庄产业及劳动力供给特点，布局若干旅游服务就业点和特色农业就业点。

交通设施方面，过境交通从外围穿过，规划范围内主要为顺应乡野空间肌理的内部道路和沿运河的公交基本线路，公交站点根据村民出行距离和设施共享原则，布局于郭庄子村、毕家村、大沙窝村和大杜庄村。同时在主要车行道入口和旅游服务点附近布局公共停车场（图7-36）。

图7-35　辛口镇东南部村庄落实中观公共
服务设施"生活圈"布局方案
（来源：作者自绘）

图7-36　辛口镇东南部村庄交通设施布局方案
（来源：根据资料[184]整理）

7.4.3.2　辛口镇大沙窝村民生服务设施布局方案

辛口镇大沙窝村常住人口规模较大、可供改造利用的存量空间较充足，同时到各村庄的空间距离均好性较好，因此成为乡村"生活圈"公共服务设施布局较为集中的村庄。其中，文化创意坊、综合文化站、商业休闲中心等设施结合北部工业用地存量改造；卫生院位置相对独立，文化活动中心、幼儿园、就业指导中心等集中布局于村庄公共服务中心（同时也是社会治理中心）；小学、老年日间照料服务中心等位于村庄内部，小学临近公共服务中心和村庄北入口交通便利处，老年日间照料服务中心则临近南部水塘，自然环境较为优美（图7-37）。

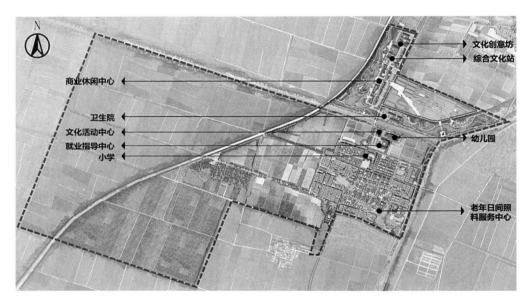

图 7-37　辛口镇大沙窝村民生服务设施布局
（来源：根据资料 [184] 整理）

7.4.3.3　辛口镇东南部村庄民生发展韧性规划指标落实

根据中观层面村庄发展分类，确定各村庄民生发展韧性规划指标的取值范围（表 7-17）。

辛口镇东南部各村庄民生发展韧性提升规划管控指标取值　　　　　　　　　　表 7-17

指标名称＼村庄名称	郭庄子村	小沙沃村	宣家院村	毕家村	小杜庄村	大沙窝村	王家村	大杜庄村
人均公共服务设施面积（m²）	10	12	12	12	10	12	10	10
一公里范围小学数量	1	1	1	1	1	1	1	1
一公里范围卫生设施数量	1	1	1	1	1	1	1	1
一公里范围公交站数量	1	1	1	1	1	1	1	1
与中心城区通勤时间（min）	30	25	25	25	30	25	30	30
道路硬化率（%）	70	80	80	80	70	80	70	70
生活垃圾无害化处理率（%）	90	100	100	100	90	100	90	90
生活污水处理率（%）	90	100	100	100	90	100	90	90
劳动力析出水平（%）	30	20	20	20	30	20	30	30
就业多样性指数	3	3.5	3.5	3.5	3	3.5	3	3
居民户均年收入	1*	1.1*	1.1*	1.1*	1*	1.1*	1*	1*

注：* 代表该村与本地区同年所有村庄该项指标平均值的比值。
资料来源：作者自绘

7.4.4 基于生态韧性的村庄生态体系详细设计

7.4.4.1 中观层面生态补偿机制设计与生态空间体系布局传导

辛口镇东南部各村庄均位于京杭大运河天津段两岸各 2000m 范围内，按照《大运河文化保护传承利用规划纲要》规定，须严格执行大运河核心监控区管控要求 ①。根据中观层面乡村生态补偿机制设计方案，辛口镇东南部各村庄属于产业拓展类、综合提升类等发展类型，涉农产业发展基础较好，生态补偿的需求集中于生产及生活服务设施配置、产业空间拓展、综合治理水平提升等方面，因此根据各村庄具体特点，选择设施配给补偿、服务（包括市场服务、应急救助服务、信息服务等）补偿、园区共建补偿、飞地经济补偿等方式（图 7-38）。

同时，根据中观层面乡村生态空间布局方案，辛口镇东南部村庄形成以大运河为骨架、以灌渠坑塘为脉络的生态空间系统（图 7-39）。其中，大运河河道实施整治，丰富自然河岸植被类型，恢复滨河湿地、河口湿地；修建形成灌溉水环，连通所有灌渠坑塘，形成毛细水网；在

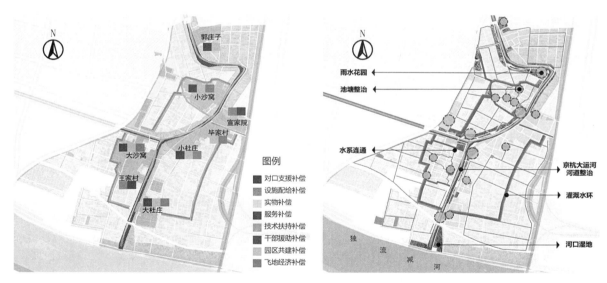

图 7-38 辛口镇东南部村庄落实中观层面生态补偿机制方案
（来源：作者自绘）

图 7-39 辛口镇东南部村庄生态空间体系布局方案
（来源：根据资料 [184] 整理）

---

① 2019 年 2 月，中共中央办公厅、国务院办公厅发布《大运河文化保护传承利用规划纲要》，规定京杭大运河有水河道两岸各 2000 米（m）内的核心区范围划定为核心监控区，严格自然生态环境和传统历史风貌保护，突出世界文化遗产保护。主要管控要求包括：核心监控区实行负面清单准入管理，严禁新建扩建不利于生态环境保护的工矿企业等项目；对于违规占压河道本体和岸线的建筑物限期拆除，推动不符合生态环境保护的已有项目和设施逐步搬离，原址恢复原状或进行合理绿化；核心监控区的非建成区要严禁大规模新建扩建房地产、大型及特大型主题公园等开发项目；限制各类用地调整为大型工商业项目、商务办公项目、住宅商品房、仓储物流设施等用地，整体保护大运河沿线空间形态。

村庄内部及周边改造 12 处池塘、修建 6 处雨水花园、连通村庄内外水系、提高村庄建成区透水和雨水吸纳能力，形成"海绵"乡村。

7.4.4.2　辛口镇大沙窝村生态空间用途管控及生态经济动能培育方案

根据乡村生态支撑韧性提升策略，需要加强村庄生态空间用途管控、培育村庄生态经济动能。规划以大沙窝村为例，解析微观村庄尺度对中观乡村生态空间用途管控、生态经济动能培育规划方案的传导与细化落实。

大沙窝村毗邻大运河主河道，用地呈现"一分林、两分村、七分田"总体格局：村庄保持华北平原乡村传统肌理和风貌，内部工业用地亟待腾退与转型发展；农田平整，以温室大棚农业为主体；林地主要沿道路、河流线性分布（图 7-40）。

在乡村生态空间用途管控方面，大沙窝村主要涉及农业农村区（包括村庄建设区、一般农业区、基本农田区、林业发展区），而不涉及生态保护区、城镇发展区。规划按照中观生态空间用途管控布局方案，细化各类用途管控区空间边界，并严格落实管控内容（图 7-41）。同时，划定蓝线（大运河及其支流河道）、绿线（大运河滨河绿地）和黄线（重要市政设施及其走廊），严格按照各类控制线管理内容进行管控（图 7-42）。

图 7-40　辛口镇大沙窝村现状生态空间格局
（来源：根据资料 [184] 整理）

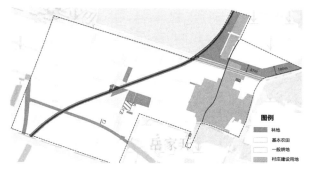

图 7-41 辛口镇大沙窝村落实中观生态空间用途管控方案
（来源：根据资料 [184] 整理）

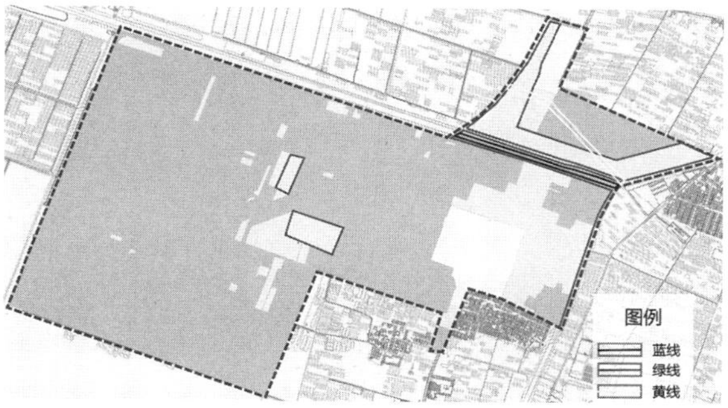

图 7-42 辛口镇大沙窝村蓝线、绿线、黄线管控布局方案
（来源：根据资料 [184] 整理）

在乡村生态经济动能培育方面，依据中观层面生态经济动能培育规划内容，大沙窝村属于生态文化旅游服务区、大量用地指标扶持类村庄，可结合大运河滨河林地、湿地发展林下经济项目，如昆虫堡（儿童参与式营地）、趣味萝卜园、房车营地等（图 7-43）；结合小范围农田发展都市趣味农场，精细化分供市民认养体验的菜园、苗圃、花园，结合工业存量建筑改造形成亲子厨房等特色项目（图 7-44）。通过生态经济动能培育，增强村庄主体保护生态空间资源的主观能动性，提高村民收入，提升村庄生态支撑韧性水平。

图 7-43 辛口镇大沙窝村运河林苑生态经济培育策划方案
（来源：根据资料 [184] 整理）

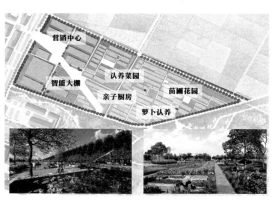

图 7-44 辛口镇大沙窝村趣味农场生态经济
培育策划方案
（来源：根据资料 [184] 整理）

7.4.4.3 辛口镇大沙窝村生态景观提升方案

通过生态景观提升行动，改善村庄人居环境质量，完善生态空间结构，增强村庄的整体魅力和旅游吸引力[185]。大沙窝村生态景观提升行动主要包括村庄入口景观提升、道路景观改造、

运河文苑林地湿地景观设计、运河都市菜圃景观营造、运河林苑景观优化、河道交叉口景观节点设计、池塘景观修复、村庄边界景观营造、滨河景观带建设等（图7-45）。

图 7-45　辛口镇大沙窝村生态景观提升方案
（来源：根据资料 [184] 整理）

7.4.4.4　辛口镇东南部村庄生态支撑韧性规划指标落实

根据中观层面村庄发展分类，确定各村庄生态支撑韧性规划指标的取值范围（表7-18）。

辛口镇东南部各村庄生态支撑韧性提升规划管控指标取值 　　　　表 7-18

指标名称 ＼ 村庄名称	郭庄子村	小沙沃村	宣家院村	毕家村	小杜庄村	大沙窝村	王家村	大杜庄村
村庄绿化覆盖率[①]（%）	5	6	6	6	5	6	5	5
人均耕地面积（亩）	1.4	1.3	1.3	1.3	1.4	1.3	1.4	1.4
林地覆盖率（%）	6	10	10	10	6	10	6	6
生态空间资源指数（%）	45	45	45	45	45	45	45	45
生态斑块平均面积（m²）	320	300	300	300	320	300	320	320
整体空间动态度（%/年）	0.6	0.6	0.6	0.6	0.6	0.6	0.6	0.6

资料来源：作者自绘

---

① 参考《镇规划标准》GB 50188—2007。

7.5 本章小结

研究基于边缘区乡村系统韧性重构策略的空间实施需求和现行国土空间规划中乡村研究内容的优化需求，提出"宏观统筹 + 中观精控 + 微观落实"多尺度规划衔接体系，从宏观（市县国土空间总体规划，以乡镇为空间单元）和中观（县镇国土空间总体规划，以村庄为空间单元）两个层面建构城市边缘区乡村系统韧性规划方法，对微观村庄规划形成精准指导。

宏观层面的乡村系统韧性规划技术，侧重于空间资源的整体统筹，通过提高资源配置效率，加强系统内要素之间的协调性和空间协同能力。研究基于以乡镇为空间单元的风险要素聚类特征，分区分类指引乡村产业服务设施、就业供需体系、民生服务设施、生态安全格局等空间布局，形成空间布局方案的规划设计方法；通过编制规划导则，确保对下一层级规划的有效指导，并提高市县层面国土空间规划编制及管理部门对乡村系统韧性规划成果的使用效率。

中观层面的乡村系统韧性规划技术，侧重于村庄系统要素格局的精准优化和管控，为每个村庄的系统韧性优化提供指导。研究基于村庄为单元的风险要素聚类特征及韧性评价结论，分别从产业、社会、民生、生态等单项韧性提升角度落实系统韧性格局重构策略，分类提出各村庄功能、设施、空间布局方法与指标管控方案；并通过规划实施导则、规划实施评价指标和规划信息管理平台，建立系统韧性规划传导及实施机制，加强对具体村庄规划建设的有效指导，提升规划方案的可操作性，同时有利于边缘区乡村系统风险的长效治理和持续监测反馈。

微观层面是传导落实中观层面乡村系统韧性规划方案，在中观乡村系统韧性要素空间配置、韧性指标管控范围内，形成村庄的产业空间设计、生产生活服务设施设计、社会治理与自组织活动载体设计、生态空间体系与景观风貌设计等具体方案。

CHAPTER 8

总结与展望

　　准确识别并有效治理乡村风险，是实现乡村振兴战略目标的关键环节。在快速城镇化的冲击下，我国城市边缘区乡村面临"产业自组织水平弱化、社会自治能力下降、民生设施不足和就业不稳、生态格局破坏、要素间配置失衡"等系统风险。面向乡村振兴战略要求下系统风险精准治理的需求，研究针对"乡村复杂系统风险精准识别""乡村系统风险治理策略与演进韧性理论深度耦合""乡村系统韧性优化策略的规划转译与精准落地实施"三大科学问题，提出了基于系统风险治理的城市边缘区乡村韧性重构目标及韧性优化理论，建构了"风险识别—韧性评价—韧性提升—规划响应"的乡村韧性规划方法路径。研究以天津为例，运用多源数据、系统关联、空间计量分析、人工智能等多元技术，精准识别出城市边缘区乡村系统风险格局及聚类特征，提出了化解系统风险的"产业培育—社会治理—民生发展—生态支撑"韧性优化策略和"宏观统筹 + 中观精控 + 微观落实"的韧性规划响应方案。本书的研究成果从源头化解城市边缘区乡村系统风险，确保了风险的韧性治理策略与空间规划有机结合并落地实施，为我国城市边缘区乡村系统风险的长效治理提供理论支持及实例借鉴。

8.1 主要研究结论

1）结论一：城市边缘区乡村的系统风险包括"内生发展秩序瓦解"及"系统要素配置失衡"两方面六维度，不同类型乡镇单元及村庄单元的风险表征差异性、空间异质性明显。风险格局的空间差异受"外源干预—内生触发—政策影响"复合作用，表现为"过境交通分割—市区吸引—外部功能植入"的外源干预机制、"农作方式—非农生产—经济组织—土地流转"的内生互动触发作用规律。

城市边缘区乡村的系统风险构成方面，本书提出了如下结论：乡村系统风险包括"内生发展秩序瓦解"及"系统要素配置失衡"。其中，内生发展秩序瓦解包括"产业—社会—民生—生态"四个维度风险，表现为产业内生动力不足、社会治理能力下降、民生保障发展滞后、生态安全格局紧张；系统要素配置失衡表现为劳动力析出水平与就业供给的空间错位、土地流转水平与农作方式特征不相匹配、居民点布局模式与实际生产生活需求相矛盾、交通设施布局与城乡兼业需求不符、公共服务设施配置与实际需求的空间错位等。

本书指出了城市边缘区风险格局分异特征表现在如下几个方面：①在宏观层面，耦合乡镇生态敏感度、城市化程度、产业类型等要素，可将乡镇单元划分为高度生态敏感型、高度城市化型、半城半乡型、乡村农业主导型、乡村工业主导型和复合发展型六种类型。其中，高度城市化型及半城半乡型区域表现为传统聚落消失、工业用地蔓延、外来人口集聚，由此产生乡村社会治理难度增加、产业内生动力不足和生态风险等；高度生态敏感型和乡村农业主导型区域则表现为人口增长乏力、公共设施支撑不足带来的社会及民生风险。②在中观层面，依据不同生产方式应对系统风险效果差异性，可将村庄划分为大田农业主导型、林果农业主导型、大棚农业主导型、农工兼业发展型、农旅兼业发展型、综合兼业发展型、城镇工商主导型、旅游地产主导型八种类型。本书还指出：在内生秩序瓦解风险中，产业维度高风险区集中在大田农业主导型、城镇工商主导型、旅游地产主导型村庄三种类型中；社会维度高风险区则集中在大田农业型、城镇工商主导型、旅游地产主导型等类型中；而民生维度高风险区，则集中在大田农业型、林果农业型、大棚农业型等类型里；生态维度高风险区集中在农工兼业发展型和城镇工商主导型等村庄类型内。系统要素配置失衡的高风险区主要集中于大田农业主导型村庄，涉及土地流转滞后于农作需求、非农就业供给相对不足等具体风险要素。

城市边缘区乡村的系统风险格局形成机理方面，本书归纳为"外源干预—内生触发—政策影响"三大因素。其中，外源干预机制是外部因素主要通过改变用地结构和变化动态度，改变生态风险格局，且直接决定内生和外部产业主导的村庄类型分异。内生触发机制主要包括，系统内生作用源为生产方式及生产关系类要素，直接影响系统各类风险要素分异，并决定乡村系统抗风险能力的功用性和稳定性水平；内生主导的各村庄类型演变反映了抗风险能力变化，形成"农业主导—农工农旅兼业发展—综合兼业发展"的动态演进路径（风险应对效果从低到高），在时间演进上各村庄所处的阶段不同，在空间上就表现为村庄风险聚类及各类风险要素的空间分异。

通过明晰城市边缘区乡村的系统风险构成、风险格局分异特征，为精准制定边缘区乡村系统风险的韧性治理策略，提供了科学的决策依据。

2）结论二：城市边缘区乡村的系统韧性，包括内生发展支撑韧性与系统要素协调韧性两方面六维度。通过建构"产业培育—社会治理—民生发展—生态支撑—生产力协调—设施协调"六维度韧性评价指标体系，发现天津西郊乡村系统韧性呈现均衡型高韧性、单一型低韧性、多元型低韧性等聚类。空间分布方面，乡村综合韧性"高—高"关联区域呈现"面状集聚＋局部散点"特征，"低—低"韧性关联区域呈现"带状集聚"特征。产业韧性、社会韧性对邻域村庄综合韧性提升的贡献最显著。

关于系统韧性构成，本书提出如下结论：城市边缘区乡村系统韧性，包括内生发展支撑韧性与系统要素协调韧性两方面，产业培育韧性、社会治理韧性、民生发展韧性、生态支撑韧性、生产关系与生产方式协调韧性、设施配置与人口特征协调韧性六维度，与系统风险治理的两方面六维度相呼应。

本书耦合"功用性—稳定性—可持续性—协调性"的抗风险能力维度，建立"目标层—准则层—指标层"的多层级韧性评价指标体系。其中，目标层包括内生发展支撑韧性、系统要素协调韧性，对应内生发展秩序瓦解及系统要素配置失衡两方面的风险构成。准则层包括产业培育韧性、社会治理韧性、民生发展韧性、生态支撑韧性、生产关系与生产方式协调、设施配置与人口特征协调六维度。指标层选取 32 项城市边缘区乡村系统风险格局的有效影响因子类型。

根据上述韧性评价指标，结合天津实证数据，解析城市边缘区乡村系统韧性空间分布规律，本书归纳为"均衡型高韧性、单一型低韧性、多元型低韧性"三类：①以刘家营村为代表的"均衡型高韧性"，主要对应综合兼业发展型、大棚农业主导型等村庄，乡村内生发展能力较强，各类要素间的配置相对协调。②以水高庄村为代表的"单一型低韧性"，或是内生发展支撑韧性较高、系统要素协调韧性不足，或是系统要素协调韧性较高、内生发展支撑韧性不足，亟待针对性进行补足完善。③以辛立庄村为代表的"多元型低韧性"，主要对应大田农业主导型、城镇产业发展型等村庄，综合韧性较低，需要从系统整体出发，针对性补强内生支撑不足的要素并改善各类要素配置的协调度。

从内生发展支撑韧性、系统要素协调韧性、综合韧性三方面，总结乡村韧性空间相关性具体特征如下：①乡村内生发展支撑韧性的空间相关性方面，四镇"高—高"韧性关联区呈现"面状集聚"特征，形成以辛口镇多数村庄为核心的高韧性互动发展区；"低—低"韧性关联区呈现"局部散点 + 带状集聚"特征，出现以杨柳青镇区东侧为核心的低韧性相互影响区。②乡村系统要素协调韧性的空间相关性方面，四镇"高—高"韧性关联区呈现"局部散点"特征，形成以大杜庄村为核心的高韧性互动发展区；系统要素协调韧性"低—低"韧性关联区呈现"面状集聚 + 局部散点"特征，出现以扬芬港镇西北部为核心的低韧性相互影响区；由于缺乏对村庄之间公共设施的统筹布局，"高—高"韧性关联区相对较少。③乡村综合韧性空间相关性方面，四镇"高—高"韧性关联区呈现"面状集聚 + 局部散点"特征，形成以辛口镇多数村庄为核心的高韧性互动发展区；乡村综合韧性"低—低"韧性关联区呈现"带状集聚 + 局部散点"特征，出现以扬芬港镇西北部为核心的低韧性相互影响区，并分化为体制发展滞后型、城镇扩张冲击下的城镇边缘型两类。

根据乡村"产业培育—社会治理—民生发展—生态支撑—生产力布局协调—设施配置协调"等各单项韧性与综合韧性指数的双变量自相关分析，总结可得：①在各单项韧性指数中，产业培育韧性和社会治理韧性，对促进邻域村庄综合韧性水平提升具有显著作用；②在各目标韧性指数中，内生发展支撑韧性对促进邻域村庄综合韧性水平提升具有显著作用。

3）结论三：本书从化解风险源、切断风险链角度，建构以"产业培育—社会治理—民生发展—生态支撑"维度为横坐标、以"内生培育—外源协同—制度设计"向度为纵坐标的城市边缘区乡村韧性策略矩阵。创新了城市边缘区乡村"宏观统筹 + 中观精控 + 微观落实"的韧性规划响应方法与"乡镇分类指引—村庄分类管控—详细设计引导"的多层级实践流程。在国土空间规划框架下实践天津范本，形成韧性规划单元导则、实施评估和智慧管理平台等应用型成果，实现了边缘区乡村系统风险治理策略的精准落地、多尺度衔接和规划技术转译。

本书从化解风险源（改善韧性薄弱的高风险环节）和切断风险链（改善系统风险格局的影响机制）两方面，建构城市边缘区乡村系统韧性策略，可概括为以"产业培育—社会治理—民生发展—生态支撑"维度为横坐标、以"内生培育—外源协同—制度设计"向度为纵坐标的韧性策略矩阵。具体内容包括：①产业培育韧性格局重构策略，在内生培育方面强调"特色价值强化—主体经营能力提升"，在外源协同方面强调"设施精准配置—城乡空间协同"，在制度设计方面强调"村集体—合作社—开发商—农户自主"多元土地流转模式适配；②社会治理韧性格局重构策略，在内生培育方面强调"乡村自组织建设"，在外源协同方面强调"区域协同治理体系建设"，在制度设计方面强调"村集体—社群—村民"多元主体共治机制；③民生发展韧性格局重构策略，在内生培育方面强调"公共设施精准配置"，在外源协同方面强调"非农就业精准布局"，在制度设计方面强调"村集体—社会资本—村民"多方共建共享制度；④生态支撑韧性格局重构策略，在内生培育方面强调"生态经济动能培育"，在外源协同方面强调"国土空间用途管制"，在制度设计方面强调"生态经济动能培育及生态补偿制度"。

以上城市边缘区乡村"产业—社会—民生—生态"多元韧性策略并非孤立存在、单一作用，而是存在彼此之间的耦合强化效应，部分策略可以对其他韧性类型的优化策略提供支持；同时各策略中涉及了非农产业布局与劳动力析出相协调、公共设施配置与村庄实际需求相协调等内容，可有效提升系统要素协调韧性。

在空间规划响应方面，本书提出如下结论：建构"宏观统筹＋中观精控＋微观落实"多尺度规划衔接体系，从宏观（衔接市县国土空间规划）和中观（衔接乡镇国土空间规划）两个层面创新城市边缘区乡村系统韧性规划方法，对微观（村庄规划等）形成精准指导，落实城市边缘区乡村系统韧性重构策略的空间落地需求。

宏观层面的乡村系统韧性规划技术，侧重于空间资源的整体统筹，提高资源配置效率，加强系统内要素间的协调性。基于以乡镇为空间单元的风险要素聚类特征，分区分类指引乡村产业服务设施、就业供需体系、民生服务设施、生态安全格局等空间布局；通过编制规划导则，确保对下一层级规划的有效指导。

中观层面的乡村系统韧性规划技术，侧重于村庄系统要素格局的精准优化和管控，为每个村庄的系统韧性优化提供指导。基于以村庄为空间单元的风险要素聚类特征及韧性评价结论，分别从产业、社会、民生、生态等单项韧性提升角度落实韧性格局重构策略，分类提出各村庄功能、设施、空间布局方法与指标管控方案；并通过规划导则、实施评价指标和信息管理平台，建立系统韧性规划的传导及实施机制，提升规划方案的可操作性，实现城市边缘区乡村系统风险的长效治理和持续监测反馈。

8.2 研究展望

作为城镇化的前沿地带与敏感区域，城市边缘区乡村系统风险治理与韧性发展，在未来很长一段时期内仍将是国家乡村振兴战略的着力点。针对既有的乡村风险与韧性研究中存在的局限性（重微观而轻宏观、重单体而轻系统、重客体而轻主体、重策略而轻实施等），本书建构基于系统风险治理的城市边缘区乡村系统韧性规划理论，并以天津为例展开实证分析，形成应用性较强的理论与实践成果。未来该研究领域将在以下几个方面扩展研究的广度与深度。

1）内涵拓展。伴随着韧性理念的不断发展，未来研究将进一步丰富乡村系统风险与韧性的内涵，探索系统内更多元要素间的更复杂作用机理。

2）技术进步。伴随着多源数据获取与分析技术进步，乡村系统风险与韧性研究所涉及的数据类型将更为丰富，数据客观性及处理效率将进一步提升。

3）规划实施。伴随着国土空间规划体系不断完善，研究将更关注乡村韧性规划理念、策略、方法在各级总体规划及各类专项规划中的融合与落实，关注"宏观—中观—微观"多尺度乡村韧性规划衔接与韧性提升策略的落地实施。

附　表

附表 1　宏观层面城市边缘区乡镇"三农"基本情况调查表

	所在区		
	乡镇或街道名称		
人口	人口概况	户籍人口（人）	
		外来人口（人）	
	农业人口（人）		
	农业从业人口（人）		
	农村人均收入（元）		
经济	近年来主要惠农政策		
	农业生产总值（万元）		
	农业生产总值占 GDP 比例（%）		
	农业园区数量（个）		
	特色农产品类型		
	涉农二三产业发展情况（产业门类及规模）		
	土地资源	耕地面积（hm²）	
		林地湿地等生态区域面积（hm²）	
		建设用地面积（hm²）	
设施	公共服务设施	小学数量（个）	
		中学数量（个）	
		中小学生师比	
		卫生院 / 站数量（个）	
		人口床位比	
	交通设施	公交站数量（个）	
		地铁站数量（个）	
		高速出入口数量（个）	
		汽车和火车客运站数量（个）	

资料来源：作者自绘

附表2　中观层面城市边缘区村庄发展基本情况调查表

所在镇：			村庄名称：

	常住人口数（人）	
人口与 就业	农业从业人口比例（%）	
	劳动力外出务工人数（人）	
	外来人口数（人）	
	住在本村且在市区就业人数（人）	
经济与 民生	主要农作类型：A 大棚果蔬　B 大田粮食作物　C 大田经济作物　D 林果种植　E 养殖业　F 其他作物_____	
	主要二产类型：A 采矿业　B 制造业　C 建筑业　D 其他_____	
	主要三产类型：A 涉农服务业　B 批发零售业　C 交通运输业　D 房地产业　E 旅游服务业　F 其他_____	
	村集体年收入（万元）	
	集体及个体民营企业数量（个）	
	耕地面积（亩）	
	农地流转面积（亩）	
	空置宅屋（处）	
	居民家庭平均收入（元）	
社会治理 与创新	村集体每年组织集体活动（项）	
	本村制定村规民约（条）	
	村民参加互助小组比例（%）	
	村民及乡贤参与决策机制（有/无）	
	技术人员数量（人）	
公共服务 设施	教育	幼儿园数量（个）	
		中小学数量（个）	
	医疗卫生	卫生室/站数量（个）	
	社会福利	老年日间照料服务中心数量（个）	
	文体设施	文化活动站/室数量（个）	
	商业服务	集贸市场数量（个）	
		快递收寄点数量（个）	
基础设施	供水设施	自来水普及率（%）	
	排水设施	生活污水处理率（%）	
	能源设施	太阳能、沼气池建设（有/无）	
	水利设施	农田灌溉及蓄水设施数量（处）	
	环卫设施	生活垃圾无害化处理率（%）	
	道路交通	公交/地铁站数量（个）	
		道路硬化长度（km）	

资料来源：作者自绘

附表3 城市边缘区乡村系统韧性评价指标成对比较矩阵表

目标层指标成对比较矩阵   附表3-1

	内生发展支撑韧性	系统要素协调韧性
内生发展支撑韧性	1	3
系统要素协调韧性	1/3	1

资料来源：作者自绘

准则层内生发展支撑类指标成对比较矩阵   附表3-2

	社会治理韧性	产业培育韧性	民生发展韧性	生态支撑韧性
社会治理韧性	1	2/3	1	3/2
产业培育韧性	3/2	1	3/2	2
民生发展韧性	1	2/3	1	3/2
生态支撑韧性	2/3	1/2	2/3	1

资料来源：作者自绘

准则层系统要素协调类指标成对比较矩阵   附表3-3

	生产力布局协调性	设施配置协调性
生产力布局协调性	1	2/3
设施配置协调性	3/2	1

资料来源：作者自绘

指标层产业培育韧性类指标成对比较矩阵   附表3-4

	I1	I2	I3	I4	I5	I6	I7
I1	1	6	2	2	3	2	4
I2	1/6	1	1/3	1/3	1/2	1/3	2/3
I3	1/2	3	1	1	3/2	1	2
I4	1/2	3	1	1	3/2	1	2
I5	1/3	2	2/3	2/3	1	2/3	2
I6	1/2	3	1	1	3/2	1	2
I7	1/4	3/2	1/2	1/2	1/2	1/2	1

资料来源：作者自绘

指标层社会治理韧性类指标成对比较矩阵   附表3-5

	S1	S2	S3	S5	S6	S7
S1	1	1/2	1/2	2/3	1/2	1
S2	2	1	1	3/2	1	2
S3	2	1	1	3/2	1	2

	S1	S2	S3	S5	S6	S7
S5	3/2	2/3	2/3	1	2/3	1
S6	2	1	1	3/2	1	2
S7	1	1/2	1/2	1	1/2	1

资料来源：作者自绘

指标层民生发展韧性类指标成对比较矩阵　　　　　　　　　　　　附表 3-6

	L1	L2	L3	L4	L5	L6
L1	1	1/2	1	3/2	3	3/2
L2	2	1	2	3	6	3
L3	1	1/2	1	3/2	3	3/3
L4	2/3	1/3	2/3	1	2	1
L5	1/3	1/6	1/3	1/2	1	1/2
L6	2/3	1/3	2/3	1	2	1

资料来源：作者自绘

指标层生态支撑韧性类指标成对比较矩阵　　　　　　　　　　　　附表 3-7

	E1	E2	E3	E4	E5	E6
E1	1	2	3/2	4	6	6
E2	1/2	1	1	2	3	3
E3	2/3	1	1	3	4	4
E4	1/4	1/2	1/3	1	3/2	3/2
E5	1/6	1/3	1/4	2/3	1	1
E6	1/6	1/3	1/4	2/3	1	1

资料来源：作者自绘

指标层生产力布局要素协调韧性类指标成对比较矩阵　　　　　　　附表 3-8

	P1	P2	P3
P1	1	1/3	1
P2	3	1	3
P3	1	1/3	1

资料来源：作者自绘

指标层设施配置要素协调韧性类指标成对比较矩阵　　　　　　　　附表 3-9

	F1	F2	F3
F1	1	1/2	2/3
F2	2	1	3/2
F3	3/2	2/3	1

资料来源：作者自绘

附表 4 天津市村庄规划主要控制指标表

主要指标	单位	现状指标	近期目标	远期目标	年均增速	属性
人口规模	人					预期性
村庄建设用地规模	hm²					约束性
人均村庄建设用地	m²/ 人					预期性
户均宅基地面积	m²/ 户					预期性
闲置建设用地盘活利用率	%					预期性
耕地保有量	亩					约束性
永久基本农田保护面积	亩					约束性
村庄绿化覆盖率	%					预期性
人均公共服务设施建筑面积	m²/ 人					预期性
人均活动健身场地面积	m²/ 人					预期性
道路硬化率	%					预期性
生活垃圾收集率	%					预期性
农村卫生厕所普及率	%					预期性

资料来源:《天津市村庄规划编制导则（2019 年试行）》

附表 5 天津市村庄规划乡村公共服务设施配置表

项目		配建标准		配建要求	建设方式	备注
设施类别	设施名称	建筑面积（m²）	用地面积（m²）			
行政管理和综合服务	村委会（便民服务中心）	≥ 300	≥ 140	◆	独立占地	配建标准为强制性要求
	党员活动室			◆	独立占地 / 合建	
	农村警务室			◆	独立占地 / 合建	
教育设施	幼儿园（3—12 班）	796—4908	1225—8924	◇	独立占地	每个乡镇至少 1 所中心幼儿园
	小学（4—24 班）	670—14185	2973—34226	◇	独立占地	
	初级中学（12—24 班）	6000—18375	17824—41307	◇	独立占地	
文体设施	文化活动站 / 室	≥ 300	—	◆	独立占地 / 合建	配建标准为强制性要求
	图书室			◆	独立占地 / 合建	
	老年活动室			◆	独立占地 / 合建	

续表

项目		配建标准		配建要求	建设方式	备注
设施类别	设施名称	建筑面积（m²）	用地面积（m²）			
文体设施	村广播站	—	—	◆	独立占地 / 合建	
	文化活动场地	—	200—1500	◆	独立占地	
	健身活动场地			◆		
	篮球场			◆		
医疗卫生设施	卫生室	80—140	—	◆	独立占地 / 合建	每个乡镇都有 1 所公办乡镇卫生院
	计划生育服务室（健康指导室）			◆	独立占地 / 合建	
社会福利设施	养老院	—	—	◇	独立占地	按照人口 3% 设置养老院床位，每张床建筑面积 30m²
	社区老年日间照料服务中心	≥ 300	—	◆	独立占地 / 合建	配建标准为强制性要求
商业服务设施	集贸市场	—	—	◇	独立占地	
	便民超市	—	—	◆	独立占地 / 合建	
	理发店	—	—	◇	独立占地 / 合建	
	公共浴室	—	—	◇	独立占地 / 合建	
	村邮站	—	—	◆	独立占地 / 合建	
	农村信用社	—	—	◇	独立占地 / 合建	
	快递收寄点	—	—	◇	独立占地 / 合建	

注：1）表中除强制性配建要求外，其余配建标准可根据实际需求对建设规模进行具体安排。

2）表中◆为应设的项目，◇为根据需要可设的项目。

3）公共服务设施项目除明确要求独立占地外，鼓励采用合建方式。

资料来源：《天津市村庄规划编制导则（2019 年试行）》

参考文献

[1] 温铁军. 中国城镇化战略的历史意义 [J]. 经济导刊, 2013（11）: 44-45.

[2] 荣玥芳, 郭思维, 张云峰. 城市边缘区研究综述 [J]. 城市规划学刊, 2011（4）: 93-100.

[3] 叶裕民, 戚斌, 于立. 基于土地管制视角的中国乡村内生性发展乏力问题分析：以英国为鉴 [J]. 中国农村经济, 2018（3）: 123-137.

[4] 孙瑶, 马航. 我国城市边缘村落研究综述 [J]. 城市规划, 2017, 41（1）: 95-103.

[5] 罗震东. 新兴田园城市：移动互联网时代的城镇化理论重构 [J]. 城市规划, 2020, 44（3）: 9-16.

[6] 范凌云. 社会空间视角下苏南乡村城镇化历程与特征分析——以苏州市为例 [J]. 城市规划学刊, 2015（4）: 27-35.

[7] 李裕瑞, 曹智, 龙花楼. 发展乡村科学, 助力乡村振兴——第二届乡村振兴与乡村科学论坛综述 [J]. 地理学报, 2019, 74（7）: 1482-1486.

[8] 张尚武. 共同缔造是推动乡村振兴的重要路径 [J]. 人类居住, 2020（2）: 6-7.

[9] 段德罡. 乡村振兴与乡建模式探讨 [J]. 西部人居环境学刊, 2021, 36（1）: 4.

[10] 杨忍, 刘彦随, 龙花楼, 等. 中国乡村转型重构研究进展与展望——逻辑主线与内容框架 [J]. 地理科学进展, 2015, 34（8）: 1019-1030.

[11] 杨贵庆. 黄岩实践：美丽乡村规划建设探索 [M]. 上海：同济大学出版社, 2015.

[12] 王兰, 张苏榕, 杨秀. 建成环境满意度对乡村新型社区居民自评健康的影响分析——以成都市远郊 4 个社区为例 [J]. 风景园林, 2020, 27（9）: 57-62.

[13] 中国建筑学会. 2016—2017 建筑学学科发展报告 [M]. 北京：中国科学技术出版社, 2018.

[14] 张京祥, 张尚武, 段德罡, 等. 多规合一的实用性村庄规划 [J]. 城市规划, 2020, 44（3）: 74-83.

[15] 赵之枫. 基于城乡制度变革的乡村规划理论与实践 [M]. 北京：中国建筑工业出版社, 2018.

[16] 董慰, 李亚蓉, 董禹, 等. 面向乡村社区的渐进式营建规划模式探索 [J]. 规划师, 2019, 35（1）: 82-87.

[17] 杨俊宴, 朱骁, 陈雯. 自然营法：一种由内而外的乡村朴素设计探索——以陈庄为例 [J]. 城市规划, 2020, 44（4）: 73-82.

[18] 孙莹, 张尚武. 作为治理过程的乡村建设：政策供给与村庄响应 [J]. 城市规划学刊, 2019（6）: 114-119.

[19] 栾峰, 殷清眉, 杨犇, 等. 陪伴渐进式村庄建设规划及实施的经验探索——以常州市龙王庙特色田园乡村创建为例 [J]. 小城镇建设, 2020, 38（11）: 92-99.

[20] 耿慧志, 李开明. 国土空间规划体系下乡村地区全域空间管控策略——基于上海市的经验分析 [J]. 城市规划学刊, 2020（4）: 58-66.

[21] 唐燕, 严瑞河. 基于农民意愿的健康乡村规划建设策略研究——以邯郸市曲周县槐桥乡为例 [J]. 现代城市研究, 2019（5）: 114-121.

[22] 陈宏胜, 王兴平, 李志刚. 乡村振兴战略实施背景下的乡村分异问题——基于传统农村的调查与分析 [J]. 上海城市规划, 2018（5）: 87-92.

[23] 段德罡, 王蕾蕾, 高丹琳, 等. 共同缔造视角下西北地区传统村落保护与发展实践探索——以延川县太相寺村为例 [J].

小城镇建设，2020，38（10）：21-28.

[24] LOUIS H. Die geographische Gliederung von Gross—Berlin[M]// Louis H，Panzer W，eds. Landerkundliche Forschung：Krebs-Festschrift. Stuttgart：Englehorn，1936：146-171.

[25] PYROR R G. Defining the Rural Urban Fringe[J]. Social Forces，1968（47）：202-215.

[26] 唐路元，曹洁. 乡村债务成因及风险化解对策探析 [J]. 河北师范大学学报（哲学社会科学版），2005（6）：46-50.

[27] 陈新. 政府政策对典型农业县农业资金投入的结构性影响：政策、风险偏好与预期——以云南省样本乡村为例 [J]. 经济问题探索，2009（12）：99-104.

[28] 张芳山，熊节春. "后乡村精英"时代乡村治理的潜在风险与对策研究 [J]. 求实，2012（12）：99-102.

[29] 刘杰. 乡村社会"空心化"：成因、特质及社会风险——以 J 省延边朝鲜族自治州为例 [J]. 人口学刊，2014，36（3）：85-94.

[30] 王勇，李广斌. 基于"时空分离"的苏南乡村空间转型及其风险 [J]. 国际城市规划，2012，27（1）：53-57.

[31] 吴冠岑，牛星，许恒周. 乡村旅游开发中土地流转风险的产生机理与管理工具 [J]. 农业经济问题，2013，34（4）：63-68，111.

[32] 吕军书，郭洋. 农村宅基地流转背景下乡村伦理破坏的风险防范 [J]. 农业经济，2014（12）：33-35.

[33] 应小丽，路康. 个体私营经济发展背景下的乡村治理风险与预防——基于浙江省 10 个村庄的考察 [J]. 中国行政管理，2016（5）：129-134.

[34] 张慧瑶，李长健. 多元主体参与乡村治理的风险防范研究 [J]. 农业经济，2019（3）：6-8.

[35] NGUYEN A T，NGUYEN L T，NGUYEN H H，et al. Rural livelihood diversification of Dzao farmers in response to unpredictable risks associated with agriculture in Vietnamese Northern Mountains today[J]. Environment Development and Sustainability，2020，22（6）：5387-5407.

[36] SILO N，SEROME S. Resilience and Coping Strategies against Socio-Ecological Risks：A Case of Livelihoods in a Botswana Rural Community[J]. Journal of Rural and Community Development，2018，13（4）：10-14.

[37] ASTUTI M F K，HANDAYANI W. Livelihood vulnerability in Tambak Lorok，Semarang：an assessment of mixed rural-urban neighborhood[J]. Review of Regional Research-Jahrbuch Fur Regionalwissenschaft，2020，40（2）：137-157.

[38] SUJAKHU N M，RANJITKAR S，HE J，et al. Assessing the Livelihood Vulnerability of Rural Indigenous Households to Climate Changes in Central Nepal，Himalaya[J]. Sustainability，2019，10（11）：2977.

[39] ALAM G M M. Livelihood Cycle and Vulnerability of Rural Households to Climate Change and Hazards in Bangladesh[J]. Environmental Management，2017，59（5）：777-791.

[40] OFOEGBU C，CHIRWA P，FRANCIS J，et al. Assessing vulnerability of rural communities to climate change A review of implications for forest-based livelihoods in South Africa[J]. International Journal of Climate Change Strategies and Management，2017，9（3）：374-386.

[41] 马艳艳，赵雪雁，兰海霞，等. 重点生态功能区农户的生计风险多维感知及影响因素——以甘南黄河水源补给区为例 [J]. 生态学报，2020，40（5）：1810-1824.

[42] 段德罡，刘熙，叶靖，等. 关中地区乡村收缩趋势与路径思考——基于合阳县调查 [J]. 小城镇建设，2020，38（11）：77-84.

[43] 苏芳，殷娅娟，尚海洋. 甘肃石羊河流域农户生计风险感知影响因素分析 [J]. 经济地理，2019，39（6）：191-197，240.

[44] 方珂，蒋卓余. 生计风险、可行能力与贫困群体的能力建设——基于农业扶贫的三个案例 [J]. 社会保障研究，2019

（1）：86-95.

[45] 万文玉，赵雪雁，王伟军，等.高寒生态脆弱区农户的生计风险识别及应对策略——以甘南高原为例 [J].经济地理，2017，37（5）：149-157，190.

[46] ZOROM M，BARBIER B，GOUBA E，et al. Mathematical modelling of the dynamics of the socio-economic vulnerability of rural Sahelian households in a context of climatic variability[J]. Modeling Earth Systems and Environment，2018，4（3）：1213-1223.

[47] RAJESH S，JAIN S，SHARMA P. Inherent vulnerability assessment of rural households based on socio-economic indicators using categorical principal component analysis：A case study of Kimsar region，Uttarakhand[J]. Ecological Indicators，2018，85：93-104.

[48] PATTON M，XIA W，FENG S Y，et al. Economic Structure and Vulnerability to Recession in Rural Areas[J]. Eurochoices，2016，15（3）：47-53.

[49] ZHEVORA Y I，ZHUKOVA V A，MOLCHANENKO S A，et al. Economic and mathematical modeling of personnel risks in the rural labor market[J]. Research Journal of Pharmaceutical Biological and Chemical Sciences，2018，9（3）：824-829.

[50] BOIKO V. diversification of business activity in rural areas as a risk minimization tool of economic security[J]. Management Theory and Studies for Rural Business and Infrastructure Development，2017，39（1）：19-32.

[51] 贺林波，乔逸平.乡村振兴背景下乡村产业的风险转化及防范——以 X 市特色茶产业开发为例 [J].南京农业大学学报（社会科学版），2020，20（1）：99-108.

[52] 王成，何焱洲.重庆市乡村生产空间系统脆弱性时空分异与差异化调控 [J].地理学报，2020，75（8）：1680-1698.

[53] 廖彩荣，陈美球，姚树荣.资本下乡参与乡村振兴：驱动机理、关键路径与风险防控——基于成都福洪实践的个案分析 [J].农林经济管理学报，2020，19（3）：362-370.

[54] 陆玄韦.乡村振兴战略背景下我国民营涉农企业面临的风险因素及其应对 [J].理论导刊，2020（1）：74-79.

[55] KARIMYAN K，ALIMOHAMMADI M，MALEKI A，et al. Human health and ecological risk assessment of heavy metal（loid）s in agricultural soils of rural areas：A case study in Kurdistan Province，Iran[J]. Journal of Environmental Health Science and Engineering，2020，18：469-481.

[56] TANG X Y，YANG Y，TAM N F Y，et al. Pesticides in three rural rivers in Guangzhou，China：spatiotemporal distribution and ecological risk[J]. Environmental Science and Pollution Research，2019，26（4）：3569-3577.

[57] MIN L Eco-vulnerability assessment of scenic fringe rural tourism sites based on RMP environmental assessment model[J]. Journal of Environmental Protection and Ecology，2019，20（4）：1733-1744.

[58] WEI J B，NA Z，CHENG Q G，et al. Simulation and evaluation of the spatial heterogeneity of shallow-groundwater environmental risk in an urban-rural fringe of megacity：a case study of Shenyang city，northeast China[J]. Environmental Earth Sciences，2020，79（11）：1-11.

[59] YIN G Y，JIANG X L，SUN J，et al. Discussing the regional-scale arable land use intensity and environmental risk triggered by the micro-scale rural households' differentiation based on step-by-step evaluation-a case study of Shandong Province，China[J]. Environmental Science and Pollution Research，2020，27（8）：8271-8284.

[60] 肖轶，尹珂.乡村旅游开发中农户生态风险认知对其参与保护意愿的影响研究 [J].中国农业资源与区划，2020，41（4）：243-249.

[61] 韩会庆，李金艳，陈思盈，等.喀斯特地区贫困乡村景观格局及生态风险分析 [J].农业资源与环境学报，2020，37（2）：161-168.

[62] 于婷婷，袁青，冷红 . 县域乡村景观脆弱性评价研究——以哈尔滨县域为例 [J]. 中国园林，2019，35（11）：87-91.

[63] 林明水，林金煌，程煜，等 . 省域乡村旅游扶贫重点村生态脆弱性评价——以福建省为例 [J]. 生态学报，2018，38（19）：7093-7101.

[64] SEOGO W, ZAHONOGO P. Land tenure system innovation and agricultural technology adoption in Burkina Faso: Comparing empirical evidence to the worsening situation of both rural people vulnerability and vulnerable groups? access to land[J]. African Journal of Science Technology Innovation & Development, 2019, 11（7）：833-842.

[65] OZOR N, ENETE A, Amaechina E. Drivers of rural-urban interdependence and their contributions to vulnerability in food systems in Nigeria—a framework[J]. Climate and Development, 2016, 8（1）：83-94.

[66] 魏璐瑶，陆玉麒 . 江苏省县域乡村集聚与脆弱性评价 [J]. 地球信息科学学报，2020，22（2）：218-230.

[67] 杨晴青，刘倩，尹莎，等 . 秦巴山区乡村交通环境脆弱性及影响因素——以陕西省洛南县为例 [J]. 地理学报，2019，74（6）：1236-1251.

[68] 陈佳，杨新军，王子侨，等 . 乡村旅游社会—生态系统脆弱性及影响机理——基于秦岭景区农户调查数据的分析 [J]. 旅游学刊，2015，30（3）：64-75.

[69] 王磊，杨晓霞，向旭，等 . 乡村旅游开发风险评价研究——以重庆市城口县河鱼乡为例 [J]. 生态经济，2019，35（4）：140-145.

[70] 王成，樊荣荣，龙卓奇 . 重庆市乡村生产空间系统风险评价及其空间分异格局 [J]. 自然资源学报，2020，35（5）：1119-1131.

[71] 周晓芳 . 社会—生态系统恢复力的测量方法综述 [J]. 生态学报，2017，37（12）：4278-4288.

[72] ALEXANDER D E. Resilience and Disaster Risk Reduction: An Etymological Journey [J]. Natural Hazards and Earth System Science, 2013, 13（11）：2707-2716.

[73] HOLLING C S. Resilience and Stability of Ecological Systems[J]. Annual Review of Ecology and Systematics, 1973, 4（1）：1-23.

[74] 邵亦文，徐江 . 城市韧性：基于国际文献综述的概念解析 [J]. 国际城市规划，2015，30（2）：48-54.

[75] WANG C H, BLACKMORE J M. Resilience Concepts for Water Resource Systems[J]. Journal of Water Resources Planning and Management, 2009, 135（6）：528-536.

[76] LIAO K H. A Theory on Urban Resilience to Floods——A Basis for Alternative Planning Practices[J]. Ecology and Society, 2012, 17（4）：48.

[77] WALKER B, HOLLING C S, CARPENTER S R, et al. Resilience, Adaptability and Transformability in Social-Ecological Systems[J]. Ecology and Society, 2004, 9（2）：5.

[78] HOLLING C S, GUNDERSON L H. Resilience and Adaptive Cycles[M]//Gunderson L H, Holling C S. Panarchy: Understanding Transformations in Human and Natural Systems. Island Press, 2001：25-62.

[79] 魏艺 . "韧性"视角下乡村社区生活空间适应性建构研究 [J]. 城市发展研究，2019，26（11）：50-57.

[80] MCCREA R, WALTON A, LEONARD R. Rural communities and unconventional gas development: What's important for maintaining subjective community wellbeing and resilience over time?[J]. Journal of Rural Studies, 2019, 68：87-99.

[81] MARKANTONI M, STEINER A A, Meador J E. Can community interventions change resilience? Fostering perceptions of individual and community resilience in rural places[J]. Community Development, 2019, 50（2）：238-255.

[82] JURJONAS M, SEEKAMP E. Rural coastal community resilience: Assessing a framework in eastern North Carolina[J]. Ocean & Coastal Management, 2018, 162：137-150.

[83] ALAM G M M, ALAM K, MUSHTAQ S, et al. How do climate change and associated hazards impact on the resilience of riparian rural communities in Bangladesh? Policy implications for livelihood development[J]. Environmental Science & Policy, 2018, 84: 7-18.

[84] 李红波, 张小林, 吴江国, 等. 苏南地区乡村聚落空间格局及其驱动机制 [J]. 地理科学, 2014, 34 (4): 438-446.

[85] LEE K C, KARIMOVA P G, Yan S Y, et al. Resilience Assessment Workshops: A Biocultural Approach to Conservation Management of a Rural Landscape in Taiwan[J]. Sustainability, 2020, 12 (1): 408.

[86] CAPOTORTI G, LAZZARI V De, Orti M A. Local Scale Prioritisation of Green Infrastructure for Enhancing Biodiversity in Peri—Urban Agroecosystems: A Multi—Step Process Applied in the Metropolitan City of Rome (Italy) [J]. Sustainability, 2019, 11 (12): 3322.

[87] 岳俞余, 彭震伟. 乡村聚落社会生态系统的韧性发展研究 [J]. 南方建筑, 2018 (5): 4-9.

[88] 丁金华, 尤希春. 苏南水网乡村水域环境韧性规划 [J]. 规划师, 2019, 35 (5): 60-66.

[89] GIANNAKIS E, BRUGGEMAN A. Regional disparities in economic resilience in the European Union across the urban-rural divide[J]. Regional Studies, 2020, 54 (9): 1200-1213.

[90] LIU W, LI J, REN L J, et al. Exploring Livelihood Resilience and Its Impact on Livelihood Strategy in Rural China[J]. Social Indicators Research, 2020, 150 (3): 977-998.

[91] 于伟, 张鹏. 中国农业发展韧性时空分异特征及影响因素研究 [J]. 地理与地理信息科学, 2019, 35 (1): 102-108.

[92] LIN B B, PETERSEN B. Resilience, regime shifts, and guided transition under climate change: examining the practical difficulties of managing continually changing systems[J]. Ecology and Society, 2013, 18 (1): 28.

[93] FREY U J, RUSCH H. Using artificial neural networks for the analysis of Social—ecological systems[J]. Ecology and Society, 2013, 18 (2): 40.

[94] 叶峻. 从自然生态学到社会生态 [J]. 西安交通大学学报 (社会科学版), 2006, 26 (3): 49-54.

[95] HOLLING C S. Resilience and Stability of Ecological Systems[J]. Annual Review of Ecology and Systematics, 1973, 4 (1): 1-23.

[96] CUMMING G S, BARNES G, PERZ S, et al. An exploratory framework for the empirical measurement of resilience[J]. Ecosystems, 2005, 8 (8): 975-987.

[97] OSTROM E. A general framework for analyzing sustainability of social-ecological systems[J]. Science, 2009, 325 (5939): 419-422.

[98] 傅伯杰. 地理学: 从知识、科学到决策 [J]. 地理学报, 2017, 72 (11): 1923-1932.

[99] 马世骏, 王如松. 社会—经济—自然复合生态系统 [J]. 生态学报, 1984, 4 (1): 1-9.

[100] 赵景柱, 欧阳志云, 吴钢. 社会—经济—自然复合系统可持续发展研究 [M]. 北京: 中国环境科学出版社, 1999.

[101] 喻忠磊, 杨新军, 杨涛. 乡村农户适应旅游发展的模式及影响机制——以秦岭金丝峡景区为例 [J]. 地理学报, 2013, 68 (8): 1143-1156.

[102] 余中元, 李波, 张新时. 湖泊流域社会生态系统脆弱性时空演变及调控研究——以滇池为例 [J]. 人文地理, 2015, 30 (2): 110-116.

[103] 王琦妍. 社会—生态系统概念性框架研究综述 [J]. 中国人口·资源与环境, 2011, 21 (S1): 440-443.

[104] 程明洋, 刘彦随, 蒋宁. 黄淮海地区乡村人—地—业协调发展格局与机制 [J]. 地理学报, 2019, 74 (8): 1576-1589.

[105] 蔡晶晶, 吴希. 乡村旅游对农户生计脆弱性影响评价——基于社会—生态耦合分析视角 [J]. 农业现代化研究, 2018, 39 (4): 654-664.

[106] 田健，黄晶涛，曾穗平.基于复合生态平衡的城市边缘区生态安全格局重构——以铜陵东湖地区为例 [J].中国园林，2019，35（2）：92-97.

[107] VAN NES E H，SCHEFFER M. Large species shifts triggered by small forces[J]. The American Naturalist, 2004, 164（2）: 255-266.

[108] WALKER B，GUNDERSON L H，Kinzig A，et al. A handful of heuristics and some propositions for understanding resilience in social-ecological systems[J]. Ecology and Society, 2006, 11（1）: 13.

[109] SCHEFFER M，CARPENTER S R，Foley J A，et al. Catastrophic shifts in ecosystems[J]. Nature, 2001, 413（6856）: 591-596.

[110] 石育中，杨新军，赵雪雁.气象干旱对甘肃省榆中县乡村社会—生态系统的影响 [J].自然资源学报，2019，34（9）: 1987-2000.

[111] 崔晓明.可持续生计视角下秦巴山区旅游地社会生态系统脆弱性评价 [J].统计与信息论坛，2018，33（9）: 44-50.

[112] 陈睿智，董靓.生态景观适应乡村社会生态系统的实践反思 [J].中国园林，2017，33（7）: 66-69.

[113] 杨新军，石育中，王子侨.道路建设对秦岭山区社会—生态系统的影响——一个社区恢复力的视角 [J].地理学报，2015，70（8）: 1313-1326.

[114] 王子侨，石翠萍，蒋维，等.社会—生态系统体制转换视角下的黄土高原乡村转型发展——以长武县洪家镇为例 [J].地理研究，2016，35（8）: 1510-1524.

[115] 苏毅清，秦明，王亚华.劳动力外流背景下土地流转对农村集体行动能力的影响——基于社会生态系统（SES）框架的研究 [J].管理世界，2020，36（7）: 185-198.

[116] 芦恒."抗逆力"视野下农村风险管理体系创新与乡村振兴 [J].吉林大学社会科学学报，2019，59（1）: 101-110, 221-222.

[117] 李增元，尹延君.现代化进程中的农村社区风险及其治理 [J].南京农业大学学报（社会科学版），2020，20（2）: 81-92.

[118] 茆长宝，熊化忠.乡村振兴战略下农村人口两化问题与风险前瞻 [J].西南民族大学学报（人文社科版），2019，40（8）: 57-63.

[119] 周婕，谢波.中外城市边缘区相关概念辨析与学科发展趋势 [J].国际城市规划，2014，29（4）: 14-20.

[120] MCKAIN W C，BUMIGHT R O. The Sociological Signifi cance of the Rural Urban Fringe from the Rural Point of View[J]. Rural Sociology, 1953（18）: 109-16.

[121] CARTER H，WHEATLEY S.Fixation Lines and Fringe Belts，Land Uses and Social Areas: Nineteenth—Century Changein the Small Town[J]. Transactions of the Institute of British Geographers, 1979, 4（2）: 214-238.

[122] RUSSWURM L. Urban Fringe and Urban Shadow[M]. Toronto: Holt, Rinehart and Winston, 1975: 148-164.

[123] BRYANT C，Russwurm L. The Impact of Nonagricultural Development on Agriculture: A Synthesis[J]. Plan Canada, 1979, 19（2）: 122-139.

[124] DESAI A，GUPTA S S. Problem of Changing Land Use Pattern in the Rural—Urban Fringe[M]. New Delhi: Concept Publishing Company, 1987.

[125] 于伟，宋金平，毛小岗.城市边缘区内涵与范围界定述评 [J].地域研究与开发，2011，30（5）: 55-59.

[126] 顾朝林.中国大城市边缘区研究 [M].北京：科学出版社，1995.

[127] 陈佑启.试论城乡交错带及其特征与功能 [J].经济地理，1996，16（3）: 27-31.

[128] 李世峰.大城市边缘区地域特征属性界定方法 [J].经济地理，2006，（3）: 478-481, 486.

[129] 程连生，赵红英.北京城市边缘带探讨 [J].北京师范大学学报，1995，31（1）：127–133.

[130] 章文波，方修琦，张兰生.利用遥感影像划分城乡过渡带方法的研究 [J].遥感学报，1999，3（3）：199 –202.

[131] 钱建平，周勇，杨信廷.基于遥感和信息熵的城乡结合部范围界定——以荆州市为例 [J].长江流域资源与环境，2007（4）：451–455.

[132] 宋金平，赵西君，于伟.北京城市边缘区空间结构演化与重组 [M].北京：科学出版社，2012.

[133] 干靓，钱玲燕，杨秀.乡村内生型发展活力测评——德国巴伐利亚州的实践与启示 [J].国际城市规划，2020，35（5）：23–34.

[134] 曾群，王荣，熊宏涛，等.武汉城市圈生态敏感性分析 [J].华中师范大学学报（自然科学版），2010，44（3）：491–496.

[135] 黄晶涛，田健，曾穗平.国家中心城市建设绩效评估与天津空间发展战略响应研究 [J].规划师，2019（9）：5–10.

[136] 李亚，翟国方.我国城市灾害韧性评估及其提升策略研究 [J].规划师，2017，33（8）：5–11.

[137] 龙花楼.论土地整治与乡村空间重构 [J].地理学报，2013，68（8）：1019–1028.

[138] 顾朝林，张晓明，张悦，等.新时代乡村规划 [M].北京：科学出版社，2019.

[139] 尹海伟，孔繁花.城市与区域规划空间分析实验教程 [M].南京：东南大学出版社.2016.

[140] 袁青，于婷婷，刘通.基于农户调查的寒地村镇公共开放空间优化设计策略 [J].中国园林，2016，32（7）：54–59.

[141] 段进，章国琴.政策导向下的当代村庄空间形态演变——无锡市乡村田野调查报告 [J].城市规划学刊，2015（2）：65–71.

[142] 张丽，杨国范，刘吉平.1986—2012 年抚顺市土地利用动态变化及热点分析 [J].地理科学，2014，34（2）：185–191.

[143] 史利江，王圣云，姚晓军，等.1994—2006 年上海市土地利用时空变化特征及驱动力分析 [J].长江流域资源与环境，2012，21（12）：1468–1479.

[144] 谢花林.基于景观结构的土地利用生态风险空间特征分析——以江西兴国县为例 [J].中国环境科学，2011，31（4）：688–695.

[145] 邬建国.景观生态学——格局、过程、尺度与等级 [M].2 版.北京：高等教育出版社，2007.

[146] 肖思思，吴春笃，储金宇.1980—2005 年太湖地区土地利用变化及驱动因素分析 [J].农业工程学报，2012，28（23）：1–11，293.

[147] 尹海伟，罗震东，耿磊.城市与区域规划空间分析方法 [M].南京：东南大学出版社.2015.

[148] 国家统计局农村社会经济调查司.2018 中国县域统计年鉴（乡镇卷）[M].北京：中国统计出版社，2019.

[149] 国务院人口普查办公室，国家统计局人口和就业统计司.中国 2010 年人口普查分乡、镇、街道资料 [M].北京：中国统计出版社，2012.

[150] 何艳冰.城市边缘区社会脆弱性与失地农户适应性研究 [M].北京：中国社会科学出版社，2020.

[151] 罗德胤，孙娜，付敕诺.村落保护和乡村振兴的松阳路径 [J].建筑学报，2021（1）：1–8.

[152] 陆希刚，王德，庞磊.半城市地区空间模式初探：基于"六普"数据的上海市嘉定区案例研究 [J].城市规划学刊，2020（6）：72–78.

[153] 曾穗平，田健，曾坚.京津冀协同发展背景下的全球城市区域建设途径 [J].城市建筑，2017（12）：33–36.

[154] 李世峰，于瑞，来璐，等.北京城市边缘区典型乡镇发展有序协调度研究 [J].地域研究与开发，2011，30（6）：70–73.

[155] 刘润秋，黄志兵，曹骞.基于乡村韧性视角的宅基地退出绩效评估研究——以四川省广汉市三水镇为例 [J].中国土地科学，2019，33（2）：41–48.

[156] 徐丹华.韧性乡村认知框架和营建策略 [M].南京：东南大学出版社，2021.

[157] 徐小东，张炜，鲍莉，等．乡村振兴背景下乡村产业适应性设计与实践探索——以连云港班庄镇前集村为例 [J]. 西部人居环境学刊，2020，35（6）：101–107.

[158] 陈晨，耿佳，陈旭．民宿产业驱动的乡村聚落重构及规划启示——对莫干山镇劳岭村的案例研究 [J]. 城市规划学刊，2019（S1）：67–75.

[159] 雷诚，葛思蒙，范凌云．苏南"工业村"乡村振兴路径研究 [J]. 现代城市研究，2019（7）：16–25.

[160] 曾鹏，朱柳慧，蔡良娃．基于三生空间网络的京津冀地区镇域乡村振兴路径 [J]. 规划师，2019，35（15）：60–66.

[161] 王雨村，李月月，潘斌．精准扶贫视域下河南乡村产业韧性化发展策略 [J]. 规划师，2018，34（12）：39–45.

[162] 田健，曾穗平，曾坚．"平衡"与"共赢"——基于社会生态系统重构的绿心地区规划策略研究 [J]. 城市规划，2017，41（11）：80–88.

[163] 李春燕．城乡一体化进程中城市边缘社区治理研究 [M]. 成都：四川大学出版社，2018.

[164] 曾文．农村社会治理新理念研究 [M]. 北京：光明日报出版社，2017.

[165] 颜文涛，卢江林．乡村社区复兴的两种模式：韧性视角下的启示与思考 [J]. 国际城市规划，2017，32（4）：22–28.

[166] 刘小琼，鲁飞宇，王旭，等．大城市边缘区乡村绅士化过程及其机制研究——以武汉大李村为例 [J]. 城市发展研究，2020，27（9）：33–41.

[167] 孙莹，张尚武．乡村建设的治理机制及其建设效应研究——基于浙江奉化四个乡村建设案例的比较 [J]. 城市规划学刊，2021（1）：44–51.

[168] 田健，曾穗平．社会生态学视角下的城镇体系规划方法优化与实践 [J]. 规划师，2016，32（1）：63–69.

[169] 中央农村工作领导小组办公室．国家乡村振兴战略规划（2018—2022 年）[EB/OL]. （2018–09–26）. https：//www.gov.cn/zhengce/ 2018-09/26/content_5325534.htm.

[170] 余侃华，祁姗，龚健．基于生态适应性的乡村产业振兴及空间规划协同路径探新 [J]. 生态经济，2019，35（3）：224–229.

[171] 任凯，阳建强．基于空间生产—生态辩证关系的乡村景观建构——基于晋西北传统村镇的观察 [J]. 现代城市研究，2019（9）：26–33.

[172] 环境保护部，国家发展改革委．生态保护红线划定指南：环办生态〔2017〕48 号 [EB/OL]. （2017–05–27）. https：//www.mee.gov.cn/gkml/hbb/bgt/201707/W020170728397753220005.pdf.

[173] 曾穗平，运迎霞，田健．"协调"与"衔接"——基于"源—流—汇"理念的风环境系统的规划策略 [J]. 城市发展研究，2016，23（11）：25–31，70.

[174] 纪晓玉，周剑云．大都市区乡村空间保护的一种范式 [J]. 小城镇建设，2017（02）：80–83，102.

[175] 国务院．中共中央 国务院关于建立国土空间规划体系并监督实施的若干意见：中发〔2019〕18 号 [EB/OL]. （2019–05–23）. https：//www.gov.cn/zhengce/2019-05/23/content_5394187.htm.

[176] 陈前虎．乡村规划与设计 [M]. 北京：中国建筑工业出版社，2018.

[177] 自然资源部．自然资源部办公厅关于加强村庄规划促进乡村振兴的通知：自然资办发〔2019〕35 号 [EB/OL（2019–05–29）. https：//www.gov.cn/zhengce/zhengceku/2019-10/14/content_5439419.htm.

[178] 京津冀协同发展领导小组．京津冀协同发展规划纲要 [Z]. 2015.

[179] 中国城市规划设计研究院，天津市城市规划设计研究院．天津远景发展战略规划 [Z]. 2019.

[180] 天津市城市规划设计研究院．天津市国土空间总体规划（2019-2035 年）（阶段稿）[Z]. 2020.

[181] 李和平，肖洪未．基于乡村振兴的都市区近郊城镇总体规划研究——以重庆市安澜镇为例 [J]. 南方建筑，2018（5）：15–21.

[182] 田健，运迎霞 . 可持续更新思想下的城市更新单元制度研究——以衡水市旧城区更新规划为例 [J]. 城市，2013（2）：21–25.

[183] 耿慧志，李开明，韩高峰 . 内生发展理念下特大城市远郊乡村的规划策略——以上海市崇明区新征村村庄规划为例 [J]. 规划师，2019，35（23）：53–59，75.

[184] 天津市城市规划设计研究院 . 天津市西青区辛口镇沙窝萝卜小镇策划与概念规划及大沙窝村村庄规划 [Z]. 2020.

[185] 田健，曾穗平，曾坚 . 重构 · 重生 · 重现——基于行动规划的传统乡村"微"振兴策略与实践探索 [J]. 城市发展研究，2021，28（1）：60–70.

后 记

自 2005 年在天津大学开始城乡规划本科学习以来，我对乡村规划逐渐产生浓厚的兴趣，2013 年初进入中国城市规划设计研究院村镇规划研究所后，专业从事乡村问题及村镇规划理论方法研究，一直聚焦乡村发展的系统风险与韧性规划治理，期间经历了博士、博士后阶段对该问题专门化的深入探索，凝练了乡村韧性规划的理论、方法与实践范式，集十数年之功，于今年终成此书。

在此书编写和出版过程中，得到了许多师友的指导与帮助，在此谨表谢忱。感谢恩师彭震伟老师、黄晶涛老师和运迎霞老师的谆谆教诲和精心指导；感谢母校天津大学的陈天老师、曾鹏老师、许熙巍老师、李泽老师、张赫老师、何捷老师，以及南开大学江曼琦老师、重庆大学李和平老师、天津市城市规划学会王学斌老师、北京建筑大学荣玥芳老师为此书提出的宝贵意见；感谢天津市农业农村委员会主任杨灏和乡村产业发展处时会芳，天津市城市规划设计研究院正高级规划师刘洋、赵庆东和高级规划师李然然等对本书部分基础数据及相关案例提供的支持；感谢天津城建大学硕士研究生邓雅文、张家豪、宿荣、眭长清、马君奇等同学在本人基础数据整理和书稿修改中给予的帮助；还要感谢中国建筑工业出版社杨虹老师、尤凯曦老师对本书编辑与出版工作做出的重要贡献。

由于时间仓促，本书难免存在纰漏，欢迎广大读者多提意见、勘误斧正。最后感谢天津大学对我从本科到博士十余载的精心培养，感谢同济大学对我在博士后期间深入开展科研所给予的全面支持，感谢中国城市规划设计研究院、天津市城市规划设计研究院对本书的实践研究提供的平台支撑和团队协助，唯有继续努力，方能不负母校、恩师、同事及亲友们的期望。

田健

2023 年 1 月于天津大学卫津路校区

图书在版编目（CIP）数据

乡村韧性规划理论与方法：以城市边缘区为例 =
THEORY AND METHOD OF RURAL RESILIENCE PLANNING
TAKE THE RURAL–URBAN FRINGE FOR EXAMPLE / 田健，曾
穗平，曾坚著 . —北京：中国建筑工业出版社，
2023.12
　　ISBN 978–7–112–29765–8

　　Ⅰ . ①乡⋯　Ⅱ . ①田⋯ ②曾⋯ ③曾⋯　Ⅲ . ①乡村规
划—研究—中国　Ⅳ . ① TU982.29

　　中国国家版本馆 CIP 数据核字（2024）第 078152 号

　　本书针对快速城镇化背景下城市边缘区乡村出现的系统风险问题，提出了基于系统风险治理的乡村韧性重构目标及韧性规划理论。本书以天津城市边缘区乡村为实证对象，先从宏观、中观层面对城市边缘区乡村的系统风险识别及聚类特征进行解析，并建构六个维度的韧性评价指标体系；再针对不同类型的乡村，从产业培育、社会治理、民生发展、生态支撑四个方面制定韧性提升策略；最后提出了"宏观统筹＋中观精控＋微观落实"的韧性空间规划响应策略。

　　本书兼顾乡村系统风险的韧性治理与既有空间规划落地实施，为城市边缘区乡村系统风险的长效治理提供理论支撑及实例借鉴。

责任编辑：杨　虹　尤凯曦
文字编辑：马永伟
责任校对：王　烨

乡村韧性规划理论与方法——以城市边缘区为例
THEORY AND METHOD OF RURAL RESILIENCE PLANNING
TAKE THE RURAL–URBAN FRINGE FOR EXAMPLE
田健　曾穗平　曾坚　著
＊
中国建筑工业出版社出版、发行（北京海淀三里河路 9 号）
各地新华书店、建筑书店经销
北京雅盈中佳图文设计公司制版
北京中科印刷有限公司印刷
＊
开本：880 毫米 ×1230 毫米　1/16　印张：22　字数：446 千字
2024 年 5 月第一版　2024 年 5 月第一次印刷
定价：88.00 元
ISBN 978–7–112–29765–8
　　　（42320）